新疆农业职业技术学院现代学徒制试点学徒岗位教材

蔬菜生产学徒岗位手册

陈先荣　熊祖华　主编

中国农业大学出版社
·北京·

内容简介

《蔬菜生产学徒岗位手册》是针对高职现代园艺技术专业蔬菜生产岗位学徒培养的课程指导手册。本书根据教育部和新疆维吾尔自治区政府关于开展职业教育现代学徒试点工作的有关要求，并结合现代农业的用人需求和岗位资格标准，经过对蔬菜生产相关行业企业多方调研，与学徒企业深入研讨，由企业主导，校企合作共同开发。本教材注重在校企合作、工学结合中，强化学徒的技能培养，有助于实习指导老师和企业师傅的岗位指导和联合传授，强化学徒在企业实训期间的综合技能学习，指导学徒学会做事、学会做人，在校企深入合作中尽快成长为适应现代园艺生产一线工作的高级应用型人才。

图书在版编目（CIP）数据

蔬菜生产学徒岗位手册/陈先荣，熊祖华主编. —北京：中国农业大学出版社，2020.4

ISBN 978-7-5655-2340-3

Ⅰ.①蔬… Ⅱ.①陈… ②熊… Ⅲ.①蔬菜园艺—高等职业教育—教材 Ⅳ.①S63

中国版本图书馆 CIP 数据核字（2020）第 054012 号

书　　名　蔬菜生产学徒岗位手册

作　　者　陈先荣　熊祖华　主编

策划编辑　张　玉　　**责任编辑**　张　玉　郭建鑫
封面设计　郑　川
出版发行　中国农业大学出版社
社　　址　北京市海淀区圆明园西路 2 号　　**邮政编码**　100193
电　　话　发行部 010-62733489，1190　　读者服务部 010-62732336
编辑部 010-62732617，2618　　出　版　部 010-62733440
网　　址　http://www.caupress.cn　　**E-mail** cbsszs@cau.edu.cn
经　　销　新华书店
印　　刷　涿州市星河印刷有限公司
版　　次　2020 年 4 月第 1 版　　2020 年 4 月第 1 次印刷
规　　格　787×1092　16 开本　20.75 印张　415 千字
定　　价　61.00 元

编 写 人 员

主　编　陈先荣（新疆农业职业技术学院）

　　　　　熊祖华（新疆昌吉州农业技术推广中心）

副主编　陈远良（新疆农业职业技术学院）

　　　　　吴玉鹏（新疆农业职业技术学院）

　　　　　平媛媛（新疆科创天达农业工程有限公司）

参　编　史　梅（新疆农业职业技术学院）

　　　　　何　梅（新疆农业职业技术学院）

　　　　　刘新智（新疆昌吉市农业技术推广中心）

　　　　　穆肖芸（新疆科创天达农业工程有限公司）

主　审　王海波（新疆农业职业技术学院）

前　言

《蔬菜生产学徒岗位手册》是针对高职院校现代园艺技术专业蔬菜生产岗位学徒培养的课程指导手册。本手册根据教育部和新疆维吾尔自治区政府关于开展职业教育现代学徒试点工作的有关要求，并结合新疆发展现代农业的用人需求和岗位资格标准，经过对蔬菜生产相关行业企业多方调研，与学徒企业深入研讨，由企业主导，校企合作共同开发。本手册注重在校企合作、工学结合中强化学徒的技能培养，通过学校、行业、企业三方深度融合，共享行业发展前沿技术，协作培养可独立承担行业内具体工作的实用型人才。本手册可用于实习指导老师和企业师傅的岗位指导和联合传授，既有助于强化学徒在企业实训期间的综合技能学习，又有助于指导学徒学会做事、学会做人，使其在校企深入合作中尽快成长为适应现代园艺生产一线工作的高等技术应用型人才。

本手册根据高职院校现代园艺学徒制培养模式改革的需求，围绕增强学生综合职业能力，帮助加深学生对企业和对学徒岗位的认识。在内容的选择上，以不同企业的蔬菜生产工作过程为导向，结合现代园艺的发展趋势，选取典型工作项目，组成不同模块。在内容组织安排上，以学徒的认知规律、蔬菜的生产规律和岗位职业能力的形成规律为主线，以工作任务为载体，将工作程序与方法单独提炼出来，并附以对应的业务知识、业务经验和案例分析，每一部分都有工作记录单，观察记录表和行业内的模范人物典型案例；实习指导老师和企业师傅双导师进行岗位指导和联合传授，对每个工作任务进行考核和总结。将职业素质的培养贯穿现代学徒培养的全过程，使学徒的学习既有明确的知识目标，又有针对性的技能目标和素质目标；将理论知识和实践有机结合，提高学徒解决实际问题的能力，从而提升了学徒的职业素质。学徒培养中企业主导，定岗定责，保障了学徒能真正掌握园艺技术专业的核心技能和企业的新技术、新工艺，有利于学徒掌握最新前沿知识，达到行业标准乃至国际先进水平，使学徒在毕业后能够尽快依靠学徒期间掌握的核心技能在行业中独当一面，熟练开展工作，依靠掌握的过硬技能立足于社会，为自己的未来生活提供坚实的技术技能支撑。

本教材共三部分，第一部分步入企业，含 2 个入职培训专题，由陈先荣、熊祖华编写；第二部分认识岗位，含 4 个入职培训专题，由陈先荣、史梅、平媛媛编写；第三部分学徒工作学习任务含 8 个模块的学习任务：模块 1 由陈先荣、吴玉鹏、刘新智编写；模块 2 由陈先荣和何梅编写；模块 3、模块 6 由熊祖华、吴玉鹏编写；模块 4 以及附录部分由陈先荣、平媛媛、史梅编写；模块 5 由陈先荣、穆肖芸和吴玉鹏编写；模块 7、模块 8 由陈先荣、陈远良、吴玉鹏、平媛媛编写。

教材编写中参考了很多相关文献资料及行业企业生产实例，在此向有关作者表示由衷的感谢。由于编者水平和精力所限，书中难免有不当之处，敬请广大读者提出宝贵意见。

编　者

2019 年 8 月

目　录

第一部分

The first part

步入企业

入职培训专题 1
世界蔬菜产业发展的机遇和挑战

第一节　中国的蔬菜产业

一、中国蔬菜产业发展概况

蔬菜是城乡居民生活必不可少的重要农产品，蔬菜产业是关系到国计民生的重要产业。在我国，蔬菜是除粮食作物外栽培面积最广的作物，具有重要的经济地位。随着人们生活、消费水平不断提高，膳食结构也发生了变化，对于蔬菜类农产品的需求量不断增长。蔬菜行业的发展受社会因素，尤其是人口因素的影响较大。中国既是农业大国，也是人口大国，因此我国既是蔬菜生产大国，也是蔬菜消费大国。国家统计局数据显示，截至 2014 年末，我国人口总量已达到 13.68 亿，这为蔬菜行业的健康发展提供了巨大的市场空间。此外，近年来我国诸如“高血脂”“肥胖症”等富贵病高发，究其原因，与饮食结构不合理有直接关系，“饮食清淡、多吃蔬菜”逐渐成为人们对于健康饮食的共识。因此，国家十分重视蔬菜生产等相关工作。近年来，我国蔬菜播种面积逐年上涨，发展蔬菜产业已成为实现农民增收、农业增效、农村富裕、社会稳定的重要途径。

随着种植业结构的调整，全国蔬菜产业快速发展，目前已形成华南与西南热区冬春蔬菜、长江流域冬春蔬菜、黄土高原夏秋蔬菜、云贵高原夏秋蔬菜、北部高纬度夏秋蔬菜、黄淮海与环渤海设施蔬菜 6 大优势区域，各区域优势品种不同、上市档期交替，形成了良性互补的区域发展格局。2012 年，我国蔬菜种植面积高达 2 035.3 万 hm^2，比 2011 年增加了 3.64%。其中，蔬菜种植面积超过 100 万 hm^2 的省（自治区）共有 9 个，按蔬菜种植面积由高到低依次为山东、河南、江苏、四川、湖南、广东、河北、湖北和广西。目前，蔬菜是我国种植业中仅次于粮食的第二大类农作物，总体上满足了城乡居民对蔬菜数量、质量和品种的需要。

1. 蔬菜产业地位日益凸显

蔬菜是全国人均消费量最大的食品，蔬菜产业发展迅速，且为劳动密集型产业，因此设施蔬菜不仅成为农民投资回收最快、效益最为明显的支柱产业，而且解决了就业，有效带动了流通、运输、信息服务等行业的快速发展。未来十年我国人口数量仍处在上升期，随着城乡居民生活水平的不断提高和农村人口向城镇转移加快，商品蔬菜需求量将呈现刚性增长趋势，保障稳定供给任务依然艰巨。

蔬菜产业是对全国农村居民人均可支配收入增长贡献最大的种植业，蔬菜产供销是全国从业人员最多的产业，确保蔬菜产业持续稳定发展是保民生、惠民生、保稳定和促和谐的重大民心工程。我国将从稳定种植面积、加强集约化育苗建设、开展标准园创建、加快选育新品种、促进产销衔接等5方面采取措施，促进生产稳定发展。

据专家测算，2016年蔬菜生产对农民收入的贡献率约为10%。据调查，蔬菜生产中，1个技术员可以负责50亩（1亩≈667 m^2）地的蔬菜生产，提供技术服务；在菜农农户间实行互换帮工的情况下，每个劳力可经营1.5～2亩设施蔬菜生产。因此发展蔬菜产业不仅可以创造就业岗位，还可带动相关产业发展，有助于妥善安置返乡农民工和缓解城乡就业压力。

2. 设施蔬菜发展势头迅猛

随着现代农业的发展，蔬菜产业现已成为农业增效、农民增收的主导产业，设施蔬菜成为发展新型现代农业的重要推手。我国人多地少，资源短缺，发展设施农业尤为必要，发展以设施蔬菜为代表的设施农业是实现传统农业向现代农业生产方式转变、建设新型现代农业的重要内容，也是提高土地利用率，建设资源节约型、环境友好型农业的重要途径。

我国在自主知识产权设施装备与环境控制系统研究与开发、设施蔬菜生物学与基因功能基础研究、设施专用种质种苗选育和应用、优质高产高效栽培技术体系、资源高效利用与连作障碍克服、设施农产品安全保障、采后加工与配套设施技术研究等方面取得的创新成果，已经大面积推广应用。其中，日光温室蔬菜高效节能栽培技术使我国的温室节能技术跃居世界领先地位。

近几年，我国蔬菜种植面积稳定在3亿亩以上，年产量在7亿t以上，年销售量达到世界总量的50%。预计到2020年，蔬菜种植面积达到3.2亿亩左右，其中设施蔬菜达到6 300万亩。2016年，我国番茄总播种面积为2 041.5万亩，设施栽培面积为1 167.2万亩，占总播种面积的57.2%，其中番茄设施栽培面积占我国主要蔬菜设施栽培播种面积首位。随着设施栽培的兴起，反季节番茄在各地均可种植，一些地区正丧失传统的气候优势。2016年，辣椒以3 209.4万亩的总播种面积位列我国主要蔬菜种植面积的首位，其中设施栽培面积为852.2万亩，占26.6%。马铃薯2020年面积将会扩大到1亿亩。

数据显示，2000年我国蔬菜单产达到27 828 kg/hm^2，年人均蔬菜持有量为326.23 kg；2004年蔬菜种植面积增加了200万hm^2，单产提升了3 529 kg，年人均蔬菜持有量为423.56 kg；到2014年全国蔬菜种植面积达到2 128.9万hm^2，单产也达到最高峰，为35 701.76 kg/hm^2，2016年，我国蔬菜播种面积为3.35亿亩，总产量7.98亿t，均居世界第一位。作为蔬菜产业的重要版块，我国设施蔬菜播种面积、产量以及产值一直都在不断扩大。设施蔬菜种植面积从2000年的2 749万亩到2016年增长至5 872.1万亩，平均每年增长200多万亩。2016年我国设施蔬菜产量（不含瓜果）2.52亿t，占蔬菜总产量30.5%，全国设施蔬菜产业净产值为5 700多亿元。全国蔬菜农业残留年度例行抽检合格率已连续8年保持在96%以上。2016年我国蔬菜加工行业规模以上企业数量达2 274家。

二、蔬菜行业价值链的构成与上下游关系

蔬菜行业的产业价值链是以种子培育为起点，农户种植为根本，并通过一级、二级经销商将产品运送到各个食品消费终端。产业链中每个环节相互依赖，整体性较强。种子培育是影响蔬菜成品质量的关键因素，蔬菜种植是决定市场商品品类的重要原因，而蔬菜作为保质期较短的产品，经销商则是产品价值实现的重要履行者。总体来说，蔬菜行业产业链主要包括蔬菜种植、蔬菜加工和蔬菜市场，而蔬菜种植的价值链为蔬菜种子农资采购、蔬菜育苗、蔬菜产成品以及果品蔬菜的批发。

1. 蔬菜种植上游行业基本情况

种子行业向规模大和质量优的方向发展。近几年，国内种业借鉴国外种业发展的经验，在政府一系列政策的推动下，经过不断地改革实践，产业集中度明显提高，种子企业已由原来的8 000多家，下降到目前的5 000多家，未来几年仍然呈现快速下降的趋势。中共中央、国务院印发的《关于全面深化农村改革加快推进农业现代化的若干意见》中明确提出了加快发展现代种业的要求。随着以企业为主体的育种创新体系建立，以及种业科技体制改革的深入，种业人才、资源、技术不断向企业流动，种子企业的发展质量、抗风险能力也将逐步提高。

优良品种是种子企业发展的基石。优良品种是农业科技进步的重要载体和集中体现，农产品单产提高、品质改善，产业结构调整，农业机械化和专业化水平的提高都要依靠优良的品种。纵观行业发展的历史，种子企业拥有了优良品种，也即掌握了发展的主动权。目前，中国经济发展进入新常态，中国种业已经进入了一个迅速变革与发展的新时代，社会资本融通、产业优化重组、互联网技术的高速发展、育种新技术的应用为种业的发展注入了新的活力。

除了种子外，农资产品也不断完善。优质的农资产品是保障蔬菜种植业健康发展的重要因素，农资产品生产的技术门槛不高，因此国家在农村设立由监管机构批准的农资站，以保证农资产品的供应规范化。

2. 蔬菜种植下游行业基本情况

下游行业主要指蔬菜果品的批发。2014 年中央一号文件指出，要加强农产品市场体系建设，着力加强促进农产品公平交易和提高流通效率的制度建设，加快制订全国农产品市场发展规划，落实部门协调机制，加强以大型农产品批发市场为骨干、覆盖全国的市场流通网络建设，开展公益性农产品批发市场建设试点。健全大宗农产品期货交易品种体系。加快发展主产区大宗农产品现代化仓储物流设施，完善鲜活农产品冷链物流体系。支持产地小型农产品收集市场、集配中心建设。

在市场经济条件下，我国农产品批发市场在整个农产品流通体系中处于中心地位，是连接亿万小规模生产者与消费者的重要桥梁，是商流、物流、信息流的集散中心，并承担着农产品集中、分散和价格形成功能。在促进农业生产商品化、专业化、规模化、区域化、标准化和农产品大市场、大流通格局的形成，以及引导农民调整种植结构、实现增产增收和保障城镇居民的“菜篮子”“米袋子”供应等方面，我国农产品批发市场发挥着不可替代的重要作用。

农产品批发市场承担着我国农产品流通的重任，机遇与挑战并重。一方面，农产品批发市场在促进产销衔接、保障农产品有效供给，以及引导生产资源市场化配置等方面的作用日益突出。另一方面，国家加大了对批发市场的管理，强化了市场管理方对食品安全的责任以及市场收费项目的限制等。同时，农产品批发市场行业已属于高度竞争的行业，各路资本纷纷加入，行业内部竞争愈演愈烈。“互联网＋”已经植入到各传统行业，对农产品流通模式已产生重大影响和改变，在资金投入、产品设计、人才支撑、运作模式创新等各方面给公司带来巨大机遇和挑战。

第二节　国外蔬菜产业发展历程和特点

一、世界蔬菜产业发展趋势

世界蔬菜种植面积和产量呈现逐步上升态势，2012 年全球蔬菜种植面积为 5 669.06 万 hm^2，比 2011 年增加了 1.97%；蔬菜产量为 108 759.19 万 t，比 2011 年增长了 4.14%。中国、印度、越南、尼日利亚、菲律宾、缅甸、伊朗、韩国、尼泊尔和巴西成为世界排名前 10 位的新鲜蔬菜生产大国。2012 年我国蔬菜出口 934.9 万 t，是 21 世纪以来我国蔬菜出口量和出口额首次同时同比下降；我国蔬菜出口额排名前 5 位的国家依次是日本、韩国、美国、马来西亚、泰国。

荷兰、日本和以色列是现今世界设施农业发展最先进的三个国家。荷兰的玻璃温室是世界设施农业技术体系最重要的分支之一；日本在小型温室机械、植物工厂精密控制等方面的技术令人称道；地处沙漠地带的以色列则以高效灌溉的微滴灌技术享誉全球。从2013年开始，荷兰农产品出口额已超过法国，成为全球仅次于美国的农产品出口大国，并且在温室设施、马铃薯出口、洋葱出口、番茄等鲜蔬出口、种子供应、花卉盆栽等多个领域名列世界第一。

1. 荷兰蔬菜产业发展历程

荷兰近年来设施园艺发展很快，被誉为“欧洲菜园”。目前蔬菜生产主要集中在鹿特丹、乌德勒支和阿姆斯特丹等形成的“三角洲”，海牙地区的温室占耕地面积的50%以上，被称为玻璃世界，生产蔬菜以番茄、甜椒、黄瓜和萝卜为主，前三种作物种植总面积占到蔬菜种植面积的85%以上。荷兰设施栽培在高标准连栋温室的基础上，采用先进的栽培技术配套现代化的硬件设备，以提高单位面积的产量。目前，荷兰蔬菜作物产量单产水平居世界领先地位，荷兰无土栽培番茄年产量可达80 kg/m^2，黄瓜产量可达100 kg/m^2，甜椒达到了35 kg/m^2，为我国同类蔬菜产量的6～8倍。其生产的蔬菜产品主要销往德国、美国、法国、瑞典等国家。

荷兰有11家蔬菜拍卖市场，年交易额占设施蔬菜产量的68%。鹿特丹和阿姆斯特丹便利的机场为园艺企业在荷兰的集聚发展做出了重要贡献。荷兰的物流供应链能够将当天的切花送到纽约。除了直接出口设施蔬菜和花卉产品，荷兰也是世界最大的种子出口国，每年出口种子价值约15亿欧元。欧洲市场每年65%的植物新品种源自荷兰，荷兰育种商的种植品种专利占比超过40%。

2. 日本蔬菜产业发展历程

荷兰、以色列发展设施农业主要是为了应对不利的自然条件，而日本发展设施农业更多是为了缓解农业劳动人口数量减少及人口老龄化的冲击，并开发出了与大都市空间相适应的新鲜农产品供应体系。日本设施农业体量不大但特色鲜明，一是更注重开发节省人力的小型温室机械，发展立体化种植等技术；二是更重视运用高附加值、紧凑型、全程精细控制的植物工厂技术。日本蔬菜进入市场以农协组织为主，提高了组织化程度，规范了市场秩序，有力保障了种植农户利益。集中供应的中央批发市场制度为日本蔬菜的正常供应发挥了重要的作用。同时，为促进蔬菜合理流通，日本政府非常重视蔬菜出售规格标准化，规定了蔬菜上市所应具备的外观和内在质量。

2013年初的数据显示，日本共有211家植物工厂。这些植物工厂建立了农作物周年连续生产系统，利用计算机对植物生长发育的温度、湿度、光照、二氧化碳浓度及营养液等环境条件进行自动控制，使植物生长不受或很少受自然条件制约。日本植物工厂单位面积产量高达露天生产的90倍；由于蔬菜外观更齐整、营养元素更均衡，植物工厂单位面积产品的销售价值可达露天种植的117倍。除了高产高效、节水节肥，植物工厂另一个突出优点是生产不依赖外界环境和土壤肥力，因而可便利地放置在绝大多数建筑中，在大都市健康安全叶菜的产供销方面扮演了很重要的角色。

3. 以色列蔬菜产业发展历程

以色列耕地面积极为有限，降水也极其匮乏。从 1948 年建国到 2010 年，通过大力发展高效、集约的现代设施园艺，以色列农业产出增长了 12 倍，农业用水只增加了 3 倍，单位面积土地产值翻了 3 倍，单位水资源产值增长了 5 倍，创造了沙漠农业奇迹。

高效的灌溉体系是以色列设施园艺最显著的特征，微、滴灌管道系统遍布全国主要农业生产地区，60%以上的农田、100%的果园、绿化区和蔬菜种植均应用了滴灌技术，灌溉用水利用率高达 95%。大约有 25%的以色列温室使用无土栽培；通过运用水肥一体化、循环用水等设施园艺技术措施，以色列设施农业不仅比普通设施种植平均可以节省 30%～40%的水和化肥，同时微、滴灌精准施肥也让农产品单产显著提升。以色列设施园艺棉花、柑橘、西红柿、甜椒、黄瓜、茄子等的单位面积产量都高居世界榜首。

在以色列，有专门的研究服务机构，对蔬菜、水果的外形、口感、营养成分等进行细致的研究和区分，指导农民按照区分标准售卖。以色列的育种育苗、灌溉设备等配套产业也非常发达。近年来，以色列每年出口超过 20 亿美元的设施园艺设备和技术服务以及 15 亿美元的蔬菜种子。

4. 美国蔬菜产业发展历程

美国蔬菜生产和供应的发展历程与日本的不同，走的是一条从“就地生产，就地供应”到“集中生产，分散供应”的发展之路。按照“比较效益原则”即农业生产应集中在自然条件和社会经济条件最好的地区，进行集约经营，以取得最大的经济效益。2002 年，美国蔬菜生产面积约 131.5 万 hm^2，主要分布在自然条件最好的加利福尼亚、得克萨斯、佛罗里达等四大产区，生产量占全国总量的 90%，通过加工、运输以供应全国。

二、国外蔬菜产业发展的特点

荷兰、日本、以色列人均耕地面积分别仅为 0.06 hm^2、0.03 hm^2、0.04 hm^2。20 世纪 60 年代以来，通过强化政策支持、科技支撑、产业配套，荷兰、日本和以色列分别大力发展以玻璃温室，植物工厂，微、滴灌等为技术特色的设施农业，较好地缓解了自然资源条件对农业生产的不利约束，有效提升了农业资源利用效率和农业竞争力。欧美的温室果菜类蔬菜生产，多为长季节栽培，一年一茬。荷兰是花卉、球茎、盆栽、蔬菜及水果的全球网络中心。在农业灌溉领域，以色列开发了一系列适应不同环境的灌溉解决方案，多种配套感应器等，为气候条件恶劣地区发展设施农业提供了有力支持；

以色列的育种育苗、灌溉设备等配套产业也非常发达。日本精准化、标准化的蔬菜生产，与日本科学技术的发展进步密不可分。日本设施园艺的地膜覆盖栽培、温室环境计算机综合调控、工厂化育苗、机器人嫁接和植物工厂等技术都处于世界领先水平。

虽然荷兰、日本、以色列、美国等国家的蔬菜产业发展历程不尽相同，但其共同的特点是重视专业化、社会化及机械化生产；政府以市场为导向，建立健全市场服务体系，搞好社会化销售服务；采用良种和新技术，实现科研和推广服务紧密结合。荷兰、日本和以色列的设施农业是典型的高投入、高效益的技术密集型农业，在其设施农业发展历程中，政府政策、科技发展、产业配套、农户合作都扮演了极为重要的角色。荷兰、日本和以色列的配套产业也形成了有力互补，在育种育苗、机械设施、市场流通、物流配送等配套产业方面，处于全球领先地位。

三、国内蔬菜行业产需转化

人们对蔬菜的消费已从数量型逐步转向质量型，要求蔬菜“优质、卫生、营养、保健、方便”。由此，我国蔬菜产需出现了 5 方面的转化。

1. 向营养保健型转化

蔬菜是重要的功能性食品，因为人体需要的维生素、矿物质和纤维素等主要来源于蔬菜，而且某些营养素还是蔬菜独有的，能预防疾病、强健身体。如果人们缺少蔬菜中某些营养素，不仅影响人体健康，还可能导致某些疾病发生。因此，不少消费者到市场选购具有高营养价值和保健功能的蔬菜。

2. 向绿色食品型转化

20 世纪 80 年代初，农业部植物保护总站开始推广无公害蔬菜生产技术，20 世纪 90 年代，农业部成立“中国绿色食品发展中心”，实行“绿色食品”认证制，从产地生态环境、产品生产操作规程到农药残留、有害重金属和细菌含量等方面对“绿色食品”的标准做了界定。

3. 向净菜方便型转化

净菜生产是农产品加工中的第一个环节。所谓净菜，就是蔬菜采收后，进入 5～7℃的低温加工车间，在这里完成预冷、分选、清洗、干燥、切分、添加、包装、贮藏、质检等工序，这时的蔬菜即是净菜，只要稍加清洗，即可食用或烹调。

4. 向均匀化、结构型转化

由于蔬菜生产表现出一定的季节性特征，随着种植技术的发展，一方面，温室大棚、反季蔬菜逐渐成为调节蔬菜季节供应不均匀的主要推动力，另一方面相关新技术的发展也将反过来促进蔬菜种植的结构调整，发挥市场调节的推动作用。

5. 向出口创汇型转化

由于我国各地生态条件不同，形成了多种多样的具有地区特色的优质蔬菜品种。

随着市场经济的发展和种植技术的升级，这类产品将逐渐受到国际市场的关注，因此我国未来将逐渐倾向于出口高技术含量、高工业附加值的蔬菜产品。

四、我国蔬菜产业的发展方向

随着人们生活水平的提高，我国蔬菜种植结构也发生了变化，逐渐由数量型向效益型转变，此外随着蔬菜种植面积和产量的提高，人们的菜篮子也不断得到充实。我国蔬菜生产将走向产业化、设施化、集约化和绿色化。

1. 大力发展设施蔬菜

调整产业结构，变革传统蔬菜产业，以增加农民收入、改善农民生活水平，这是产业结构调整、发展高效农业的核心任务。对具备出口优势的蔬菜产区，要积极开发地方“名、特、优”品种生产，合理布局，发挥自身优势，用劳动资源的优势来弥补耕地不足的劣势。在销售上，着力开发国内、国外两个市场，有重点地扩大设施蔬菜生产，并树立“绿色意识”，走有机农业、生态农业、精品农业之路。

2. 大力发展“名、稀、特、优”精品蔬菜

精品蔬菜包括绿色食品蔬菜、有机蔬菜等等，只有优质蔬菜在国际市场上才有高竞争力。要加强优质、抗病虫、抗逆、适合设施栽培的蔬菜新品种选育，争取高产稳产、缓解淡旺季矛盾。采用先进的生产及加工方法，如低温冷链物流，即由低温运输车将蔬菜送到加工车间，最后到超市低温保鲜柜台出售。发展蔬菜产品的深加工，在生产绿色食品的基础上，加强农产品在腌制、干制和蜜制等方面的产品研发，从而满足消费者的不同要求，并进一步面向国际市场。积极稳妥地发展高档珍稀蔬菜，从我国和发达国家的蔬菜消费趋势可以看出，大宗蔬菜的消费量逐年下降，而珍稀蔬菜呈上升趋势。

生产绿色食品属劳动密集型产业，部分发达国家重点发展机械化程度高、规模效益高的大田作物等农业，而让出生产成本高的蔬菜等农产品的市场份额，其每年都要从国外进口数量可观的AA级绿色食品，为我国深加工蔬菜产品以及新鲜绿色蔬菜产品的出口提供了契机。

3. 大力发展城郊型蔬菜产业

城郊型蔬菜产业指城郊农区根据其所具有的较好的农业基础条件和距城市较近的地理特点，运用城市密集的资金、技术、人才和资源优势，把城郊蔬菜产业作为整个城市的一个产业来抓，把产业化的链条延伸到城市，把第一产业巧妙地与第三产业结合或把第一产业转变成第三产业，依托于城市、服务于城市，走出由增量农业向增效农业转化的都市农业发展的新路子。发展城郊型蔬菜产业的核心任务是不断提升农业产业水平，并对农业产业结构加以合理调整。

4. 积极创建绿色食品蔬菜基地

大力开展绿色食品蔬菜生产的相关研究，开发绿色食品，创建稳定可靠的绿色蔬菜基地，优先占领高消费市场和出口蔬菜市场，实现树立形象、创造名牌、引导消费、扩大市场的战略目标，在产业化蔬菜生产中就显得更加重要，同时，这也符合现代化农业可持续发展的方向，符合人们对无污染、安全、优质绿色食品的迫切要求。

目前，我国的蔬菜生产中对土壤、水源及空气的污染情况重视程度不够，而且在生产过程中大量施用农药，因此产品在国际市场上缺乏竞争力。国内消费者随着生活水平的提高，对蔬菜品质和安全的要求也会越来越高。各地应积极调整种植品种，在品种和茬口结构上实现多样化，在生产布局上推行专业化，实现一乡一业、一村一业，充分发挥各自优势，形成特色，增加批量，扩大市场占有率，提高知名度。

5. 全力推进蔬菜专业化生产

蔬菜专业化生产是艰巨复杂的系统工程，要立足当地资源和基础条件，以国内外市场需求为导向，以科技进步为前提，区域化布局，以专业化的规模经营为基础，以提高经济效益为中心，择优确定主导种植产品，围绕主导产品的生产、加工、销售，逐步形成“种养加、产供销、农工商、内外贸、农科教”一体化的“龙头型”产业结构。实现产业化蔬菜生产，其核心是培育龙头企业和产业化生产绿色食品的AA级蔬菜生产基地，形成一体化的生产经营体系。产业化蔬菜生产是我国蔬菜产业发展的必然结果，是21世纪我国蔬菜产业发展的根本出路。

入职培训专题 2
蔬菜生产相关企业管理文化

第一节　我国蔬菜生产相关公司的组织构架

一、我国蔬菜生产相关公司的组织构架

1. 蔬菜生产公司组织架构图

某蔬菜生产公司（含生产、休闲观光业务）组织构架如图 1-2-1 所示。

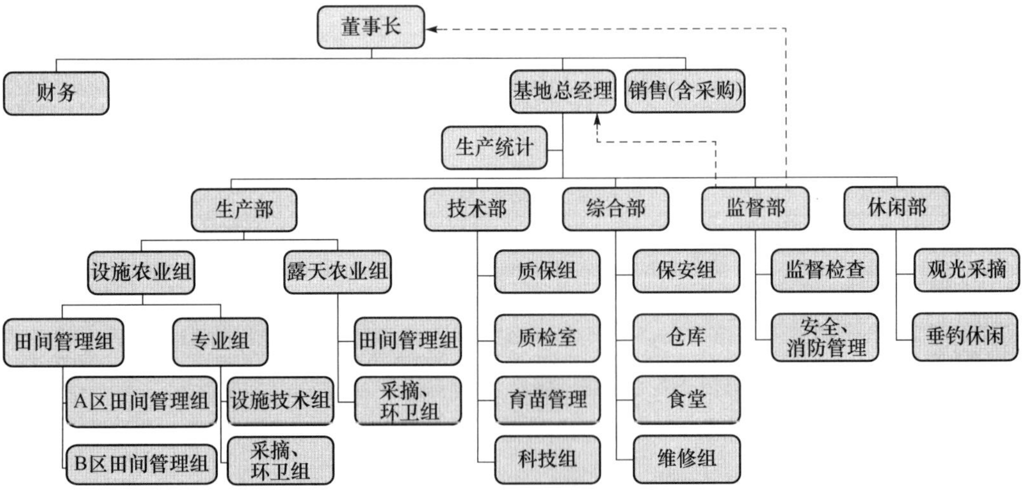

图 1-2-1　某蔬菜生产公司（含生产、观光）组织架构图

2. 蔬菜配送公司组织架构图

某蔬菜配送中心（鲜活农产品配送、主要是蔬菜）组织架构如图 1-2-2 所示。

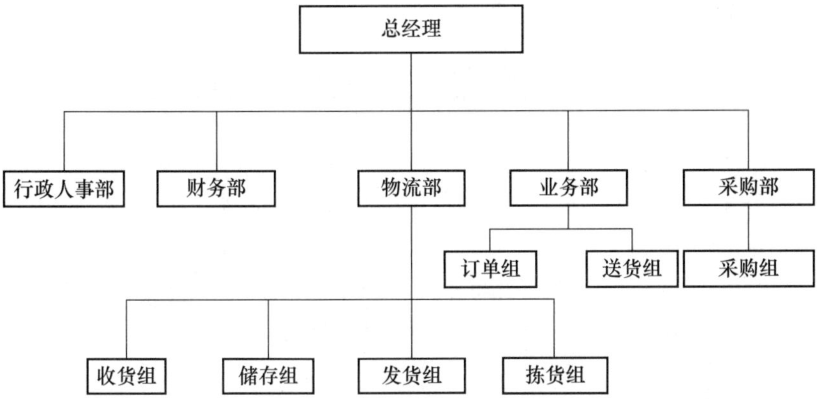

图 1-2-2　某蔬菜配送中心组织架构图

二、蔬菜生产公司的人员配置

某蔬菜生产公司人员配置计划如表 1-2-1 所示，通常蔬菜生产企业需要后勤办公室主管、蔬菜生产技术员、财务人员等多种专业人员，以下列出了几个相关岗位的任职条件和职责。

（一）后勤办公室主管的职责

1. 全面负责办公室的日常工作

（1）组织制订办公室年度、月度工作目标及工作计划，并组织实施。

（2）协助起草公司各项管理规章制度并监督实施。

（3）参与公司重大决策的研讨和制订。

（4）负责组织外事接待活动，妥善处理各种对外事务。

（5）审核、控制公司办公费用及接待费用。

（6）负责向有关政府部门的项目申报、年检、申领各类证照，完成批文手续等事宜。

2. 协调公司各部门之间的关系

（1）负责组织各部门的信息传递工作，保证各部门信息沟通顺畅。

（2）协调各部门的工作行为，使工作流程顺畅，实现共同的战略目标。

（3）负责公司的年终总结工作，包括会议安排及敦促各部门编写总结报告。

3. 负责公司对外形象宣传、公共关系和公司企业文化建设

（1）代表公司与相关部门、上下级单位往来，保持与相关企业的良好合作关系。

（2）负责公司的对外工作，协调公司与政府部门及企业的关系。

（3）协助经理组织公司企业文化建设，提炼和宣传企业理念，负责各种活动的举办，增强员工凝聚力。

4. 协助经理进行人员的招聘、任免等

5. 负责组织并统一协调公司招投标过程相关工作

6. 协助经理统管财务、采购、库房、后勤、伙食、考勤等工作

表 1-2-1　某蔬菜生产公司人员配置计划表

部门	职能	人数/人	主要职责	备注
董事长	董事长	1	负责董事会工作及全面负责公司经营管理	
财务部	财务部主任	2	负责公司财务管理、劳资工作	
销售（含采购）部	销售经理	1	协助总经理分管生产资料采购及产品销售等	
	销售助理	1	协助经理完成资料采购及产品销售等	★
生产基地	生产部经理	1	协助总经理分管生产运营和日常管理工作	
	生产统计	1	负责公司的仓储物流配送收发统计、日常收支统计和考勤报表统计结算工作	
	生产技术人员及工人	5	设施农业组：田间管理、吊秧、定植、采摘 露天农业组：翻地、起垄、田间管理、环卫等	★
	技术部经理	1	日常质保、质检管理、检验检测试验；新品种引进及育苗、项目服务、科技培训等	★
	综合办公部	4	接待、培训、文档管理、行政后勤服务；保安、仓库、物流配送、食堂、车驾调度、维修等	
	监督部	1	监督、安保检查、消防管理等，处理纠纷，维护客户关系	
	休闲部	2	观光采摘、导游讲解员、休闲手工活动等	
	合计	20		

注：★代表相关人才紧缺

（二）蔬菜技术员任职条件及职责

1. 蔬菜技术员任职条件

（1）农学或蔬菜种植相关专业专科以上学历，5 年以上蔬菜种植工作经验。

（2）掌握深厚扎实的大田作物、蔬菜种植技术，有农艺师资格证书者优先。

（3）理解绿色蔬菜、有机蔬菜定义，能根据相关要求控制品质，掌握品种选择、育苗、施肥、施用农药及合理耕种等技术措施。具备蔬菜基地建设与技术管理经验，实际操作过大棚温室等设施种植，精通蔬菜作物（果菜类、叶菜类等作物）的日常管理。

（4）熟悉现代化数字农业、掌握无土栽培相关技术，熟知温室大棚的智能管理种植等相关绿色、有机农业生态体系标准化生产溯源工作。

2. 蔬菜技术员岗位职责

蔬菜技术员是农业技术员的一种，需精通蔬菜生产过程中的各个环节。蔬菜技术员（农业技术员）主要负责田区种植生产计划安排及现场组织管理，包括用工管理、对相关人员的技术指导等。

（1）科学制订生产计划，减少设施空棚期，合理休棚和安排茬口，在季后能根据当地种植情况，做出下季的科学规划，对品种选择、底肥配比提出合理化建议。负责配合技术主管完成对基地种植品种的规划及实施。

（2）严格按照国家绿色蔬菜、有机蔬菜生产的标准要求，编制各种蔬菜种植、管理的技术操作规程。

（3）编写培训材料，做好播种前、生长期、收获前各阶段的技术培训，并做好培训记录。

（4）按照种植计划，负责做好技术指导和管理监督。负责配合技术主管及时对公司基地内的蔬菜种植人员进行技术指导及监督管理。

（5）精通温室的规划建造，会指导机械施工及棚内、棚面的安装检修，熟悉各类温室机械的使用，指导基地现场维护与管理等。

（6）严格执行《农药安全使用标准》《农药合理使用准则》等标准要求，加强对种子、化肥、农药的控制、管理和使用工作。擅长病虫害防治，能较准确地识别诊断各类病虫害，能对症下药。能根据当地的土壤情况，蔬菜长势等，指导科学施肥、合理搭配。

（7）指导无土栽培，熟悉无土栽培的温室大棚规划建造，无土栽培设施建造，营养土、营养液的配制技术；引导种植植物工厂等高科技种植技术。

（三）基地植保员任职条件及职责

1. 基地植保员任职条件

（1）中专及以上学历，农业相关工作背景，有农业技术员相关证件者优先。

（2）有 5 年以上农业工作经验，会计算机基本操作，熟悉田间管理及大棚管理。

（3）吃苦耐劳，工作认真，责任心强，能胜任大棚育苗管理作业及基地植保工作。

2. 基地植保员岗位职责

（1）掌握国家农药使用相关法律、法规和标准，并按照规定实施蔬菜植保。

（2）不断提高植保技术水平，并对生产人员进行病虫害防治知识和安全用药培训。

（3）配合相关部门负责基地有害生物的定点监测工作，并将监测结果及时上报。负责基地有害生物发生种类调查，进行有害生物监测点、诱剂、诱捕器的定位安装。及时调查掌握基地病虫害发生情况，结合农技部门的相关情报提出防治管理意见。

（4）明确基地用药种类，并对购进的农药进行审核登记，做好出库记录和台账凭证。负责基地蔬菜疫情、疫病防控技术推广及无公害农药、生物农药、生物及物理技术的推广应用工作。

（5）做好基地病虫害防治工作，包括用药品种、药剂配制，监督农药施用操作和施药器具清洗，回收剩余农药及包装物并准确填写施药记录。

（6）清晰掌握相关农药使用的安全间隔期，凡是在安全间隔期内的蔬菜不得采收上市和取样。

（7）实施植保员签名制度，每批蔬菜上市前必须由植保员签名认可。

（8）负责基地有害生物发生、防治情况的年度汇总工作，并分析来年基地重点有害生物及其发生动态。

（9）积极参加相关部门组织的会议和培训。

三、蔬菜配送中心的人员配置

1. 财务人员岗位职责

（1）账目记录工作　对发生的收、付、缴等项业务及时登记“现金日记账”和“银行存款日记账”，账目填写清楚。

（2）工资发放与日常报销工作　协同公司综合管理部进行员工工资的发放工作，员工工资发放及时、准确；根据公司的规定，办理有关款项的报销工作。

（3）原始凭证管理　审核各类收付项目原始凭证，保证符合会计制度及相关规定；定期整理、汇总各类原始凭证，并妥善保管。

（4）支票、印章管理　按照企业的相关规定管理空白支票，按相关程序开具票据；按照企业相关规定保管相关印章，外出使用无遗失等现象发生。

2. 收货员岗位职责

主要负责在货物入库过程中选用搬运工具与调派工作人员，并安排工具使用时段与人员的工作时间、地点、班次等。制定相应的货物入库管理制度及工作流程。建立货物入库台账，每日进行货物入库记录及统计，严格按照手续办理产品入库。完成上级交办的其他任务。

3. 仓库保管员岗位职责

主要负责保管区内物资的保管工作，对保管区内的货物，做到账、卡清楚，账、卡、物相符。定期清扫保管区，保证保管区内清洁卫生，无虫害、鼠害。

4. 物流部门人员岗位职责

（1）协调仓储物流接口的关系，制订和执行仓储物流工作计划，完善仓库物流及外部仓库管理各项作业规范及流程，提高内部运作效率，有效降低仓储物流总成本。

（2）负责根据实际运作情况，对公司仓库管理体系、物流管理体系进行相应规划、建立和完善，实现公司库存管理、内部物流及外部物流系统的优化。

（3）负责科学规划和调整仓储材料和成品的库存和库位，提出改进方案，合理利用仓库空间，保证仓库的使用率最大化。

（4）负责组织仓储物流部门正常运作的准确无误与高效率，监控仓库的安全、温湿度及清洁等日常工作，使其符合国家相关规定，确保物资贮存、运输和防护符合相关规定要求。

(5) 负责监控仓储存货物资的质量状况，建立呆滞不良存货协调处理机制，及时提报和组织异常库存处理，避免存货超储、短缺、毁坏等现象，确保库存物资安全、有效。

(6) 规划督导库房环境，合理控制库存，配合采购部组织季节性屯货。

(7) 贯彻物资管理制度，完善库存及配送管理。落实防火、防盗、防虫蛀、防鼠咬、防霉等安全、卫生措施，确保保管配送全过程的安全。

(8) 组织落实月末盘点，完善档案积累及账务管理，确保“账物相符、账账相符”，及时反馈各种信息，并按制度要求及时完成各项报表、报告。

(9) 完成上级交办的其他任务。

第二节　我国蔬菜生产公司的经营模式

我国的蔬菜安全生产经营组织及生产经营主体须依照法律、法规和食品安全标准从事蔬菜生产经营活动，对社会和公众负责，保证蔬菜安全，接受社会监督，承担社会责任。

组织内的生产经营主体须拥有良好的生产行为。这些行为包括：种子、肥料、农药等投入品的采购与使用行为，先进生产技术和先进管理规范（如 GMP、HACCP 等）的实施行为，生产经营档案（详细记录蔬菜在投入、种植、加工、包装、贮藏、运输、销售和消费等环节的有关信息）的建设与管理行为。组织内各主体之间形成稳定的合作关系和有效的监管机制。主要是各主体在资金、技术和信息等方面相互合作、彼此服务，合理分享合作利益、共同承担合作风险，同时相互监督生产经营行为。组织内部建立起健全的问题蔬菜应急处理方案。定期检查组织内各项安全防范措施的落实情况，一旦发现问题蔬菜立即采取措施，召回已经上市销售的蔬菜，追查相关生产经营者的责任，对召回的蔬菜采取无害化处理或销毁等措施。

一、典型蔬菜生产经营组织模式

目前，国内常见的蔬菜生产经营组织模式有 3 种，在促进生产、保障供应、改善质量、提高效益、弱化风险等方面发挥了重要作用。

1. 批发市场带动型蔬菜生产经营组织模式

专业蔬菜批发市场作为一个市场组织，与周边菜农以及蔬菜运销组织之间存在稳定的隐性契约，即“蔬菜批发市场＋蔬菜种植户”的模式。该模式的典型代表是创建于 1984 年的山东省寿光蔬菜批发市场。批发市场建有交易服务大厅和大棚，设有冷冻、仓储、电视监控、电子银行、客户服务中心等配套服务设施和“一卡通”结算方式。该市场建立起了国内第一家蔬菜电子拍卖市场，以其“包装规格化、重量标准化、质量等级化、客户会员化、交易电子化”的“五化模式”促进了蔬菜标准化的发展。

国家蔬菜质量监督检验中心还在该市场设立了检测站，每天对上市蔬菜进行检验，在一定程度上保证了交易蔬菜的安全性。该经营模式具有蔬菜集散、价格形成、信息交流和物流配送的作用与功能，促进了蔬菜生产经营的区域化、专业化和标准化，形成产业优势；有助于调节种植规模和品种、节省交易成本、提高运销效率和生产经营效益。但该模式不能从投入品供应、种植和加工等环节开展蔬菜质量安全的事前控制和事中控制，仅能进行部分事后控制，难以保障批发环节之后诸如流通、销售和消费环节中蔬菜的质量安全状况。

2. 加工企业带动型蔬菜生产经营组织模式

该模式以蔬菜加工企业为龙头，形成“公司＋农户”“公司＋基地＋农户”等蔬菜生产、加工、销售一体化的组织模式。该模式运行过程中，蔬菜加工企业与生产基地或菜农签订产销合同，规定双方的“权、责、利”，企业为基地或菜农提供一定的投入品、信贷担保、技术、资金和信息服务，并按最低保护价收购蔬菜，将蔬菜加工后出售制成品；菜农按照合同规定，接受加工企业的指导、服务和监管，定时定量地为加工企业提供符合质量要求的蔬菜。

该模式是目前国内最主要和最普遍的组织形式，在增强菜农与市场的联系、减少菜农生产的盲目性、增强蔬菜加工企业原料来源和质量的稳定性、弱化蔬菜生产经营的风险性等方面都具有积极意义。

3. 专业合作组织带动型蔬菜生产经营组织模式

这是一种“蔬菜专业合作组织＋菜农”的生产经营模式，是蔬菜专业合作组织与菜农的松散联盟。该模式在运作过程中坚持“民出资、民办社、民管理、民受益”的原则，菜农在自愿的基础上加入蔬菜专业合作组织，蔬菜专业合作组织则为成员提供各种服务，如统一提供科技培训和技术咨询、统一推广新品种、统一生产资料供应、统一生产操作规程、统一采收上市标准、统一品牌销售、统一开拓市场等。

该模式以蔬菜合作社为中心，以蔬菜公司、蔬菜生产基地、菜农、蔬菜生资公司和蔬菜批发市场为成员组织经营，可有效地改善和维护蔬菜质量安全状况。该模式又有以下类型：

（1）龙头企业带动型　以龙头企业为核心，把分散的菜农集聚到一起而成立，企业通过蔬菜专业合作社与菜农建立购销关系。蔬菜专业合作社作为媒介，为菜农提供生产资料、技术服务和专业化培训，负责与龙头企业协商，维护菜农的合法权益。

（2）能人大户创办型　以“大户＋合作社＋农户”为主要模式，由长期从事蔬菜生产、有较大影响力的蔬菜种植能手带领周边菜农组建而成。这类合作组织主要以从事农产品营销为主，能人大户在引导社员发展生产、进入市场、疏通产销环节等方面发挥较大作用

（3）农村支部促进型　在村级组织或村干部的带领下，将村集体经济进行改造或

带领全村及附近村专业生产大户共同组建。合作社主要以土地承包经营权股份合作作为产权基础。

(4) 特色产业主导型　以"基地+合作社+农户"为主要模式，进行蔬菜专业化、规模化生产，依托基层农技、农机、兽医等涉农部门，组织相关产业领域的种养户、营销户和农技人员共同组建而成。这种合作组织充分利用涉农部门组织协调和技术服务的优势创办，具有先导性和示范性。

二、其他蔬菜生产经营组织模式

蔬菜企业能否盈利，关键因素在于经营管理模式。除了上述 3 种模式外，目前，我国蔬菜企业主要经营管理模式还有以下几种：

(1) 统一管理型　新建企业过渡时期常用，不宜长期采用。土地、设施、生资投入等全部由企业统一管理和投入，雇用农民，实行日薪或月薪。

(2) 反包型　企业将流转过来的土地及相应设施反包给农民，由农民自由种植和销售，企业收取土地及设施租金，一般露地 400～800 元、设施 1 000～2 000 元。该模式生产技术和管理水平高低不一，但企业较省事。该模式较统一管理型亏损稍轻，但变更了土地权属关系，失去了土地流转意义，与企业当初投资蔬菜产业的目的不符。

(3) 层级管理型　适合基础好、制度健全的大型企业。企业采用公司化运作，实行经理负责制。经理下设队长、片长、组长共 4 级管理体系，农户对组长负责，组长对片长负责，片长对队长负责，队长对经理负责。该模式产销计划性强，制度健全，分工明确，管理严密，赏罚分明，技术可行，企业无大的风险，效益有保障，农户也能多劳多得。

(4) 统分结合型　一般蔬菜龙头企业可采取统分结合型模式。企业将土地、设施、生资投入、品种安排、产品标准、产品价格等统一起来，以农户为单位分散管理。可实现企业赚钱、农户增收的双赢结果。该模式下，企业和农户利益捆绑，激励农户多劳多得；便于管理，生产计划、销售计划可落实到位；产品数量和质量均有保障，全面实行标准化生产及管理；实现企业和农民双赢目标。对企业而言，只需关注市场，做好生产计划，选准蔬菜种类和品种，按标准化生产规范进行管理。同时，企业可进行产业包装、项目申报与运作、品牌及形象创建等。

(5) 蔬菜零售直销模式　又名外埠蔬菜直营店模式，指政府为解决"菜篮子"问题所倡导的消除社区蔬菜供应网点空白、发展蔬菜批发零售直销对接的新模式。该模式鼓励外埠和本地蔬菜生产基地、农村合作社组织、农产品批发市场建立社区直营菜市场和社区直营菜店，建立完善以规范化社区菜市场为主体，社区菜店、生鲜超市为重要补充，网络直销为新生力量的多业态并存、相互补充、共同发展的格局，提高蔬菜零售网络"便利化、规范化、组织化、现代化"水平。

各地蔬菜零售网络建设将重点发展规范化的社区菜市场，该模式深受百姓欢迎，服务功能稳定，辐射能力较强。该模式统一管理、统一采购、统一配送，可以连锁化经营，提高蔬菜零售网络组织化、规模化水平，加速推进政府对社区菜市场产权收购和参资入股，从根本上解决政府对蔬菜零售终端控制力问题。

（6）蔬菜配送生意经营模式　该模式是指自身生产加工以及冷链运输一体的公司，采用严格的食品安全管控体系，包括农产品采收质量标准、冷链仓储控制标准、冷链物流控制标准。蔬菜配送“2B市场”，从配送客户分类来说主要分为中小餐厅食材配送、企事业机关单位食堂和酒店高端餐厅食材配送、垂直行业食材配送（如大中专院校食材配送）、幼儿园食材配送、西餐店食材配送、垂直品类的食材配送（冻货、调料、海鲜、肉类）、生鲜超市食材配送。该模式需要大规模的配送车辆（冷藏厢式货车），足够的蔬菜基地资源，对配送的食材进行简单的粗加工，以及厘清采购渠道。

（7）社区蔬菜经营模式　社区蔬菜店的经营模式能降低成本（使卖出的蔬菜更便宜）、提高蔬菜品质（看相），以及通过多元化经营使老百姓得到更多的实惠。社区蔬菜店可以寻找农村的合作社进货；也可以帮助组织菜农合作社，直接从菜农合作社拿货，或直接跟他们合股卖菜；也可去农村收菜销售。

蔬菜流通领域主体主要有蔬菜合作社、蔬菜公司、蔬菜生产基地、菜农、蔬菜生产资料公司、蔬菜批发市场（图1-2-3）。蔬菜批发市场作为蔬菜及其供求信息的集聚与扩散中心、蔬菜交易价格的发现与形成中心，可以通过搜集、加工、处理和发布蔬菜交易的数量、品种、价格和质量状况，直接为蔬菜公司和蔬菜生产资料公司提供充分、准确、及时的决策信息，有利于蔬菜生产在数量和质量上的有效供给。

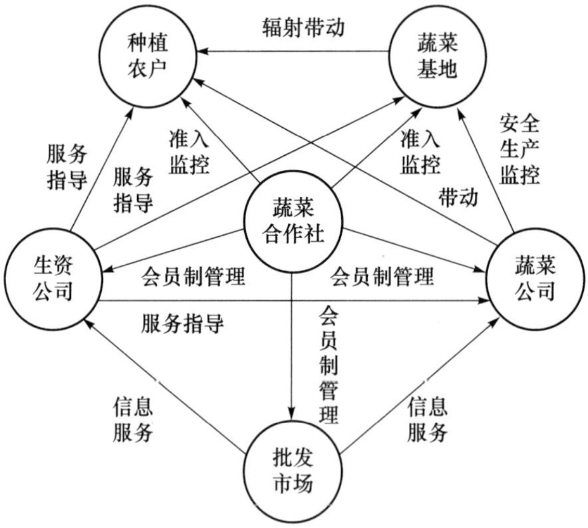

图1-2-3　蔬菜安全生产经营组织模式示意图

第三节　蔬菜生产相关公司的管理文化实例

一、总则

根据国家有关法律、法规及公司章程的规定，特制定本管理大纲。

（1）公司全体员工必须遵守公司章程，遵守公司的各项规章制度和决定。

（2）公司倡导树立“一盘棋”思想，禁止任何部门、个人做有损公司利益、形象、声誉或破坏公司发展的事情。

（3）公司通过发挥全体员工的积极性、创造性和提高全体员工的技术、管理、经营水平，不断完善公司的经营、管理体系，实行多种形式的责任制，壮大公司实力和提高经济效益。

（4）公司鼓励员工积极参与公司的决策和管理，鼓励员工发挥才智，提出合理化建议。

（5）公司实行“岗薪提成制”的分配制度，为员工提供收入和福利保证，并随着经济效益的提高逐步提高员工各方面待遇；公司为员工提供平等的竞争环境和晋升机会；公司推行岗位责任制，实行考勤、考核制度，对做出贡献者予以奖励。

（6）公司提倡求真务实的工作作风，提高工作效率；提倡厉行节约，反对铺张浪费；倡导员工团结互助，同舟共济，发扬集体合作和集体创造精神，增强团体的凝聚力和向心力。

（7）员工必须维护公司纪律，对任何违反公司章程和各项规章制度的行为，都要予以追究。

二、蔬菜溯源管理制度

为保证最终蔬菜成品的安全出口，特制定本制度。

（1）原料采收的记录　原料加工前必须对原料进行详细的记录，包括日期、地块、采收数量，农残检测等，并进行原料标记。

（2）加工过程的记录　车间对已标记的原料进行加工，制成成品的时候再次进行标记，然后入库。

（3）发货记录　发货时必须按标记顺序装货，并对每个标记的货物有清楚的记录。

三、田间管理制度

为保证蔬菜原料的质量，有效地控制药残，特制定本管理制度。

（1）种子的选购　种子必须经公司基地技术部统一到种子公司选购，所选种子必须是优质、高纯度、无变异的种子。

(2) 播种　育苗播种前必须对土地进行深耕，并施足底肥。播种时必须考虑到温度、湿度、时间等影响种子发芽的因素，科学播种。

(3) 施肥　尽量使用农家肥如粪肥和有机肥。复合肥尽量少用，且要选用国家大型企业生产的合格肥料。

(4) 浇水　水是蔬菜的根本，生长期一定要按照蔬菜的需求及时浇水。

(5) 间苗　对于弱苗和过密的苗，一定要及时剔除。

(6) 除草　除草必须及时，绝不能影响蔬菜的生长。

四、基地安全用药管理制度

为保证蔬菜原料的药残达到出口标准，使公司和蔬菜种植户的利益得到根本保证，特制定基地安全用药管理制度。

(1) 统一采购　基地发现疫情后，立即报告给公司基地技术部，由基地技术部亲自到植保站选购，所选农药必须在国家出入境检验检疫局所提供的合格农药范围之内。严禁个人私自采购，并做好采购记录。

(2) 统一发放　由公司基地技术部统一发放给各基地，并做好发放记录。

(3) 统一施用　用药前，由技术部植保员负责统一配制，然后给施药人员统一讲解，务必使所有人员明白施用规则。然后，对施用对象、施用数量、施用倍数做好详细的用药记录。

(4) 统一回收　施用完毕后，由植保员负责对所剩农药进行登记，然后由公司基地部统一回收公司保存。对所配制的剩药，应找荒地挖沟掩埋。

第二部分

认识岗位

The second part

The second part

The second part

The second part

入职培训专题 1

认识学徒业务岗位

新疆蔬菜产业由于受气候等自然条件的限制，存在季节性、区域性供应淡季现象，尤其冬春季节缺菜明显。结合新疆蔬菜设施生产春提早、夏露地和秋延迟等三大茬次生产，以"学徒制企业生产基地"为教学平台，安排学生进行蔬菜生产与管理。企业和学校双导师指导，进行蔬菜生产经营实践，组织学生进行蔬菜设施维修管理、无土栽培、蔬菜育苗、菜田备耕及菜田标准化管理、蔬菜采后处理、阳台蔬菜园艺、相关技术开发与推广，以及其他休闲园艺开发等。训练学生的实践技能和对日常生产问题等的应急处理能力，使其具备与相关工作人员良好的沟通能力，以及执行力强、吃苦耐劳、踏实稳重、诚实守信的职业品质，满足一线岗位工作需要。

一、入职准备

1. 入职培训

公司针对学徒期间的学徒，在进入职业岗位工作之前必须开展入职培训。重点就公司、部门基本情况、企业组织机构、管理文化、从事工作任务等相关内容进行培训。

2. 指定指导教师

公司在学徒期间为每位学徒指定一名入职引导人，进入职业岗位工作时，需指定一名企业技术专家或部门技术负责人为指导教师，指导学徒工作、生活，完成职业岗位工作任务和学徒学习计划。

二、员工纪律与行为规范

顶岗学徒作为企业准员工，按员工同等对待管理，必须严格按公司规定的工作时间出勤，严守公司考勤制度。

1. 公司员工基本守则

①热爱公司，服务社会；②尊重他人，诚实守信；③用心做事，追求卓越；④不

断进步，完善自我；⑤团结合作，坚持原则；⑥爱护公司财务，提倡勤俭节约；⑦严守公司机密；⑧保持环境卫生，注意个人仪表。

2. 工作风纪

（1）公司鼓励员工间积极沟通交流，但不能因此妨碍工作。因此，办公期间应该坚守岗位，不要随意串岗聊天。需要暂时离开时，应知会同事。

（2）保持办公室的整齐、干净、卫生是每一位员工的责任。不得在办公区域进食、吸烟、饮酒，如有发现，按公司规定给予警告、罚款处理。

（3）办公室是公司办公场所，有公司很重要的财物和信息资料。所有来访的客人必须由邀请人陪同才可进入；接待来访、业务洽谈应在洽谈室或会议室进行。

（4）不得浪费、损坏公司公物，或将公司公物占为已有、消费使用，一经发现给予警告、罚款。

（5）外出公务或出差必须乘坐公司指定交通工具，并按规定标准住宿。不得乘坐如摩托车、三轮车等非客运机动车。

3. 礼仪仪表

从进入公司上班的第一天起，你的一言一行就代表着公司，因此，工作时保持整洁的外表十分重要，应注意遵守下列要求：

（1）工作期间，应保持精神振作、彬彬有礼、高效敏捷。

（2）上班时，应注意衣着整洁、大方、得体。男职员不可留长发，蓄胡须，女职员不可浓妆艳抹。公司有统一着装要求的，按具体着装规定执行。

（3）同事间应相互尊重，互帮互爱，语言文明。

（4）对外交往应有礼有节，不卑不亢，礼貌大方，简朴务实。

4. 保密规定

由于竞争的存在以及员工对公司的责任，每个员工都有保守公司秘密的义务。这种保密义务，不仅限于在公司工作的合同期内，还应注意无论是换岗、离职或退休后，员工都将承担这种义务。

（1）务必保管好你持有的公司涉密文件。

（2）未经授权或批准，不得对外提供有密级的公司文件或其他未公开的经营状况、财务数据等。

（3）对非本人职权范围内的公司机密，做到不打听、不猜测、不传播。

（4）发现了有可能泄密的现象应立即向有关上级报告。

三、指导教师与技术培训制度

1. 企业指导教师职责

（1）根据学徒期间教学目标，结合企业生产计划指导学徒制订学习计划。

（2）指导管理学徒生活，督促检查学徒学习计划的执行情况，管理考核学徒。

（3）帮带学徒，指导工作技术操作，完成工作任务。

（4）进行技能辅导与考核，并做批改与记录。

（5）校企双导师共同指导学徒填写实训指导手册、撰写实习总结。

2. 技术培训计划

学徒期间公司为学徒提供入职培训和业务技术培训。

（1）入职培训由公司负责人或人力资源部组织学徒期间学徒接受短期的入职培训，帮助学徒了解公司的宗旨、企业文化、管理制度等内容。

（2）业务培训由公司业务部门组织学徒进行岗位业务知识能力集中培训，也可由公司提出业务培训具体要求，由学院在岗前进行培训。

（3）技术培训由公司业务部门根据工作技术环节，分阶段进行岗前专项技术（技能）培训，然后上岗工作。

四、学徒的工作与学习制度

1. 学徒期间，学徒在企业指导教师指导下直接上岗从事公司职业岗位工作。岗位工作等同于企业员工，学徒不得提出特殊要求。

2. 学徒期间，学徒采用边工作边学习的工作导向型学习方法。

（1）作为学徒，在企业指导教师指导下，通过反复工作训练，掌握职业岗位操作技能。学徒要多与企业指导教师交流沟通、请教业务技术，注重在指导教师引导下学习分析问题、解决处理问题的思维方式，以及工作经验、公司人际关系等方面的知识。

（2）充分利用公司业务技术培训的机会，学习业务技术。

（3）利用业余时间，自学学院提供的技术指导手册、企业技术资料。根据生产中遇到的问题，通过各种信息渠道参阅学习相关知识、技术。

（4）在学习、训练掌握职业岗位业务技术的同时，善于调研分析岗位业务技术以及工作中存在的问题，通过研究改进技术或管理程序，提高工作效率。

3. 学徒必须服从学校在学徒期间的统一安排，个人不得擅自调换企业和岗位。如确有问题，须向学校指导教师提出申请，经批准后方可调换，否则以实习成绩不及格处理。

（1）蔬菜生产学徒岗位标准（详见附录1）。

（2）蔬菜生产学徒岗位课程标准（详见附录2）。

入职培训专题 2
岗位工作技术设备与安全生产

一、企业生产环境条件

1. 蔬菜企业岗位现代化生产技术设备水平

企业具备无公害、绿色食品等蔬菜标准园，或者标准化连片认证基地（露地 50～500 亩），南北疆逆温带集中连片温室群（10～1 000 座），水肥调控等配套设施齐全，耕地不足地区发展槽培、袋培、管道培等不同栽培模式，推广适宜育苗、种植等不同用途的基质产品。

2. 规模资质

企业取得蔬菜、设施农业等农作物生产经营许可证，或者成立相关合作社，或者具备无公害、绿色蔬菜等生产基地认证资格；具有办公场所 200 m^2 以上、蔬菜产品质量检验室 150 m^2 以上、包装车间 300 m^2 以上、储藏保鲜库 200 m^2 以上。企业年度蔬菜生产规模 100 亩以上，企业生产技术员 3～10 人及以上。

3. 企业文化与质量管理

企业管理规范、企业场所文化氛围浓厚，管理特色鲜明。企业通过 2000 版 ISO 9000 认证或构建有完善的质量保证体系。

4. 企业科技与人员水平

企业拥有自创品牌，科研和设施蔬菜技术人员实践能力强，具备本科以上学历，有系统培训或兼职教学经历并能够带徒指导，从事蔬菜生产工作 5 年以上的蔬菜生产指导工作相关技术人员不少于 5 人。

二、岗位工作技术设备

设施园艺工厂化生产中，园艺机具是所有重视生产成本和生产效率的种植者的必要装备。在劳动力成本上升、劳动力紧缺、种子基质等生产资料价格上涨、品质竞争激烈的今天，园艺机具对蔬菜企业经营的重要性日益凸显。

根据蔬菜生产模式和目的的不同，常见的大型环境设施设备包括现代智能温室、水肥一体露地生产设施、中耕机、打药车等。现代设施生产中，温室建造者和种植者提供温室内部种植生产完整的工艺设备（表2-2-1），为各类温室生产种植过程配套专业的园艺机具（表2-2-2）。蔬菜设施及配套设备有大棚卷帘机、适合温室大棚等设施内使用的小型农机产品等。

小型农机具根据用途主要分为旋耕、播种、施肥、开沟和植保等几大类型。适合设施内使用的园艺设备机体小巧、使用方便，大部分设施用农机具功能都比较单一，如旋耕机、微耕机、播种机，但有些机具也可以进行配套。配套系列园艺机具产品，常见的有播种机、嫁接机、催芽室、组培室、输送机、花盆填土机、基质搅拌机、穴盘填土机、基质消毒机、授粉器、定植器、水肥一体化机、采摘车等。

表 2-2-1　常见温室设备

温室设备	设备名称	备注
温室开窗和拉幕系统	减速电机、齿轮齿条、驱动系统配件、移动式喷灌机、电动卷膜器、双层膜用充气泵、侧墙爬升器、循环风机、水肥一体化施肥机、补光系统（植物生长灯）、平移种植床、运动种植盘系统	
开窗系统	连续开窗系统、交错式开窗系统、扭矩式开窗系统、蝶形开窗系统	
拉幕系统	侧卷帘系统、钢缆拉幕系统、齿轮齿条拉幕系统	
温室升、降温系统	暖风机、热风炉、空调降温系统、喷雾降温系统、湿帘风机降温系统	
温室气候/能源/灌溉控制系统	温室环境控制计算机、温室气候能源灌溉控制系统（温室气候/能源/灌溉自动控制操作软件、多个监视器等）、室外气象站、温湿度传感器集成盒、温湿度二氧化碳传感器集成盒、室内光照传感器、植物光合作用有效辐射传感器、植物温度传感器、大气辐射强度传感器、热水温度传感器、作物生长监控系统、作物生长称重装置	
温室专用铝型材	PC板温室铝型材、玻璃温室铝型材、铝合金天沟与防虫网密封型材、立面双层玻璃铝型材、大屋面玻璃温室铝型材	
移动式喷灌机	大盘式喷灌机、普通喷灌机、带施肥功能喷灌机、带施肥与提升功能喷灌机、双轨单跨自动喷灌机、双轨多跨自动喷灌机	
光照及遮阳系统	各类补光灯；遮阳网、外遮阳、内遮阳、保温幕	
潮汐灌溉系统	种植区域分区控制电磁阀与管路；潮汐灌溉专用供水/回水阀门与管路；首部自动灌溉施肥机器；储液罐；紫外线消毒回水专用设备、灌溉水净化处理设备、净化水储存池；排水储存池；回水消毒后储存池	水循环系统

续表 2-2-1

温室设备	设备名称	备注
病虫害综合防治	各类杀虫灯、粘虫板、空气净化杀菌器、温室杀菌臭氧发生器、蔬菜微波杀菌设备	
田间植株管理	智能灌溉机、授粉器、声波助长仪、温室娃娃	

表 2-2-2 常见园艺机具

设备类型	园艺机具名称	备注
无土栽培设施设备	水培设施、基质栽培设施	
基质处理设备	基质破碎提升机、基质搅拌机	
播种设备	高速（中速）机械滚筒播种流水生产线、高速（中速）电子滚筒播种流水生产线、气动半自动步进式播种机、针式自动播种流水生产线、手持式播种机	
蔬菜育苗设备	穴盘清洗机、基质纸钵用纸、基质纸钵加工机、中速（高速）基质纸钵流水生产线、自动嫁接机、工厂化催芽室、高架分层育苗设备	
装盆设备	自动花盆填土机、自动装盆机、高速自动装盆机、自动（半自动）大盆装土机、半自动双位装盆机、经济型装盆机、林苗专业装盆机	
移植设备	自动移栽机、种苗图像识别筛吹穴机、筛选补苗机、种苗分级机	
病虫害防治	病虫害监控预报预测系统、频振式杀虫灯、黑光灯、粘虫板	
输送设备	悬挂链式运动系统、可移动折叠式输送带、多层运输推车、电动升降轨道车	
检测设备	专用 pH/EC 测试笔	
储水设备	储水罐、充气泵	

三、蔬菜生产学徒岗安全生产要求

企业应积极改善劳动条件，消除事故隐患，使生产经营符合安全技术标准和行业要求。企业在生产管理的同时，必须负责安全工作管理，认真贯彻执行国家有关劳动保护的法令和制度，在计划、布置、检查、总结、评比生产的时候，同时计划、布置、检查、总结、评比安全工作。安全工作需要加强生产过程监督，规范现场安全措施，加强对人员违章现场处理，不断加强规范现场作业行为，推行标准化作业，重视过程监督。企业员工应严格按照操作规程作业，遵守劳动纪律和公司的规章制度，正确使用劳动保护用品，及时向公司有关负责人反映安全生产中存在的问题。

蔬菜安全具有如下两方面的深层次含义：首先，蔬菜安全是个综合概念，涉及蔬菜的投入、种植、加工、包装、贮藏、运输、销售和消费等环节，各环节的活动应符合国家强制标准和要求；其次，蔬菜安全是个社会概念，它既关注因科学技术发展所引发的问题，如转基因蔬菜对人类健康的影响，又重视因组织和市场发育不成熟所引发的问题，如假冒伪劣、有毒有害蔬菜的非法生产经营。可见，蔬菜安全既包括生产安全，也包括经营安全；既包括结果安全，也包括过程安全；既包括现实安全，也包括未来安全。

1. 业务安全

（1）贯彻执行国家有关安全生产的法律、法规和规章制度，积极参加公司组织的安全生产知识的学习活动，增强安全法制观念和意识，严格遵守企业保密要求。

（2）学徒在企业期间做好水、电、暖安全，上班前、睡觉前检查水电，确保安全。

（3）协助安全员负责事故现场的处理工作，配合公司对发生的事故进行调查、分析和处理，认真落实整改措施和做好善后处理工作。

2. 人身安全

（1）学徒在校或在学徒企业期间不论有无驾照均不允许驾驶机动车辆，上下班期间严格遵守交通规则，避免发生人身意外。

（2）在生产及施工场地戴好防护用具，注意个人及他人安全。

（3）做好防火工作，不使用大功率用电器。

（4）晚上 8 点后不单独外出。坚决杜绝夜不归宿，有一次夜不归宿立刻终止学徒阶段，并按照学院管理规定处理。

3. 义务消防员职责

（1）接受安全员的工作安排，分管每一具体区域的安全生产工作。

（2）由安全员组织，进行不定期的“两防”演习，确保掌握基本的消防技能。

（3）由安全员组织公司安全生产，进行定期检查，发现安全隐患立刻阻止并做好消防措施，及时向安全员汇报。

（4）协助安全员负责事故现场的处理工作。

4. 蔬菜基地安全生产管理制度

为保证基地蔬菜的质量安全，根据农业部制定的“产地环境质量标准”“生产技术操作规程”“产品卫生质量标准”等有关规定，结合当地的实际情况，制订蔬菜质量安全管理制度。

（1）基地使用的农药必须统一采购、专人负责，并在技术人员的统一指导下进行用药。

（2）采购的农药必须“三证”齐全，产品标签、说明书、产品质量合格证要核对相符，确保农药产品质量，农药的进仓库存和出仓使用情况进行统一登记。

（3）尽量选用生物源农药和高效、低毒、低残留的化学农药，禁止使用国家规定禁用和限用的一切剧毒、高毒、高残留农药。

（4）做好病虫害预测、测报工作，选择最佳防治时期，尽量降低农药用量。

（5）最后一次施用农药要严格遵守采收安全间隔期，尽量降低农药残留量，确保产品达到优质、安全的标准。

（6）使用农药要注意人畜安全，农药包装物要及时收集处理，尽量减少环境污染。

（7）按照蔬菜标准化生产技术操作规程的要求，做好生产过程中各环节的管理工作。

（8）产品适时采收、包装，并按规定要求进行标识。

5. 学徒期间纪律要求

学徒在学徒期间应严格遵守国家政策法令，严格遵守企业的各项管理规章制度。根据新疆农业职业技术学院《学徒管理制度》的有关规定，要求学徒就以下问题加强自律，学院也应加强监管。

（1）不得参与实习点各种社会团体活动，不得与当地社会闲杂人员交往过密。不得参与违反四项基本原则、分裂祖国和破坏民族团结的活动。

（2）学徒期间，在生活、工作场所不得饮酒、抽烟。

（3）注重公共道德，不得聚众大声喧哗、打架斗殴。

（4）不得观看、传阅色情淫秽书刊和音像制品。

（5）不得在学徒期间男女关系暧昧、行为不检点。

（6）不得夜不归宿、留宿外来人员、上夜网。晚上外出办事必须办理请假手续。

（7）服从管理，不得顶撞、谩骂领导、同事及其他人员。

（8）爱护公司公物，不得故意破坏公司公物、在公共场合涂抹、撕扯公司公示布告。

（9）行走公共道路，不得翻越围墙、从房间高处下跳，不准翻越有明显禁止通行标示的场地。

（10）不准无照驾驶摩托车，不得乘坐摩托车、三轮车等机动车辆。

（11）不得抄袭他人研究成果、工作方案。

（12）不得在工作场合（车间、实验室、办公室）打闹，注意劳动安全。

（13）不得挪用、窃取公司财物，注重品德修养。

6. 学徒期间安全教育

学院在学徒期间前开展1～2次安全专题教育。学院将学徒期间学生安全生产作为专项工作进行检查、抽查。实训指导教师应及时发现安全隐患，针对问题加强对个别学徒的安全教育，预防事故发生。

入职培训专题 3
岗位业务能力要求和培养目标

一、岗位知识要求

（1）掌握当地主要的蔬菜种类和推广的优良品种，了解学徒企业的主栽蔬菜品种特点，结合当地气候条件和企业的设施环境条件，制订学徒企业主栽蔬菜周年生产计划，组织育苗和进行科学的生产环境调控，在企业师傅指导下完成设施蔬菜生产的岗位工作任务，配合企业组织与实施蔬菜生产技术培训和推广名优产品。

（2）根据企业生产需要，学会填写各类农资消耗及产品质量检查等报表，以及撰写各类通知、计划、总结报告和公文；及时对蔬菜育苗和蔬菜田间管理各环节进行归纳和技术总结；掌握绿色蔬菜生产的备耕、植株调整、土肥水等田间管理专项操作技术，会制订企业的标准化管理施肥及病虫害防治等方案，并能在企业师傅指导下解决学徒企业生产过程中遇到的问题。

二、岗位能力要求

（1）具有蔬菜市场调研和分析能力，会进行蔬菜生产节本增效分析，团队合作制订企业的蔬菜年度生产计划及企业蔬菜生产技术规程；按企业生产任务要求组织生产，能协调各方面公共关系，具有安全生产和环境保护意识。

（2）具有对蔬菜生产新技术、新品种、新设备的引进、推广的能力，能进行蔬菜科学研究实验，具备在蔬菜生产现场及研究试验过程中发现问题、综合分析问题和解决问题的能力，并具有改进生产技术和初步发明创新的能力。

（3）能按企业技术规范要求对生产结果进行检查评价和技术总结，具备信息收集、处理与书面写作能力。

（4）感受企业文化，融入企业环境，会协调各方面关系，具备处理突发事件的能力，从容不惧，有效的管理应对。

三、蔬菜生产学徒岗的教学目标

（一） 职业素质要求

（1）热爱“三农”、服务“三农”，具备在生产一线工作的适应能力，具有吃苦耐劳、诚实守信、爱岗敬业的态度，工作精益求精；关注时政，具备学习与创新能力，自主学习、终身学习。

（2）具备从事农业行业生产所遵循的思想和行为规范，性格阳光，正向思维，能有效疏解各种压力；善于沟通交流，养成较好的专业语言表达能力，能热情礼貌接待客户，学会与农民交往、与同行合作交流。

（3）强化发展职业岗位环境适应能力，养成在企业环境中的自我管理、学习发展的能力。掌握工作方法，善于洞悉企业师傅传授的隐性知识，强化自身分析解决问题的能力。

（4）注重职业道德品质的养成，认真负责、吃苦耐劳、诚实守信、遵守纪律、一丝不苟、学习钻研、追求上进。在工作态度上，敬业、勤奋、精益求精、忠诚、自制、进取、协作、热情、高尚。

（二） 职业岗位综合技能训练

学徒通过到合作企业进行一个完整生产周期的蔬菜生产学徒实践，接受企业入职培训和技术培训，在企业技术专家指导下直接上岗工作，进行职业综合技能实训。同时，学徒在学徒期间，还需按照工作岗位要求，通过培训、自学、观摩、交流等自主学习途经，进一步拓展专业知识、掌握职业岗位实用技术，学习借鉴企业技术专家工作经验，在完成岗位工作的同时，训练掌握职业岗位综合工作能力，并获得工作经验和经历。

（三） 社会工作能力训练

学徒期间学徒在企业环境中必须熟知企业管理文化、企业对员工职业素质的要求、企业环境中个体员工职业生涯发展规划实施，以及企业管理制度与工作程序，为自身步入职场做好充分的准备。同时，学习训练企业内部人际关系处理、协调、沟通的技巧，以及企业外部业务中人际关系处理、交流、沟通技巧。

入职培训专题 4
制订学徒培养计划

一、学徒工作计划

依托学徒企业的蔬菜生产任务，结合新疆蔬菜春提早、夏露地和秋延迟三大茬次生产完成学徒岗位工作，在蔬菜生产经营实践中，完成蔬菜设施维修管理、蔬菜育苗、菜田标准化管理、蔬菜采后处理、技术开发与推广，以及蔬菜园艺休闲开发等学徒岗位工作，为蔬菜生产与管理岗位服务。

在企业师傅指导下，进行公司蔬菜学徒岗位工作计划的制订，共同制订蔬菜周年生产计划；制订蔬菜育苗方案；制订公司某蔬菜生产技术规范或标准；制订蔬菜产品包装配送方案等（表 2-4-1）。

表 2-4-1　蔬菜生产岗学徒工作计划

项目	任务	时间	学徒工作内容
1. 蔬菜生产计划的制订	蔬菜生产安排及品种的选择	设施栽培在 12 月份至 1 月下旬育苗；露地栽培应在 3 月上旬育苗。	制订蔬菜周年生产计划，合理安排茬口；确定品种、了解新品种种植特性要求；预算生产成本，节本增效；掌握不同茬次育苗时期、定植时期、采收时期、产量。
	无公害绿色食品蔬菜标准化生产技术	设施栽培在 2 月下旬；露地栽培应在 4 月上旬开始。	根据无公害、绿色蔬菜分级标准及标志管理，在符合条件的产地，进行标准化肥水操作和农药施用。做好无公害、绿色蔬菜的生产环节控制。
	园艺设施设备认识及使用	全年。	

续表 2-4-1

项目	任务	时间	学徒工作内容
2. 蔬菜育苗技术	蔬菜常规育苗	设施栽培在 12 月份至 1 月下旬、2 月中旬以前；露地栽培应在 3 月上旬。	蔬菜穴盘育苗技术，不同茬次育苗时期、育苗方式、播种量、出圃时期、床土配制、消毒处理、播种、环境调控、分苗、苗期病虫害防治。
	蔬菜嫁接育苗	设施栽培在 12 月份至 1 月下旬、2 月中旬以前；露地栽培在 3 月上旬。	瓜类蔬菜嫁接育苗，蔬菜嫁接育苗操作和嫁接后期管理。
3. 菜田耕作技术	菜田备耕技术	春露地 4 月上中旬前；夏秋露地 6 月中旬至 9 月上中旬。	(1) 土壤消毒，棚室消毒； (2) 基肥的施用； (3) 整地做畦，水肥管线铺设； (4) 覆膜，地膜种类选择、覆膜效应、覆膜操作。
	无土栽培技术	3 月中旬至 6 月上中旬；8 月至翌年 2 月。	(1) 无土栽培相关设施安装； (2) 营养液配制； (3) 营养液管理。
4. 菜田标准化管理技术	定植	设施栽培在 2 月中下旬；露地栽培在 4 月上旬。	定植时期、定植前准备、定植方法、定植密度。
	蔬菜田间管理技术	设施栽培在 3 月至 6 月上中旬或 8 月至翌年 2 月；露地 5 月下旬至 9 月上中旬。	(1) 果菜类蔬菜标准化生产中的定植、土肥水管理，植株调整等田间管理要点；制订常见三种主栽果菜类蔬菜黄瓜、辣椒、番茄等的配方施肥方案； (2) 绿叶菜类或冬菜类整地直播技术； (3) 叶菜类蔬菜标准化生产定植、水肥管理及植株调整技术。
	蔬菜病虫害防治技术	设施栽培在 3 月至 6 月上中旬或 8 月至 12 月；露地 6 月中旬至 9 月上中旬。	(1) 制订基地叶菜类及果菜类蔬菜标准化生产的病虫害综合防治方案； (2) 常见蔬菜病虫害识别及诊断； (3) 常见蔬菜病虫害标准化防治。
5. 蔬菜的采收与商品化处理技术	蔬菜的采收与商品化处理技术	设施栽培在 3 月至 6 月上中旬；8 月至 12 月。露地 6 月中旬至 9 月上中旬。	(1) 不同蔬菜采收、分级、包装的标准化要求和市场要求； (2) 果菜类、绿叶菜类为重点现场实践，掌握不同蔬菜采收标准、采收方法及包装形式。

续表 2-4-1

项目	任务	时间	学徒工作内容
5. 蔬菜的采收与商品化处理技术	清秧	设施栽培在6月至8月上中旬；11月至翌年3月。露地10月中下旬至11月上中旬。	清洁田园、秧藤处理；露地施基肥，秋翻冬灌。
6. 各类蔬菜生产技术	各类蔬菜生产技术	设施栽培在3月至5月上中旬；7月至11月。露地4月中旬至9月上中旬。	（1）棚室检修及环境调控技术； （2）瓜类、茄果类、豆类蔬菜定植及田间管理； （3）绿叶菜类、冬储菜类的整地播种及田间管理； （4）多年生蔬菜田间管理。

二、学徒学习计划

（一） 专题研修计划

1. 植物与植物生理的基础知识专题研修计划
2. 土壤与肥料的基本知识专题研修计划
3. 农业气象灾害的防御专题研修计划
4. 蔬菜种苗生产专题研修计划
5. 蔬菜主要病虫害及防治专题研修计划
6. 现代农业机械种类及使用要求专题研修计划
7. 蔬菜生产岗所需法律知识、农业法律法规专题研修计划
8. 蔬菜生产岗安全生产专题研修计划
9. 农业企业经营管理专题研修计划
10. 蔬菜生产技术专题培训组织与实施计划

（二） 蔬菜生产经营管理专题研修实施计划

1. 研修目标

通过学习，具备蔬菜生产与蔬菜病虫害综合防治的理论知识与操作技能。

具体要求：理论知识上，掌握植物生长发育、土壤肥料、蔬菜病虫害等基础知识，并能结合当地常见的露地蔬菜和设施蔬菜种类，结合蔬菜生产经营管理，满足蔬菜设施维修管理、蔬菜育苗、菜田标准化管理、蔬菜采后处理、技术开发与推广和蔬菜园艺休闲开发等一线岗位工作的需要。

2. 研修内容

（1）植物与植物生理基础　掌握今后从事植物生产类职业岗位必须具备的植物形态结构、植物生长发育及代谢规律、植物的分类识别、植物生产中的植物生理指标测

定等相关知识和技能，以便分析判断植物生长状况，解决生产中的问题。

（2）土壤肥料基础及无土栽培基质　根据土壤的质地状况、理化性质与各类基质的理化性质，对不同土壤类型进行培肥和改良，科学配制无土栽培基质；掌握无机、有机肥料及新型肥料的种类、特点，按照无公害、绿色食品蔬菜和有机蔬菜等标准进行肥料施用，具备植物营养状况分析判断能力，并根据蔬菜生长进行营养调控，解决蔬菜产品的质量和品质控制问题。

（3）蔬菜病虫害基础　掌握常见蔬菜病虫害的主要种类、为害的特点及防治技术要求。

（4）蔬菜育苗　掌握蔬菜穴盘常规育苗及当地常见瓜类蔬菜嫁接育苗知识，了解砧木与接穗的选择及培育；重点学会黄瓜和西瓜嫁接育苗、砧木苗及接穗苗的培育、嫁接方法及嫁接后的管理。

（5）各类蔬菜标准化生产技术基础　掌握无公害、绿色食品蔬菜和有机蔬菜的生产技术标准，对选择基地、环境调控、全程质量控制、产品检测达标等几个关键环节进行标准化管理。

3. 业务技术技能培训

（1）园艺设施及农机具　对当地常用园艺设施进行安装维修，对补光灯、加温、降温、通风散热等各类环境监控设施进行调控使用培训；对各种园艺农机具的性能及使用、装配、维护保养技术进行培训。

（2）蔬菜无土栽培　对无土栽培配套设施建造安装、基质选配、营养液配制及管理、无土栽培环境综合调控等进行培训

（3）蔬菜育苗　对当地主要蔬菜的常规育苗及嫁接育苗技术进行培训。

（4）菜田备耕　对当地主要种植茬口安排、土壤耕作、滴灌设施安装、育苗定植技术进行培训，以露地土壤翻耕、起垄做畦、布设滴灌管道、地膜覆盖、小拱棚搭建等为主。

（5）田间管理　对各类蔬菜的菜田管理技术，包括肥水管理、中耕松土、植株调整等进行培训，对植株调整技术、土肥水管理结合水肥一体化技术及各类工具使用进行培训。

（6）蔬菜病虫草害综合防治　对当地主要病虫害诊断、农田杂草的种类识别及综合防治技术进行培训

（7）蔬菜采收及采后处理　根据不同蔬菜采收、分级、包装的市场要求，以果菜类、绿叶菜类为重点，掌握番茄、黄瓜、辣椒等果实采收、分级及包装技术；掌握绿叶菜类采收、分级及包装技术。

4. 具体措施及安排

（1）每周利用1～2个小时自学各类理论知识，并做好要点记录，写在专门的笔记

本上，并完成配套学徒手册中的学习任务。

（2）经常反思自己的学徒学习表现和生产管理行为，不断地总结经验，找准不足之处，记录对工作任务的反思和典型生产案例，促进自己不断进步。

（3）在工作中对自己严格要求，认真负责、积极主动、踏实肯干、团结协作、尊重他人，有计划的学习交流、持之以恒；生产经营管理中，养成不任意采摘产品、爱护公物等工作态度。

第三部分

The third part

学徒工作学习任务

模块一
蔬菜生产安排

项目1　绿色蔬菜标准化生产

蔬菜是人们生活中不可缺少的副食品，蔬菜产品质量直接关系到人民的生活水平和身体健康，也关系着生产者的产品价位和生产效益。大力发展绿色蔬菜的研究与生产，是我国蔬菜业发展的方向，对于保障人民身体健康、保护生态环境和农业的可持续发展具有重要意义。

【专业知识准备】

一、绿色食品蔬菜的定义

绿色食品蔬菜是指遵循可持续发展原则，在产地生态环境良好的前提下，按照特定生产方式生产，经专门机构认定并许可使用绿色食品标志的、无污染的安全、优质、营养类蔬菜。“安全”是指在生产过程中，通过严密的监测和控制防止有毒有害物质在各个环节的污染，确保蔬菜内有毒有害物质的含量在安全标准以下，不构成对人体健康的危害。“优质”是指蔬菜的商品质量要符合标准要求。“营养”是指蔬菜的内在品质，即品质优良，营养价值和卫生安全标准高。根据中国绿色食品发展中心的规定，绿色食品蔬菜分为两种，即AA级绿色食品蔬菜和A级绿色食品蔬菜。AA级绿色食品蔬菜除产地生态环境条件符合规定外，生产过程中不允许使用化学肥料和化学合成的农药、激素等，这与国际上的有机食品生产的相关要求是一致的，因此又称有机蔬菜。A级绿色食品蔬菜在生产过程中，允许限量使用限定的化学合成物质，即可以用磷、钾化肥和一些低毒、低残留农药，禁止使用硝酸盐化肥和剧毒、高毒、高残留农药。这是目前国内的标准，按照这个标准生产出的蔬菜又称无污染蔬菜或无公害蔬菜。

二、绿色食品蔬菜的产品质量标准

1. 绿色食品蔬菜生产生态环境评价标准

AA 级：大气、水质、土壤各项检测数据不得超过有关标准，生产过程不使用任何有害化学合成物质。

A 级：大气、水质、土壤综合污染指数不得超过 1。生产过程允许限量使用限定的化学合成物质。

2. 禁止使用和允许使用的肥料

AA 级：禁止使用化学合成肥料、有害的城市垃圾、污泥、医院粪便垃圾、工业垃圾等。严禁追施未腐熟的人粪尿。叶面肥不得含化学合成的生长调节剂，并且叶面肥必须在收获前 20 d 喷施。微生物肥用于拌种、基肥和追肥，能降低蔬菜产品亚硝酸盐含量，有利于改善其品质。

A 级：有限度地使用部分化学合成肥料，但禁止使用硝态氮肥；化肥必须与有机肥配合施用，有机氮与无机氮之比为 1∶1，但最后一次追肥必须在收获前30 d进行。化肥可与有机肥、微生物肥配合施肥。生活垃圾必须经无害化处理，达标后方可使用。

3. 禁止使用和允许使用的农药

AA 级禁止使用有机合成的化学杀虫剂、杀螨剂、杀菌剂、除草剂和植物生长调节剂。禁止使用生物源农药中混配有机合成农药的各种制剂。

AA 级允许使用植物源杀虫剂、杀菌剂、拒避剂和增效剂；允许使用寄生性、捕食性天敌动物；允许使用矿物油乳剂和植物油乳剂；允许使用矿物源农药中硫制剂、铜制剂；允许限量使用活体微生物农药、农用抗生素（表 3-1-1）。

表 3-1-1 限制性使用的化学农药

农药名称	安全间隔期/d	每亩单次常用药量	最多喷药次数
敌敌畏	7～10	50%乳油 150～200 mL；80%乳油 100～200 g	1
乐果	15	40%乳油 100～125 g	1
辛硫磷	≥10	50%乳油 500～2 000 倍液	1
敌百虫	10	90%固体 100 g（500～1 000 倍液）	1
抗蚜威	10	50%可湿性粉剂 10～30 g	1
氯氰菊酯	5～7	10%乳油 20～30 mL	1
溴氰菊酯	7	2.5%乳油 20～40 mL	1
氰戊菊酯	10	20%乳油 15～40 mL	1
百菌清	30	75%可湿性粉 100～200 g	1
甲霜灵	5	50%可湿性粉 75～120 g	1
多菌灵	7～10	25%可湿性粉 500～1 000 g	1
腐霉利	5	50%可湿性粉 40～50 g	1
扑海因	10	50%可湿性粉 1 000～1 500 g	1
粉锈宁	7～10	20%可湿性粉 500～1 000 g	1

任务　生产绿色蔬菜

在师傅指导带领下，掌握绿色蔬菜生产的标准，制定企业绿色蔬菜的生产技术流程，并按绿色蔬菜生产标准进行生产管理和控制。

【任务目标与质量要求】

根据市场绿色蔬菜生产要求，制定绿色蔬菜生产技术方案。

【学习产出目标】

1. 熟知绿色蔬菜生产标准和生产流程。
2. 制定绿色蔬菜生产技术规程，并按绿色蔬菜生产要求进行管理控制。

【工作程序与方法要求】

● 生产基地建设	根据绿色蔬菜生产基地的要求，大气、水质、土壤各项检测数据，必须符合绿色蔬菜（A、AA 级）有关标准，且整个过程不允许使用禁用的肥料、农药，要考虑交通方便、土壤肥沃、地势平坦、排灌良好、适宜蔬菜生长、利于害虫天敌繁衍及便于销售等条件。	要求：重点是生产基地空气质量、水源、土壤等达到绿色生产用地的标准。
● 品种选择	选符合绿色蔬菜生产标准的品种：①选用品种需抗逆能力强，抗病虫能力强，可少施药或不施药，有利于减少农药污染；②选用适宜本地区栽培的抗病品种，并注意合理搭配和更新；③蔬菜产量、外观、口感较好。	要求：果菜类蔬菜选用优质抗病虫品种，叶菜类选择亚硝酸盐富集量低的品种。
● 田间管理	采用深耕晒地，轮作换茬，间作套作，用地养地相结合的方式，提高土壤肥力；重视有机肥、生物肥料的施用，减少化肥用量；种子播前消毒、土壤消毒，有条件的使用嫁接苗；及时搭架整枝，摘除老叶病叶，科学合理浇水、施肥，创造适于蔬菜生长的环境条件；及时采收，病虫害综合防治。	要求：根据绿色蔬菜生产标准选择优良蔬菜品种，实行科学的耕作制度，合理施肥，加强田间管理，病虫害综合防治。
● 采收包装	产品上市前，应接受上级主管部门的检测，执行绿色食品卫生标准，产品适时采收，并进行分级包装，以最大限度地保持产品鲜嫩和保留营养成分。	要求：产品必须符合绿色蔬菜产品标准，并对产品进行分级包装。

【业务知识】

绿色蔬菜标志

绿色食品蔬菜实行标志管理，以便于与一般的蔬菜区别。绿色食品蔬菜标志图形由三部分组成，即上方的太阳、下方的叶片和中心的蓓蕾，象征自然生态；标志图形为正圆形，意为保护、安全；颜色为绿色，象征着生命、农业、环保（图 3-1-1）。

图 3-1-1　绿色食品蔬菜标志

AA 级的标志与字体为绿色，底色为白色；A 级的标志与字体为白色，底色为绿色。

中国绿色食品发展中心对许可使用绿色食品标志的产品进行统一编号，而且有特定的编号形式如 LB-××-××××××××××，其中“LB”是绿色食品标志代码，中间的两位数字代表产品分类，最后十位数字则包括了批准时间、产地、产品序号、产品级别等信息。

【业务经验】

绿色食品蔬菜生产的主要环节

绿色食品蔬菜生产是一个复杂的过程，主要包括以下 3 个阶段。

产前：产地选择，品种选择，生产物质准备等。

产中：肥水管理，病虫害防治，花果管理等。

产后：采后处理，运输。

从栽培角度讲，生产绿色食品蔬菜应主要抓好以下几个环节：

1. 选择环境质量符合标准的生产基地

绿色食品蔬菜产地必须具备良好的气、水、土条件，即清洁的大气、纯净的灌溉水和未被污染的土壤，这是进行绿色蔬菜生产的基础。必须符合中华人民共和国农业行业标准《绿色食品　产地环境技术条件》，包括环境地（生产地）的空气中各项污染物含量，例如二氧化硫等化合物的含量；灌溉水源中各项污染物的指标要求，例如Cu、总铅（汞，镉，砷）等；土壤中的各项污染物含量，例如汞、镉、砷、铅等。另外，土壤肥力也应符合绿色食品生产的要求：根据土壤中有机物、全N、有效P、有效K阳离子交换量及土壤质地的不同，土壤肥力也分为Ⅰ、Ⅱ、Ⅲ级，生产绿色AA级蔬菜的耕地肥力要求达到Ⅰ、Ⅱ级。其次要考虑交通方便、土壤肥沃、地势平坦、排灌良好、适宜蔬菜生长、利于害虫天敌繁衍及便于销售等条件。

2. 选择优良蔬菜品种

优良的蔬菜品种可以提高蔬菜的外观和口感，减少病虫害发生和减少农药的施用和污染。优良蔬菜品种的植株抗逆能力强，抗病虫能力强，可少施药或不施药，有利于减少农药污染。应根据本地区蔬菜病虫害的发展情况，选用适宜本地区栽培的抗病品种，并注意合理搭配和更新，做到“良种配良法”，为生产绿色食品蔬菜打下良好基础。

3. 实行科学的耕作制度

采用深耕晒地、轮作换茬、间作套作、用地养地相结合的方式，提高土壤肥力。轮作是合理利用土壤肥力、减少病虫害的有效措施。露地栽培应采用水旱轮作、粮菜轮作或间作。保护地栽培采用不同科蔬菜之间轮作，轮作年限应根据蔬菜种类或病情而定。另外，根据蔬菜的植物学特性，把互不传染病虫害的蔬菜，按其植株的高矮、根系的深浅进行合理间套复种，可改善通风透光条件，减少病虫害的发生。

4. 合理施肥

重视有机肥、生物肥料的施用，减少N素化肥的使用量，不使用硝酸铵、硝酸钙等含硝态氮的化肥。用有机肥生产蔬菜，产品品质优良、风味好，并且能够改善土壤物理性状，有利于生态平衡。有机肥要选择腐熟的厩杂肥、豆科绿肥，禁止使用人粪尿追肥。生物菌肥通常是由多种有益微生物组成群体，内含淀粉酶、酯酶、纤维素酶、氧化还原素酶等几十种不同类型的酶类，具有极其强大的透气性和发酵分解能力，它能够催化分解作物秸秆，木屑中的纤维素、淀粉、糖、脂肪以及页岩等矿物质。用于蔬菜作物上，不仅能大幅度提高产量，改善品质，而且能够逐步消除化肥污染，为绿色蔬菜生产创造条件。

施用化肥时应选择优质高效的肥料，推广配方施肥和测土施肥。测定菜田土壤氮、磷、钾的有效含量，根据各种蔬菜作物的需肥特性，本着“适氮、增磷、增钾”的原则调节三要素的比例，补施土壤中各元素所亏缺的数量，减少盲目过量施用化肥。同时应注意施肥时期和化肥种类，蔬菜体内的硝酸盐含量随土壤中可吸收的硝态氮素的增多而增加。氮肥宜在蔬菜生育的早、中期施用，对生育期较短的叶菜类，采用一次性基施，不追肥，能够降低蔬菜产品体内的硝酸盐含量。

5. 加强田间管理

对蔬菜种子进行播前消毒处理，减少种子带菌；定植前清除病株杂草，并进行土壤消毒，减少病虫基数；使用嫁接苗防治土传病害；适时播种，宽行密植，及时中耕，提高植株的抗病性；茄果类蔬菜及时搭架整枝，以利通风透光，摘除老叶病叶，带出田外集中销毁，减少病源；采用二层幕、小拱棚、遮阳网等设施调节棚内温度，创造适于蔬菜生长的环境条件；采用膜下滴灌降低空气湿度，减少病害的传播；适当增施磷钾肥，可提高作物抗病性，提高蔬菜品质；及时采收，轻拿轻放，防止因损伤而造成采后的产品污染。浇水要使用符合绿色蔬菜生产要求的水，适时适量浇水，浇水不足或过多，都会造成产品的品质下降。

6. 病虫害综合防治

（1）物理防治　设置防虫网，物理诱杀或驱避，例如，用频振式杀虫灯、黑光灯捕杀甲虫、蛾子等；通过调节温度、光照等物理措施或利用人工和器械捕杀害虫；采用高温闷棚防治黄瓜霜霉病；遮阳网降温预防病毒病；用黄板诱杀蚜虫、白粉虱；蓝板诱杀蓟马；用黑光灯、高压汞灯诱杀蝼蛄、地老虎；用银灰色反光膜驱避蚜虫。

（2）生物防治　“以虫治虫、以菌治虫”，利用生物制剂抑制或杀死病菌。利用天敌来消灭害虫，如七星瓢虫能消灭蚜虫，姬小蜂通过寄生消灭斑潜蝇等；利用细菌、真菌、病毒消灭害虫，常用的有白僵菌、绿僵菌、苏云金杆菌（Bt）、赤座霉菌、病毒A等；利用抗生素杀虫灭菌，如阿维菌素、韶关霉素、新植霉素等；利用昆虫外激素及内激素来诱杀、迷向、调节蜕度变态，如卡死克、抑太保等；利用植物性杀虫剂消灭害虫，如烟·参碱等；用生物工程的手段，在植物体内嵌入能够产生毒素的基因，使植物制造一定量毒素，毒杀害虫，而该毒素对人畜无害，这种基因在植物体内能一代代传下去，成为作物品种；利用植物之间的生化他感作用防治病虫害，例如种植根茎类作物间作万寿菊，能抑制根腐线虫为害，西瓜或葫芦与葱类作物混种，能防止枯萎病等；利用无毒害的天然物质防治病虫害，如草木灰浸泡液可防治蚜虫，米醋兑水可防治茄果类病毒病和大白菜软腐病。

（3）化学防治　使用农药、除草剂、植物生长调节剂等化学药剂防治病虫害，不能使用蔬菜上严禁使用的药剂，允许使用的农药也应按要求施用。采用化学农药防治病虫害仅是综合防治中的措施之一，决不是首选措施。生产绿色食品蔬菜使用化学农药，必须遵守以下原则：一是严格控制农药品种；二是严格控制施药次数、浓度、范围和剂量；三是严格执行农药安全间隔期，蔬菜中农药残留量与蔬菜收获时和最后一次施药间隔的时间长短关系很大，间隔越短，则残留量越多；四是要注意用药方法，提倡不同类型的农药交替使用，以延缓病虫抗药性的产生。

【工作任务实施记录与评价】

1. 绿色蔬菜生产基地田间记载表

年份：____________ 地点：____________ 品种：____________ 记载人：________

一、基本情况						
种植面积			播种时间			
定植时间			始花时间			
始收时间			终收时间			
二、肥料施用						
施用时间	肥料名称	类型	施用范围	施用方法	施用量	备注
三、农药使用						
施用时间	农药名称	剂型	施用目的	施用方法	施用量	备注

2. 学徒关键职业能力及职业品质、工匠精神评价

项目	A	B	C	D
工作态度				
吃苦耐劳				
团队协作				
沟通交流				
学习钻研				
认真负责				
诚实守信				

项目 2　认识设施蔬菜生产

设施蔬菜生产，是指在不适宜蔬菜生长发育的寒冷或炎热季节，利用防寒增温保温或遮光降温及防虫驱虫设备，人为地创造有利于蔬菜生长发育的小气候及环境条件，从而稳定获得高产优质产品的一种保护性生产方法。

【专业知识准备】

一、设施蔬菜栽培的特点

设施蔬菜栽培和露地栽培相比较,具有下列特点：

1. 有能够改善自然气候条件，使之有利于蔬菜生长发育的保护性设施，如温室、温床、塑料大（中、小）棚、遮阳网、防虫网、电加温设备等。

2. 有特定的环境条件。在设施栽培中，除了具有优越的环境条件外，还有一些因素是在露地条件下，不能出现或很少出现的。

（1）光照度低　由于设施的采光材料性质不同，它们又很容易被灰尘、水滴等污染，因此使透入棚室内的光质和光量都受到影响，设施的架材及建造的方位、角度不合适都可能降低太阳光的入射率。所以，一般棚室内的照度都比较低，不利于某些喜光蔬菜的生长。

（2）温差大　棚室的小气候特点之一是昼夜温差大，在较暖和晴天的中午可能出现 40～50℃的高温，而夜里可能出现 0℃以下的低温，昼夜温差可达30～40℃，过大的昼夜温差对蔬菜生长是不利的。

（3）湿度大　尤其是在密闭的塑料棚里，空气相对湿度通常都在 90%以上。设施内的持续高湿对大多数蔬菜生长不利，而且为多种病害的发生和蔓延提供了条件。

（4）空气流动缓慢　在密闭的棚室里，空气的流动几乎为零，气流的相对静止状态会严重地妨碍蔬菜作物吸收 CO_2 进行光合作用。

（5）土壤盐分含量高　由于棚室里土壤很少受到雨水冲刷，过多地施用化肥，土壤蒸发量大，土壤中的矿物盐随水向上运动而聚积在上层土壤里等原因，使土壤溶液浓度增大，而且栽培的时间越长，盐分积累就越多。

3. 需要执行严格的栽培管理技术。蔬菜设施栽培是研究设备、环境条件与蔬菜生长的需要三者之间复杂关系的一门科学，需要用农业工程、农业气象、植物生理生化、土壤肥料、植物保护、蔬菜栽培等方面的现代科学知识来指导，才能取得最佳的效益。

二、设施蔬菜栽培的技术要点

目前新疆设施蔬菜栽培以日光温室、塑料大（中、小）棚为主，现就结合新疆的实际情况，简要介绍一下设施栽培的技术要点。

1. 选择棚膜

应选用无毒、无滴性能好、透光率高、拉力强、使用寿命长、保温及增产性能好的棚膜。目前国内比较好的农用膜是含有乙烯-醋酸乙烯共聚物和红外线阻隔剂的 3 层共挤无滴保温防老化膜和高保温无滴防老化膜，不但对蔬菜无毒，且无滴性能好，透光率高，保温性能好，拉力强，使用寿命是普通薄膜的 1 倍以上，比普通薄膜增产 25%～30%。

2. 冬季增加光照和夏季遮光栽培

冬季光照弱，而棚内的平均光照相当于露地的 50%～70%，多层覆盖或遇到阴雨天气，棚内光照则更弱。提高棚内光照强度是提高产量和品质的关键措施之一。增加棚内光照的措施：①选用透光率好的无滴薄膜；②保持膜面清洁；③及时揭除草帘；④使用反光地膜等。

3. 温度控制

塑料拱棚中，通过薄膜的透射传热占 70%～80%，通过缝隙的换气传热占 10%～20%，地中传热在 10%以下。生产上一般采用下列保温措施：①多层覆盖，如双层大棚或大棚套小棚再加草帘等；②压严薄膜，防止漏风或被大风刮起，破损的薄膜要立即修补；③选用保温性能好的薄膜如高保温薄膜等；④增加光照。通常采用的降温措施有：①通风降温；②遮光降温，在不通风的情况下遮光 20%～30%，可降温 4～6℃。

4. 适时通风换气

通风既能降温排湿、防止高温障碍、减轻病害发生，又能促使棚内空气流通，及时排除有害气体、补充 CO_2，有利光合作用。通风注意事项：①通风口开在避风处；②通风量由小到大，防止急剧降温；③防止通风口自然关闭；④不断变换通风口的位置。

5. 品种选择

冬春早熟栽培应选择耐低温弱光的品种。黄瓜要选择早熟性强，雌花数适量，单位结实率高，株形紧凑，侧枝数较少，叶片厚，叶型较小，叶柄和节间较短，耐弱光，耐低温和高温，高抗霜霉病、白粉病和枯萎病的品种，如津春、津优系列黄瓜品种。番茄要选择抗寒性强，耐弱光，早熟丰产，植株开展度小，分枝性弱，叶片小，光合效能高，节间短，不易徒长，抗病性强的品种，如海粉 901、L402 等品种。辣椒选择苗期抗寒，结果期耐高温，抗病、早熟、丰产，株形紧凑，不易徒长，不易落花、落叶、落果的品种，如早杂 2 号、苏椒 5 号、洛椒 4 号等。秋冬季棚室延后栽培的蔬菜品种，只要抗病性强，尤其是苗期耐高温、抗病毒病的品种，具备优质丰产特性，适宜棚栽的品种均可种植。

6. 施肥

坚持有机肥为主、基肥为主的施肥原则，同时还要注意以下几点：①基肥和追肥不要长期用同一种肥料；②有机肥要先腐熟后施用；③基肥最好在播种前或栽植前 10～15 d 施用；④根据作物种类、熟性、苗的大小、土质、肥力状况等确定施肥种类、数量、施肥时机和方法；⑤注意平衡施肥和微量元素的施用；⑥重视根外追肥；⑦尽量不施含氯的肥料；⑧施肥时注意通风换气。

7. 浇水

做到看天、看地、看苗浇水，以水调肥、以水控肥，冬季和早春季节切忌在阴雨天到来之前浇水。

8. 轮作换茬

为防止连作障碍，要重视轮作换茬，有条件的可进行水旱轮作，稻菜轮作，有利于减轻病虫为害、降本增收。

三、新疆设施栽培的主要蔬菜种类

因设施投资高,应优先栽培高效益的蔬菜。通常以果菜类冬春反季节栽培为主。

（1）瓜类蔬菜　黄瓜、西葫芦、西瓜、厚皮甜瓜、苦瓜、早冬瓜。

（2）茄果类及荚果类蔬菜　番茄、辣椒、茄子，还有甜玉米、菜豆、食荚豌豆、早毛豆、草莓等。

（3）叶菜类蔬菜　莴苣、芹菜、小白菜、小萝卜、菠菜、蕹菜、苋菜、茼蒿、芫荽等，可单作或间作套种。北方严寒地区单作面积较大的绿叶菜为芹菜、叶用莴苣、茼蒿、菠菜、芫荽、苋菜、蕹菜、荠菜等。

（4）芽苗菜类　在设施栽培条件下，将豌豆、萝卜、苜蓿、花生、荞麦等种子遮光发芽培育成黄化嫩苗或在弱光条件下培育成绿色芽菜，作为蔬菜食用。

（5）食用菌类　大部分的食用菌类需要设施栽培，其中大面积栽培的有双孢蘑菇、香菇、平菇、金针菇、草菇等。

四、新疆设施蔬菜栽培方式

1. 冬春长季节栽培

冬春长季节栽培又称越冬栽培、深冬栽培，是指冬季严寒期利用温室等设施进行长期加温或保温栽培蔬菜的方式。如目前的一些大型连栋温室内进行的茄果类蔬菜的长季节栽培，从9月定植到翌年6月采收结束。在我国，除少数现代化温室外，大多利用不加温或短期加温的节能型日光温室，通过多重覆盖增加保温性能进行栽培。

2. 春季早熟栽培

春季早熟栽培指在设施栽培条件下定植的蔬菜，生育前期（早春）短期加温，而生育后期不加温，只是进行保温或改为在露地条件继续生长或采收的春季提早上市的栽培方式。我国常用于早熟栽培的设施主要是日光温室、塑料大棚和中、小棚，种植番茄、辣椒、茄子等，于冬季11月至翌年1月用电热线加温，于日光温室或塑料大棚内育苗，2—3月份定植于日光温室或塑料棚内，采收期较常规露地育苗栽培能提早1个月左右。

3. 秋季延迟栽培

秋季延迟栽培一般指一些喜温性蔬菜的延迟栽培，如黄瓜、番茄等，秋季前期在未覆盖的棚室或在露地生长，晚秋早霜到来之前扣薄膜防止霜冻，使之在保护设施内继续生长，延长采收时间，俗称秋延后栽培，它比露地栽培延迟供应期1～2个月。如利用日光温室或塑料大棚多重覆盖栽培，可使采收期延长到元旦、春节。

4. 遮阳网覆盖栽培

遮阳网覆盖栽培指夏季将遮阳网等材料覆盖于温室或拱棚骨架上进行遮阳降温、防暴雨的夏季设施栽培方式。对缓解南方蔬菜夏淡季，保证蔬菜周年均衡供应有重要意义。用网目为20～25目的封闭式防虫网覆盖，主要覆盖于塑料拱棚或温室的门窗通风口，切断各种害虫成虫潜入产卵繁殖、减少幼虫为害和传播病毒，实现夏季蔬菜的无（少）农药栽培。

【业务经验】

农用塑料薄膜的选择

1. 根据栽培季节选择薄膜

北方地区冬季温室生产应当选用加厚（不小于0.1 mm）的深蓝色或紫色PVC多功能长寿膜，不宜选择PE多功能复合膜和EVA多功能复合膜。春季和秋季温室栽培，适宜选择EVA多功能复合膜或PE多功能复合膜。春季和秋季塑料大棚，适宜选择薄型PE多功能复合膜或EVA多功能复合膜。

2. 根据设施类型选择薄膜

温室和大棚的保护栽培期比较长，应选耐老化的加厚型长寿膜。中、小拱棚的保护栽培时间比较短，并且定植期也相对较晚，可选择普通的PE膜或薄型PE无滴膜，降低生产成本。

3. 根据作物种类选择薄膜

以蔬菜为例，栽培西瓜、甜瓜等喜光的蔬菜应选择无滴棚膜；栽培叶菜类，选择一般的普通棚膜或薄型PE无滴膜即可。

4. 根据病害发生情况选择薄膜

栽培期比较长的温室和塑料大棚内的作物病害一般比较严重，应选择有色无滴膜，降低空气湿度。新建温室和塑料大棚内的病菌量少，发病轻，可根据所栽培作物的发病情况以及生产条件等灵活选择棚膜。

【工作任务实施记录与评价】

1. 当地设施蔬菜主要设施类型调查表

设施类型	结构描述或主要参数	主要性能	生产应用	备注

2. 当地设施主要覆盖材料的田间调查

地点：________ 日期：________ 调查人：________

设施覆盖材料	主要种类	性能	应用
透明覆盖材料			
半透明覆盖材料			
保温材料			

3. 当地日光温室现场调查记录表

时间		入口或门	
地点		通风设备及方式	
设施类型	日光温室	灌溉设备及方式	
方位		综合评价设施性能	
结构方式			
长度			
跨度			
高度			
底角		栽培技术要点	
仰角			
肩角			
拱杆			
拱间距			
棚膜			
压膜方式			
栋间距			
后屋面长度			
墙体厚度			
后墙高			
墙体形式及材料			

4. 当地塑料拱棚现场调查记录表

<table>
<tr><td>时间</td><td></td><td rowspan="12">综合评价
设施性能</td><td rowspan="18"></td></tr>
<tr><td>地点</td><td></td></tr>
<tr><td>设施类型</td><td>塑料拱棚</td></tr>
<tr><td>方位</td><td></td></tr>
<tr><td>结构形式</td><td></td></tr>
<tr><td>长度</td><td></td></tr>
<tr><td>跨度</td><td></td></tr>
<tr><td>高度</td><td></td></tr>
<tr><td>肩角</td><td></td></tr>
<tr><td>拱杆</td><td></td></tr>
<tr><td>拱间距</td><td></td></tr>
<tr><td>棚膜</td><td></td></tr>
<tr><td>固膜方式</td><td></td><td rowspan="6">栽培技
术要点</td></tr>
<tr><td>栋间距</td><td></td></tr>
<tr><td>门</td><td></td></tr>
<tr><td>通风设备及方式</td><td></td></tr>
<tr><td>灌溉设备及方式</td><td></td></tr>
<tr><td>底角</td><td></td></tr>
<tr><td>防虫网</td><td></td></tr>
</table>

5. 当地连栋大棚现场调查记录表

<table>
<tr><td>时间</td><td></td><td rowspan="7">综合评价
设施性能</td><td rowspan="14"></td></tr>
<tr><td>地点</td><td></td></tr>
<tr><td>设施类型</td><td>连栋塑料大棚（超级大棚）</td></tr>
<tr><td>方位</td><td></td></tr>
<tr><td>结构形式</td><td></td></tr>
<tr><td>长度</td><td></td></tr>
<tr><td>跨度</td><td></td></tr>
<tr><td>高度</td><td></td><td rowspan="7">栽培技
术要点</td></tr>
<tr><td>肩高</td><td></td></tr>
<tr><td>肩角</td><td></td></tr>
<tr><td>立柱</td><td></td></tr>
<tr><td>拱杆</td><td></td></tr>
<tr><td>拱间距</td><td></td></tr>
</table>

续表

开间		栽培技术要点	
棚膜			
固膜方式			
栋间距			
门			
通风设备及方式			
灌溉设备及方式			

6. 当地连栋温室现场调查记录表

时间		移动苗床	
地点		结构材料	
设施类型	连栋温室	补光设备及方式	
方位		施肥及喷药	
结构方式		综合评价设施性能	
长度			
跨度			
高度			
肩高			
开间			
立柱			
遮阴		栽培技术要点	
墙体形式及材料			
门			
窗			
降温设备及方式			
通风设备及方式			
灌溉设备及方式			

7. 设施蔬菜生产基地田间记载表

年份：＿＿＿＿＿＿　地点：＿＿＿＿＿＿　品种：＿＿＿＿＿＿　记载人：＿＿＿＿

一、基本情况			
种植面积		播种时间	
定植时间		始花时间	
始收时间		终收时间	

续表

二、肥料施用						
施用时间	肥料名称	类型	施用范围	施用方法	施用量	备注
三、农药使用						
施用时间	农药名称	剂型	施用目的	施用方法	施用量	备注

8. 学徒关键职业能力及职业品质、工匠精神评价

项目	A	B	C	D
工作态度				
吃苦耐劳				
团队协作				
沟通交流				
学习钻研				
认真负责				
诚实守信				

项目 3　菜田规划

中国蔬菜播种面积占世界总播种面积的 1/3 以上，产量约占世界蔬菜总产量的 60%，是世界第一大蔬菜生产国。蔬菜生产是高度集约化的产业，蔬菜供应要求种类多样、周年均衡，高效的蔬菜生产和供应首先要有科学合理的菜田规划和布局，并且依据轮作、间作、套作、季节茬口和土地茬口安排的原理，合理设计蔬菜的栽培制度。

中国地域辽阔，气候类型丰富，是世界上蔬菜作物资源和栽培方式最多的国家之一，中国蔬菜生产正在走向专业化、集约化、商品化的发展之路。国内外蔬菜产业发展的实践证明，合理规划，因地制宜建立商品蔬菜生产基地，实现蔬菜规模化生产经营，是推动中国蔬菜产业向更高层次发展的必然选择。

【专业知识准备】

菜田选择及规划时，一般选交通便利、水源充足、远离污染区的地块，菜田规划有道路与排灌系统等，以便于机械耕作；进行系统轮作，统一安排田间的灌溉与排水，并合理布局田间道路与防护林带。在田区里，为了方便作业和有利于产品运输，可设置临时性的田间土道。排灌系统设置应节水、能灌能排且不造成地面径流，输水线路呈网络状分布，而且应考虑到地形特点。

菜田土壤需要人工培育，无论是新老菜田，都需要不断改进土壤结构、培肥地力，以适应生产要求。壤土、砂壤土与黏壤土均适宜于蔬菜的栽培。大多数的蔬菜在中性和微酸性的土壤中生长较为适宜。土壤耕层深度最好能达 1 m 以上，至少应在 25 cm 以上。

任务1　规划商品蔬菜生产基地

商品蔬菜生产基地不仅要求菜田有适宜的自然条件，还要考虑社会经济条件的制约。菜田选定后要进行全面细致的规划，规划的内容包括宏观布局，防护林，灌、排设施，道路，种植区划分以及园艺设施建设等。

【任务目标与质量要求】

在企业师傅指导下，制订商品蔬菜生产基地的规划方案。根据建设目标，正确选择场地，做好菜田功能区划分，完成商品蔬菜生产基地的规划。

【学习产出目标】

1. 完成商品蔬菜生产基地的规划方案。
2. 学会选择符合无公害或绿色食品生产环境条件的产地。
3. 根据建设目标，完成商品蔬菜生产基地的功能区划分。
4. 合理布局不同功能区，完成配套设施建设。

【工作程序与方法要求】

● 选择确定场地	选择符合无公害或绿色食品生产环境条件的产地。①选光照充足的场地，避免南面有高大建筑物、山岗或树木等遮阴。②土地平整、肥沃、保肥透水、酸碱度适中。集中连片集约化种植，实现菜田格局整齐，以适应机械化作业。③水源充足、地下水位低、水质清洁，排灌方便。④远离工矿企业如农药厂、化工厂、水泥厂等，基地空气质量须满足无公害蔬菜生产标准。⑤交通便利，但避免在交通要道附近。⑥蔬菜基地应具备较好的经济条件，需要配套水利、电力、道路、温室等基础设施，从业人员具备较好的科技、文化素质和市场意识。	要求：土壤、灌溉水、空气质量等指标达到无公害或绿色蔬菜生产标准。

●划分菜田种植区	根据基地的建设目标，充分利用现有条件，对露地栽培区、设施栽培区以及基础设施进行合理布局，经济、高效地利用土地。种植区行向多东西走向，区域形状以长方形或正方形为宜，利用田间道路、排灌沟渠和畦埂等进行分隔。田区内要求坡度均一，土地平整。田区大小依具体条件而定，在机械化程度较高的地区，田区可适度加大。	要求：田区面积过大则灌溉时间延长，管理不方便，也加大蔬菜采收及运输的工作量；面积过小不便于机械化操作。一般以 2~3 hm^2 为宜。
●布设排灌系统	菜田的灌溉、排水系统包括水源、输水和配水（沟、渠等）系统以及田间排水网等，排水系统可以和灌溉系统的沟、渠合一。水源主要包括河流、湖泊、水库以及水井等。灌溉方法有地面灌溉、地上灌溉和地下灌溉 3 种，尽量采取微喷灌、滴灌（地上灌源）和渗灌（地下置）等节水灌溉方式。排水系统用于排除降雨造成的田间多余水分，排洪防涝。	要求：排灌设施能够调节田间小气候，调节土壤及空气湿度，促进蔬菜作物生长发育，起到一定的防病、防霜、防冻的作用，达到高产高效的目的。
●规划道路、防护林、建筑物等	道路分为主路、干路和支路等，规划时应与防护林和排灌系统等统筹考虑。在设计时既要考虑方便作业、便于蔬菜运输和管理，又要尽量减少用地，提高土地利用率，道路宽度依据基地面积大小而定。规模较大的蔬菜基地，除了建造温室等栽培设施外，还要修建办公设施、生活设施、农产品贮藏室、加工车间、仓库等建筑物，形成包括生产、加工、贮藏等配套的设施设备体系。	要求：主路、干路和支路宽度分别为 6~8 m、4~6 m 和 2.5~3 m。

【业务知识】

1. 商品蔬菜生产基地的特点

（1）具有优越的自然条件和一定的生产特色　蔬菜生产基地一方面要具有充足的土地资源、水利资源、劳动力资源等，还应具有交通便利、市场流通便捷等条件，以适应大规模商品蔬菜生产和销售。同时，也要利用独特的气候、地域等优势因地制宜地发展本地的特色、优势蔬菜产业。例如，海南、广东的冬季南菜北运蔬菜基地，南方的夏季高山蔬菜基地，水生蔬菜基地，以及东北的夏季北菜南运菜基地等，充分综合利用了当地资源，形成了明显的产业特色和竞争优势。

（2）具有一定的生产规模　商品蔬菜生产基地的建设要相对集中，并有一定的生产规模。规模化经营是商品蔬菜生产的首要条件，生产越发达，产业越趋向于集约化，规模化的生产基地便于进行统一规划、建设、技术推广、销售等，提高人力、物力和财力的使用效率。

适度规模化生产可使产品批量上市，形成有效的市场辐射。一般情况下，产品的辐射能力与基地规模成正相关，基地规模越大，产品的辐射能力就越强，最终形成影响力较大的产地蔬菜批发市场。

规模化经营也有利于基地内部的产业分工和专业细化，形成有利于商品化发展的“一村一品”“一乡一业”等专业化生产格局。如果基地规模过小，生产过于分散，就不能充分发挥土地、人力、物力等资源优势，蔬菜生产水平也难以提高，容易在激烈的市场竞争中被淘汰。

（3）具有完备的配套设施　商品蔬菜生产基地需要配备温室、塑料大棚等生产设施和育苗设施，耕作、收获等田间作业机具，植保机械，机井、水泵等灌溉设备，以及包装、运输、贮藏等设备，同时也要求设备之间在数量及性能上具有良好的配套性。较好的配套设施有利于提高蔬菜产量、改善产品品质，进而提高经济效益。

（4）具有较强的技术队伍　商品菜基地需要有较强的蔬菜专业技术队伍和蔬菜生产技术指导服务体系。在蔬菜新品种引进、筛选，以及先进培育技术的研究和推广中，不断吸收新的科技成果，并且转化为蔬菜生产基地的生产力，促进蔬菜产业向更高的层次发展。

（5）具有较完善的生产组织形式　目前较成功的蔬菜生产基地，多采用土地集中流转到公司，由公司经营，或“公司＋农户”“公司＋协会＋农户”等生产组织形式。公司提供生产计划、技术、资金和负责销售，农户负责生产，这有利于蔬菜新品种、新技术、新农药、新农具的推广，提高蔬菜生产基地的生产效益，公司根据基地所处的地理位置，气候、交通运输等条件决定基地的市场流向和市场定位，进而决定栽培蔬菜的主要种类、面积、品种及上市时间等。同时，应积极发展订单农业，基地根据订单决定蔬菜生产。

2. 商品蔬菜生产基地的类型

（1）根据基地与城市的相对距离划分，可分为城郊基地和农区基地。

① 城郊基地　一般分布在近城区和环城区，可在短时间内将产品运至消费市场。城郊是传统的蔬菜生产区，生产经验丰富，从业人员技术素质较高，经济实力较强，管理水平较高，可更方便地获得市场信息、资金和技术支持。适合生产经济附加值高、生产周期短的蔬菜（如叶菜类和葱蒜类），也可结合地区优势发展庭院蔬菜生产。

② 农区基地　一般分布在距中心城市相对较远的粮食产区，虽然在经济条件、技术和管理水平上较城郊基地差，但具有土地资源丰富、可与粮食作物轮作减少蔬菜病虫害、劳动力集中、生产成本低等优势。农区基地蔬菜生产以耐运输且生长周期相对较长的蔬菜为主。近年来，蔬菜生产与粮食生产的比较优势和商品蔬菜全国大范围流通的市场格局，促进了农区蔬菜基地的较快发展，农区基地的蔬菜产品也从最初的面向本地市场就近销售变为加入全国大流通市场，主要销往中心城市和外地市场。

（2）根据生产的商品蔬菜种类划分，可分为加工原料基地、出口和外调蔬菜生产基地、水生蔬菜基地等。

① 加工原料基地　蔬菜加工包括速冻、冷冻干燥、罐藏、酱制等多种加工方式。一般由加工企业与当地农户或农民专业协会（合作社）合作，形成“公司＋农户”形式，或加工企业出资取得土地长期经营权后，农民以“反租倒包”的形式组建基地生

产。大多数蔬菜种类都可进行深加工，加工蔬菜可以延时供应，填补淡季缺口，又可以避免旺季卖菜难，实现在产地的“二次增值”。目前各地已经形成一些颇具规模的蔬菜加工原料基地，如新疆的番茄酱原料基地和重庆的榨菜原料基地等。

② 出口和外调蔬菜生产基地　近年来，我国生产的蔬菜大量出口到美国、日本、东南亚和欧洲国家，这类蔬菜生产基地多以公司或“公司＋农户”的形式组成，对蔬菜生产基地的环境条件要求较严格，具有较完善的蔬菜产品卫生溯源系统，保证出口蔬菜的质量达到进口国对蔬菜产品品质的要求。外调蔬菜生产基地多具有优越的自然气候和地理优势，生产的蔬菜运输到全国各地，形成全国蔬菜的大流通市场。

③ 水生蔬菜基地　中国水域面积大，水生蔬菜生产基地众多，如长江的洞庭湖、鄱阳湖、太湖流域，江浙皖的千岛湖等地都有分布，主要生产藕、菱角、茭白、荸荠、芡实、莼菜等。发展水生蔬菜对于解决南方地区夏秋蔬菜淡季问题、丰富蔬菜种类和促进出口贸易等都有重要的作用。

【业务经验】

商品蔬菜生产基地规划的内容

商品蔬菜生产基地规划是基地建设的基础，对于基地以后的发展至关重要，基地规划涉及基地面积、品种结构、生产量和市场流向、人员配备、资金投入、技术装备、设施建设、服务管理等多项内容，是一项庞杂的系统工程。

1. 生产量和市场流向

制订蔬菜商品基地规划首先要明确产品的市场流向和市场定位，既要考虑蔬菜是鲜活产品，需要就地生产、就近供应的销售特点，又要考虑基地产品加入全国大流通市场和国际贸易的必要空间，还要参考供应地区消费人口数量、经济状况、消费水平和生产水平，以及历年蔬菜调入、调出的数量。根据基地所处的地理位置、气候、交通运输条件等决定基地的市场流向和市场定位。根据市场流向和市场定位，决定栽培蔬菜的主要种类、面积、品种以及上市时间等。同时积极发展“订单农业”，基地根据“订单”制订蔬菜生产计划。

2. 基地布局

蔬菜生产和供应是城市国民经济的重要组成部分之一，因此商品蔬菜基地建设必须服从城市规划的约束，应列入城市总体规划。商品蔬菜基地布局上要注重稳定城市建设范围外的老基地，根据城市发展及时拓展、补充新种植面积，新建基地要依据城市发展规划，选择至少 10 年以上不会被征用、占用的区域。总之，基地布局规划要立足长远、统筹安排。

3. 菜田基础设施

蔬菜生产基地基本建设配套设施主要包括电力设施、灌溉设施、耕作机具、车辆等运输工具、植保机械、工作厂房、田间道路，以及温室、塑料拱棚、育苗设施等保护地设施。基地配套的设施和设备水平要本着适用、高效、经济的原则，量力而行，要随着生产的发展逐步提高与完善，还要注意产业部门和服务体系建设，使种子、育苗、专业化设施生产、运输、产后处理、贮藏加工等各部门互为依托，形成高效协调的产业链条。

4. 基地管理

采用科学、先进的经营与管理体制是商品蔬菜生产基地规划的重要内容。商品蔬菜生产投资多，集约化经营程度高，涉及因素复杂，要求有严密的管理体制和较高的管理水平，要充分利用现代管理手段和先进的管理理念，建立高素质的管理队伍。在蔬菜生产与市场流通之间搭建配套的信息传递机制、生产组织机制、生产要素合理流动机制，推动蔬菜生产与经营不断向更高的层次发展，实现科学高效管理。

【工作任务实施记录与评价】

1. 制订商品蔬菜生产基地的规划方案

<table>
<tr><td>基地名称</td><td>基地类型
及面积</td><td>基地生产
环境条件</td><td>功能区划分</td><td>规划布局</td><td>功能区配套
设施建设</td></tr>
<tr><td></td><td></td><td></td><td></td><td></td><td></td></tr>
<tr><td colspan="2">师傅指导记录</td><td colspan="3">基地的规划方案质量评价</td><td>评价成绩</td></tr>
<tr><td colspan="2" rowspan="3"></td><td colspan="3" rowspan="3"></td><td></td></tr>
<tr><td>日期</td></tr>
<tr><td></td></tr>
</table>

2. 学徒关键职业能力及职业品质、工匠精神评价

项目	A	B	C	D
工作态度				
吃苦耐劳				
团队协作				
沟通交流				
学习钻研				
认真负责				
诚实守信				

任务2　规划蔬菜庭院

庭院蔬菜生产就是在农户房前屋后零星的地块上，利用庭院有限的土地资源，闲散劳力及剩余时间，以商品性蔬菜生产为主要的生产方式。庭院蔬菜生产是庭院经济的重要组分之一，尤其是在庭院面积较大的北方农村，庭院蔬菜已成为家庭重要的经济收入来源之一。

【任务目标与质量要求】

在企业师傅指导下，制订庭院蔬菜生产规划方案。露地、设施配套，结合庭院绿化需要，合理规划，做好菜田功能区划分，完成庭院菜田规划，自给自足，并获得一定的经济效益。

【学习产出目标】

1. 制订庭院蔬菜生产规划方案。
2. 结合当地庭院绿化条件，因地制宜合理规划、科学布局，进行庭院蔬菜生产。

【工作程序与方法要求】

● 因地制宜发展	发展庭院蔬菜生产要因地制宜，考虑到农户庭院大小、形状不尽相同，生产上也需要多种技术模式与之配套，同时还要与农户的经济条件相适应，综合考虑资金、人力、管理水平等因素，避免不切实际的盲目发展。	要求：根据各地的自然条件和市场需求状况发展适宜当地的栽培模式、蔬菜种类和品种。
● 科学布局，合理利用空间	(1) 庭院栽培行向尽量选南北向，以充分利用光照。由于庭院空间有限，为了使庭院规整，提高土地利用率，农户多采用与房屋平行的温室方位。北方农村房屋方位多为南偏东，在确定温室方位时要兼顾采光和土地利用率。新建庭院可按正南至南偏西10°范围内的温室理想化方位预先规划，可与村屯建设规划协调同步。 (2) 蔬菜作物种类，品种繁多，生长习性各异，可以利用其生长特性立体种植。例如，棚架栽培的豆类、瓜类蔬菜可将其沿庭院四周栅栏（或院墙）以及道路两侧种植；高矮不同的蔬菜种类可以互相搭配；还可利用间作、混作、套作等方式，将不同种类的蔬菜科学配置，充分利用温、光、水、肥、气等自然资源。	要求：注意种植行向，充分利用空间和光热资源，一地多用，增加效益。

● 结合庭院绿化

庭院是最主要的生活场所，庭院绿化美化直接关系到家庭生活质量，庭院蔬菜作物具有创造商品收入和优化生态环境的双重效应，还需要配置一些观赏性强、与庭院蔬菜互补性强的园林植物。

要求：庭院既能创造经济收入，又能美化环境。

【业务知识】

庭院蔬菜生产的特点

庭院蔬菜生产通常具有以下几个特点：

(1) 灵活性　农业生产以一家一户为单位，农户可以根据市场行情和生产条件，自主安排庭院蔬菜的种类和品种，机动灵活地把握生产方向。可以充分利用庭院独特的避风向阳小气候环境，以及施肥、灌水栽培等管理上的便利条件，从而最大限度地提高零散土地的利用效率。

(2) 广泛适应性　庭院蔬菜生产位于房前屋后，可充分利用业余时间，老人、孩子均可力所能及地参与管理，每个农户家庭都可以组织生产。

(3) 生态特殊性　庭院是农户家庭的生活“栖息地”，作为蔬菜生产的场所，可以充分利用人、畜粪便，结合沼气等庭院生态技术，净化空气，减少污染，有效增加庭院的植物覆盖率和覆盖时间，改善生活环境，提高生活质量，同时增加收入，达到经济和生态双赢的效果。

(4) 商品性　庭院适于发展设施菜、高附加值蔬菜。庭院蔬菜的产品，商品率一般在80%以上，生产性质完全属于商品化生产。虽然农户单户生产规模不大，但相邻村屯群体化、连片发展也可以形成较大的商品上市量。

(5) 集约性与高效性　庭院蔬菜生产因面积有限，农户一般通过精耕细作提高单位面积效益，可以在发挥传统技术的基础上，创造出许多独具特色的立体栽培、多茬次栽培等集约化的高产高效的生产经营模式，因此使庭院蔬菜的生产效益明显高于田间生产。

庭院蔬菜发展到一定阶段时，在具备发展条件的地区，一些高效益的生产模式势必走出庭院，扩展成为大规模蔬菜商品化生产。在产业由小到大的发展过程中，庭院蔬菜成为其初始的市场信息、人才、生产技术的源头，发挥着产业孵化器的功能。

【业务经验】

如何选择庭院蔬菜生产的模式

(1) 田园观光型　这种模式是在发展蔬菜生产基础上，强化庭院的绿化和美化功能，使蔬菜生产与观光旅游有机结合。品种安排上要主栽当地的特色蔬菜、野生蔬菜以及兼具观赏性的攀缘植物和多年生蔬菜。通过在庭院内搭架造型、设置园林小品等方式强化观赏效应。这种模式需要与当地旅游线路、景点设置配套实施。

（2）生态农业型　这种模式是把养殖、蔬菜种植和沼气工程结合起来，形成生态良性循环。沼气可作为家庭照明、做饭、取暖的能源，沼液、沼渣可用做肥料，能改善土壤结构，同时，将人畜粪便、有机生活垃圾作为沼气发酵原料加以利用，这样既合理利用了资源，保护环境，又促进了蔬菜生产的可持续发展，提高经济效益。

（3）果菜间作型　利用庭院果园内的空闲地和空间进行蔬菜生产，果菜间作。根据果树的种类和树龄合理安排间作的蔬菜种类，一般以蔬菜矮生种类为主。例如，在果树栽植的前 3 年，树体较小时，间作要求强光照的蔬菜，如西瓜、甜瓜等，挂果后主要间作早熟、耐弱光的蔬菜种类。

（4）设施蔬菜型　适于院落东、西、南三面没有高大建筑物及树木遮阴，光照条件好的庭院。庭院内风小，光照充足，保温，易于管理，如北方的日光温室、塑料拱棚春提早、秋延后蔬菜生产。

【工作任务实施记录与评价】

1. 制订庭院蔬菜生产规划方案

<table>
<tr><td>庭院名称</td><td>庭院面积</td><td>庭院特点</td><td>庭院蔬菜
生产模式</td><td>庭院绿化
美化条件</td><td>规划布局</td></tr>
<tr><td></td><td></td><td></td><td></td><td></td><td></td></tr>
<tr><td colspan="2">师傅指导记录</td><td colspan="3">庭院蔬菜生产规划方案质量评价</td><td>评价成绩</td></tr>
<tr><td colspan="2" rowspan="3"></td><td colspan="3" rowspan="3"></td><td></td></tr>
<tr><td>日期</td></tr>
<tr><td></td></tr>
</table>

2. 学徒关键职业能力及职业品质、工匠精神评价

项目	A	B	C	D
工作态度				
吃苦耐劳				
团队协作				
沟通交流				
学习钻研				
认真负责				
诚实守信				

任务3　规划与创建蔬菜标准园

蔬菜生产的经济效益较高，一直是农业科技园区、现代农业示范区的高效农业示范项目的主要内容。蔬菜种类很多，市场需求旺盛。农业部（现农业农村部）2010年5月发布了《蔬菜标准园创建规范（试行）》，可作为蔬菜产业园的规划设计的主要依据。

【任务目标与质量要求】

在企业师傅指导下，制订蔬菜标准园规划方案。园区的环境条件和规模达标，科学划分和布局功能区，完成蔬菜标准园的规划与创建。

【学习产出目标】

1. 完成蔬菜标准园的规划方案。
2. 按标准选择符合园区环境条件的产地，园区规模达标。
3. 完成蔬菜标准园的功能区划分和布局。
4. 做好菜田基础设施建设，按标准建造生产型温室、大棚及示范温室，进行标准化生产。

【工作程序与方法要求】

蔬菜标准园的园地要求分环境条件、规模、功能区布局、菜田基础设施、温室与大棚等5个要点，其中环境条件和规模在园区选址时必须考虑，功能区布局、基础设施、温室与大棚建设方案需要在规划设计中明确。

● 园区环境条件、规模达标

标准园的土壤、空气、灌溉水质量要符合相关蔬菜产地环境条件行业标准，废旧农膜须全部回收。按照省级蔬菜标准园建设规范要求，露地蔬菜标准园面积要达到1 000亩以上，设施蔬菜标准园设施内净面积要达到200亩以上。

要求：园区的环境条件符合相关蔬菜产地环境条件行业标准。

● 合理布局功能区

标准园设置有农资存放、集约化育苗、标准化生产、产品检测、采后商品化处理等功能区，配备必要的设施设备，且统一规划、科学设计、合理布局。

要求：菜田基础设施建设，水、电、路设施配套，确保涝能排、旱能灌，主干道硬化。

● 建造温室与大棚	日光温室按照合理采光时段和异质复合蓄热保温体结构原理设计建造，严冬季节室内外最低温度之差达到 25℃以上。塑料大棚按照合理轴线方程设计建造，要求坚固耐用、性能优良、经济实用。	要求：按标准建造生产型温室、大棚及示范温室。
● 生产全程严格执行要求	标准化栽培管理要求贯穿蔬菜生产的全过程。可以据此绘制栽培管理的工艺流程图，在园区规划设计中予以明确表述。根据《蔬菜标准园创建规范（试行）》中第三条“育苗要求”，需要建立集约化育苗场；第四条“设施覆盖材料”和第五条“水肥管理”则与园地建设规划关系密切。	要求：严格执行栽培管理要求、采后处理要求、产品要求和质量管理要求等。

【业务知识】

观光蔬菜示范园的特点

1. 科技示范性

展示和示范科技成果是观光蔬菜示范园的主要目的和重要任务。观光园设置新、奇、特的蔬菜种类和品种、新型园艺设施、现代农业新技术等具有较高科技内涵的展示项目，是真正赋予园区新颖性，吸引观光者前来参观的动力所在。因此，观光蔬菜示范园是蔬菜新品种、新技术、新设备的集散地和孵化器，可有效带动当地蔬菜产业的发展。例如，山东寿光蔬菜博览园、武汉现代蔬菜园、陕西杨凌现代农业示范园区等，都引进了国内外最新的蔬菜优良品种、温室等现代农业设施和最先进生产技术，受到包括来自城市、农村等各行各业观光者的普遍认可，推动了当地蔬菜产业的快速发展，也取得了显著的经济效益和社会效益。

2. 观光旅游性

观光蔬菜示范园将蔬菜生产和观光旅游有机结合，以蔬菜植物为主体，配合园林景观建设，通过现代蔬菜生产技术、特色产品销售和多种参与活动来吸引城乡游客。除参观、购物之外，游客还可以亲自参加采摘、农耕等活动，了解中国长期积累起来的丰富多彩的传统农业文明，学习农业和生活技艺，既丰富了阅历又增长了见识，还体验到了田园生活的闲趣，迎合了现代人追求“生态化”、返璞归真、回归自然的需求。此外，观光蔬菜园还能促进游客珍视农民的劳动成果、提高环境保护意识，具有一定的教育功能。

3. 生产区域性

观光蔬菜示范园本质上属于农业生产范畴，决定了它具有农业生产的特性，即区域性和季节性的特点。不同地区有不同的生态环境，不同的品种结构和技术体系，决定了不同地区的蔬菜示范园各具特色的观赏内涵。在规划设计上应注意体现地域性，深入挖掘具有当地特色的蔬菜品种、自然景观资源和历史人文资源等。

4. 观光季节性

蔬菜植物生长发育存在着季节变化，这决定了蔬菜观光园在不同的季节往往呈现出不同的色彩和形象，无法永久保持某一特定景观，有时今天能看到的景观明天就没有了，与此相应的观赏内容也具有鲜明的季节性。南方的观光蔬菜示范园生产季节长，可体现一年四季的变化，而北方的生产季节短，且主要的生产期是夏季，季节因素对示范园的建设形式、景观营造、经济收益等都有很大影响，尤其是在北方，冬季寒冷的气候是造成观光淡季的主要因素。要有效利用现代化温室、日光温室等设施农业技术，使用植物生长调节剂、分期播种等措施调控植物的生长发育，及时更新观赏内容和延长观赏期。在内容选择上也应注重季节间的均衡，尤其应在冬季的观赏内容选择上有所突破，减轻季节对观光效果的影响。

5. 内容综合性

观光蔬菜示范园的生产通常体现了现代化农业技术手段，集中展示多种具有较高观赏和营养价值的蔬菜种类和品种及无土栽培等现代农业技术，具有资金密集型、技术密集型、劳动密集型的特点。为了避免观光项目过于单一，有的观光园还集成观赏果树、园林植物、药用植物、珍奇动物、养殖动物等其他项目，甚至修建农史馆、娱乐馆、娱乐中心等丰富游客活动的项目，建成农业综合观光园。

【业务经验】

合理合法规划蔬菜标准园

一、如何区分“大棚房”

“大棚房”是把农业用地变为其他的产业、娱乐的用地，违反国家的土地用途管理制度，如把大棚设施变成了带有农家乐性质的别墅，非经法定的程序批准，违反农业方面的土地管理法律法规，是一种违法行为。近年来，由于观光农业、休闲农业的兴起，一些乡、镇、村里打起了违建、违法使用“大棚房”的歪主意，在大棚的掩护下，在棚内硬化耕地、盖违建物。“大棚房”违法占用耕地，也容易形成外来人口聚居。随着全国“大棚房”问题专项清理整治行动的落实，已经开始全面集中整治违法建设的“大棚房”。

二、标准园场地选择注意事项

园艺设施建筑场地的选择与设施结构、性能、环境调控、作物生长、经营管理等方面关系很大，在建造前，场地的选择应考虑以下几方面。

（1）光照　充分采光能加快作物的光合作用，也是土壤热能的主要来源，有利于增温，因此要选择南面开阔、高燥向阳、无高大建筑物和树木遮阴的平坦矩形地块。向南或东南＜10°的缓坡地较好，有利春季升温和设置排灌系统。

（2）风　避开有大风地区，大风会降低温度，损坏保护设备，因此要选择避风向阳地带，减少放热和风对设施结构的影响，注意避开河谷、山川等造成风道、雷区、雹线等灾害地段；冬季有季候风的地方，最好选在迎风面有丘陵、山地、防风林或高大建筑物等挡风的地方；在城市或农村宜将温室建在城市南面或村南、村东，不宜与住宅区混建。

（3）土壤　为适宜作物的生长发育，应选择土壤肥沃疏松、有机质含量高、无盐渍化和其他污染源的地块。一般要求壤土或砂壤土，最好3～5年未种过瓜果、茄果类蔬菜，前作以大田作物为主的地块，以减少病虫害发生。为使基础牢固，要避开新填土的地方或沙丘地带，选择地基土质坚实的地方，防止地基下沉，避免因加固地基而增加造价。

（4）水　选择靠近水源、水源丰富、水质好、pH中性或微酸性、无有害元素污染的区域。为保证地温，有利地温回升，还应优先选取冬季水温高（最好是深井水）、地下水位低、排水良好的地方。设施浇灌最好建造水塔，设置自动上水装置，保证浇灌方便。

（5）交通与电力　为了便于运输、销售，应选离公路、市场、村庄、电源等较近的地方。这样不仅便于管理、运输，而且方便组织人员应对各种灾害性天气。

温室群位置最好能靠近有大量有机肥供应的场所，如工厂化养鸡场、养牛场等。为了节约能源、降低生产开支，有条件时应该尽量选择有工厂余热或地热的地区建造温室、大棚。

温室规划中要充分考虑电力总负荷充足，以确保温室用电的可靠性和安全性，大型温室基地，一般要求有双路供电系统。

（6）无污染　温室要避免建在污染源的下风向，如果土壤、水源、空气受到污染，会给生产带来很大危害。

三、标准园的场地布局

（一）园艺设施的园区布局

园艺设施类型较多，因其结构、性能不一，用途亦不相同。为了充分发挥各自的作用和便于组织管理生产，各种设施应相对集中，统一规划，合理设置。

大型连栋温室、日光温室、大棚应各自成群，数量多时每群再规划为若干个小区，每个小区成一个独立体系。规模大的还要考虑锅炉房、堆煤场、变电所、作业场地、水源、仓库、车库、农机具库等附属建筑物和办公室、休息室等非生产用房的布局。

人和物之间的联系活动在建筑计划中叫作动线计划，从动线计划中容易看出布局计划的好坏。计划时动作多、频率高的支线及搬运重物的动线应该短，应该把和每个园艺设施都发生联系的作业室、锅炉房、变电所等共用附属建筑物放在中心部位，将园艺设施生产场地分布在周围。

（二）园艺设施的建筑规划

1. 方位与间距

园艺设施的场地应为东西延长的长方形，一般将温室、连栋温室放在最北面，向南依次为塑料大棚、阳畦、小拱棚等，连栋温室、塑料大棚和小拱棚一般采用南北延长，温室、阳畦一般采用东西延长。

间距以每栋设施不互相遮光和不影响通风为宜，塑料大棚前后排之间的距离应在5 m左右，即棚高的1.5～2倍。各地纬度不同，其距离应有所变化。大棚左右的距离，最好是等于棚的宽度，也可1～2 m，以不遮光为宜。一般东西延长的温室前后排距离为温室高度2～3倍，即6～7 m；南北延长的前后排距离为温室高度的0.8～1.3倍。

2. 排列方式

设施排列方式主要有对称式和交错式两种。对称式排列的设施内通风较好，高温期有利于降温，但低温期的保温效果较差，需加围障、腰障等。交错式排列的设施群内没有风的通道，挡风、保温性能好，低温期有利于保温和早熟，但高温期的通风降温效果不佳。

3. 道路

场内道路应该便于产品的运输和机械通行，主干道路宽度不小于6 m，允许两辆汽车并行或对开，设施间支路宽最好能在3 m左右，每个小区之间的交通道路要有机结合。主路面根据具体条件选用沥青或水泥路面，保证雨雪季节畅通。同时应注意道路与灌水、排水渠的设置。

【工作任务实施记录与评价】

1. 制订蔬菜标准园的规划方案

<table>
<tr><td>园区面积</td><td>标准园环境条件及特点</td><td>功能区划分及布局</td><td>配套基础设施建设</td><td>温室大棚建设</td><td>标准化生产管理</td></tr>
<tr><td></td><td></td><td></td><td></td><td></td><td></td></tr>
<tr><td colspan="2">师傅指导记录</td><td colspan="3">蔬菜标准园的规划方案质量评价</td><td>评价成绩</td></tr>
<tr><td colspan="2" rowspan="3"></td><td colspan="3" rowspan="3"></td><td></td></tr>
<tr><td>日期</td></tr>
<tr><td></td></tr>
</table>

2. 学徒关键职业能力及职业品质、工匠精神评价

项目	A	B	C	D
工作态度				
吃苦耐劳				
团队协作				
沟通交流				
学习钻研				
认真负责				
诚实守信				

项目 4　制订蔬菜生产计划

蔬菜种植制度是一个地区或单位的蔬菜生产安排与种植方式的总称，包括蔬菜的栽培季节、栽培茬口以及种植方式等。合理的种植制度不仅有利于提高土地的利用率、减少病虫害、增加产量，而且有利于全年蔬菜的均衡生产与供应。

任务 1　认识蔬菜栽培季节与安排茬口

蔬菜的栽培季节是指蔬菜从田间直播或幼苗定植开始，到产品收获完毕所经历的时间。因育苗一般不占用生产田，故育苗期不计入栽培季节。

【任务目标与质量要求】

在企业师傅指导下，科学安排茬口，综合运用轮作、间作、套作、混作和多次作，配合增施有机肥和晒垡、冻垡等措施，实行用地与养地相结合，最大限度地利用地力、光能、时间和空间，实现多种蔬菜的周年均衡生产。

【学习产出目标】

1. 能根据当地条件科学安排茬口，实现用地与养地相结合。

2. 学会在生产中合理运用轮作、间作、套作、混作和多次作，提高土地利用率，实现多种蔬菜的周年均衡生产。

【工作程序与方法要求】

1. 认识蔬菜的栽培季节

● 确定露地蔬菜栽培季节	根据蔬菜的类型、市场供应情况、当地的生产条件、管理水平等确定栽培季节。 (1) 根据蔬菜的生态类型确定栽培季节。耐热以及喜温性蔬菜在春夏季栽培；喜冷凉的耐寒性蔬菜以及半耐寒性蔬菜适宜夏秋季栽培。 (2) 根据市场供应情况，缩小市场供应的淡旺季差异，在确保主栽蔬菜生产季节的同时在其他季节里也安排一定面积的该类蔬菜，延长供应期。 (3) 根据生产条件和生产管理水平确定栽培季节。当地的生产条件好、管理水平不高则以旺季主栽蔬菜为主；水平较高者，则围绕淡季加大非主栽季节的生产规模。	要求：露地蔬菜将所种植蔬菜的整个栽培期安排在其能适应的温度季节里，且将产品器官形成期安排在温度条件最为适宜的月份里。
● 确定设施蔬菜栽培季节	根据设施类型、市场需求等确定设施蔬菜的栽培季节。 (1) 加温温室、改良型日光温室，其栽培季节确定灵活，可周年进行蔬菜生产；普通日光温室、塑料拱棚、风障畦等，一般较露地提早和延后 15 ～ 40 d。 (2) 蔬菜的主要上市时间安排在“十一”国庆节至翌年的“五一”劳动节期间，避免其主要产品的上市期与露地蔬菜发生重叠。	要求：将所种蔬菜生长期安排在能适应的温度季节里，且将产品器官形成期安排在该蔬菜露地生产淡季或产品供应的淡季。

2. 认识蔬菜的种植方式

蔬菜栽培制度是指在一定时间内、一定土地面积上蔬菜安排布局和茬口接替的制度。它包括轮作、间作、套作、复种及排开播种等，并与合理的施肥、灌溉、土壤耕作和休闲制度相结合。

● 重视轮作倒茬	根据蔬菜品种的特性、发病情况等，确定可否连作或轮作，以及间隔的年限。 (1) 连作和轮作　禾本科蔬菜常连作，十字花科、百合科、伞形科蔬菜较耐连作；茄科、葫芦科（除南瓜）、豆科、菊科蔬菜宜轮作。 (2) 蔬菜轮作原则　①吸收土壤营养不同、根系深浅不同的蔬菜相互轮作；②互不传染病虫害；③有助于改良土壤结构；④注意不同蔬菜对土壤酸碱度的要求；⑤考虑前作物对杂草的抑制作用。	要求：通过轮作倒茬、冻地、晒垡等制度来减轻病虫害，恢复和提高土壤肥力。
● 安排间作、套作和混作	在主作蔬菜生长期正确间作、套作、混作等，做好主作与间套作之间的安排配置。 (1) 合理搭配蔬菜的种类和品种。深根与浅根、高秆与矮秆、叶型直立与披散叶型、喜阳与耐阴、早熟与晚熟等不同蔬菜科学搭配。 (2) 安排合理的田间群体结构，合理密植，及时进行植株调整等。 (3) 采取相应的栽培技术措施，培养壮苗、果菜类深沟高畦等 (4) 注意不同蔬菜在肥水、通风等环境条件需求中相互协调。	要求：采用间套混种，增加复种指数，有效地抢季节、抓空间，充分利用光热资源，使地尽其用，提供丰富多样的蔬菜产品。

● 实行多次作和重复作	根据常见的复种类型，合理安排。 (1) 二年三熟　夏菜→越冬菜→夏菜，例如，黄瓜→埋头菠菜→茄子。 (2) 一年二熟　北方各地应用较广，较典型的是春夏和夏秋两茬。例如，早番茄、西葫芦→大白菜。 (3) 一年三熟　越冬早春菜→早熟夏菜→秋冬菜。 (4) 一年四熟　越冬早春菜→早熟夏菜→早熟秋菜→晚秋菜。 (5) 一年多熟　越冬早春菜→早春菜→夏菜→速生伏菜→秋冬菜→冬菜。	要求：配合增施有机肥和晒垡、冻垡等措施，用地与养地相结合，最大限度地利用地力、光能、时间和空间，变一收为多收，实现多种蔬菜周年均衡生产。

3. 安排蔬菜栽培茬口

蔬菜栽培茬口分季节茬口和土地利用茬口两种。季节茬口是根据蔬菜的栽培季节安排的蔬菜生产茬次。土地利用茬口是指在同一地块上，在一年或连续几年内安排蔬菜生产的茬次。

● 安排季节茬口	北方露地蔬菜季节茬口有：越冬茬、春茬、夏茬、秋茬。设施蔬菜季节茬口有：冬春茬、春茬、夏秋茬、秋茬、秋冬茬、越冬茬等。 (1) 秋冬茬　选用耐寒和较耐寒的菠菜、芹菜、莴苣、小白菜、大蒜、洋葱、豌豆等蔬菜。秋季露地直播或育苗移栽，供应春淡季。收获晚的，可间套种晚熟夏菜等。 (2) 春茬　选较耐寒的小白菜、茼蒿、菠菜、芹菜等，或种植春马铃薯和冬季设施育苗，或早春定植的耐寒或半耐寒的春白菜、春甘蓝、春花椰菜等。早春土壤化冻后播种定植，上市期在夏季果菜类大量上市前和过冬菜大量下市后的“小淡季”。 (3) 夏茬　各地的主要季节茬口，6—7 月份大量上市，形成旺季。最好将果菜类分早、中、晚熟品种排开播种，分期分批上市。 (4) 伏茬　主要用来供应秋淡季，于 6—7 月份播种或定植，8—9 月份供应市场，选耐热的夏秋白菜、夏秋萝卜、苋菜、夏黄瓜、夏甘蓝等。 (5) 秋冬茬（新疆夏秋露地）　种不耐热的大白菜、甘蓝类、根菜类及部分喜温性的果菜类、豆类及绿叶菜等。立秋前后播种或定植，10—12 月份上市，也是冬春贮藏菜的主要茬口，其后作为越冬菜或冻垡休闲后翌年春季种植早春菜或夏菜。	要求：避免连作，科学轮作，优化间作，合理套种。根据设施的性能安排茬口。
● 安排土地利用茬口	露地蔬菜土地利用茬口有：一年单种单收型、一年两种两收型（春茬＋秋茬）、一年三种三收型（春茬＋夏茬＋秋茬）、两年五种五收型（在两种两收型茬口基础上，增加越冬茬）。设施蔬菜土地利用茬口主要有两个：一年单种单收型（塑料大棚生产）、一年两种两收型（塑料大棚或普通日光温室“春茬＋秋茬”模式；温室“冬春茬＋夏秋茬”模式和“秋冬茬＋春茬”模式）。	要求：根据生产条件和市场需求等因素全面综合安排土地，确定茬口的合理比例，相互补充、相互配合，合理安排。

【业务知识】

蔬菜轮作的年限

各种蔬菜轮作的年限由蔬菜种类、病虫害种类及其为害程度、环境条件等决定。

禾本科常连作，十字花科、百合科、伞形花科也较耐连作，如白菜、芹菜、甘蓝、花椰菜、葱蒜类、慈姑等在没有严重发病的地块上可以连作几茬，但需增施底肥。茄科、葫芦科（南瓜例外）、豆科、菊科等蔬菜不耐连作。需隔 2～3 年种植的有马铃薯、黄瓜、辣椒等；需隔 3～4 年的有番茄、大白菜、茄子、甜瓜、豌豆等；而西瓜则宜隔 6～7 年及以上。蔬菜与大田作物和经济作物轮作的也较普遍。

【业务经验】

蔬菜轮作的类型

（1）菜菜轮作　避免同科及同一性质的蔬菜进行连茬，茄科蔬菜中的马铃薯、番茄、辣椒、茄子具有相同的病虫害，应避免这些作物之间互为前后茬。其他如豆科蔬菜中的大豆、菜豆、豇豆，葫芦科蔬菜中的西瓜、黄瓜、西葫芦、南瓜，菊科蔬菜中的莴笋、生菜、茼蒿，百合科蔬菜中的洋葱、大蒜、韭菜等同科蔬菜均具有相同的病虫害，所以同科蔬菜不能互为前后茬。生姜与番茄具相同病害（同一性质），应分在不同轮作区。

（2）粮菜轮作　分玉米等与蔬菜旱地轮作和水稻与蔬菜水旱轮作两类。特别是水旱轮作对土传病害防治效果很好。

（3）花菜轮作　万寿菊、切花菊、郁金香、菊花、玫瑰等与蔬菜轮作，还可以生产有机蜂蜜、有机菊花、玫瑰花茶等。

（4）药菜轮作　中草药轮作在蔬菜病虫防治中效果越来越明显，日本、我国上海等地使用较多。但目前生产上实行药菜轮作应用实例较少，这方面具有很大的潜力，有待进一步研究。

（5）菌菜轮作　用简易棚进行香菇、平菇生产，参与蔬菜作物的轮作，也是一种很好的轮作方式。

（6）草生栽培　即在作物的轮作期种植各种杂草或牧草（含绿肥作物），以增加生物的多样性，减少蒸发，保护天敌，培肥土壤，防治病虫杂草等。在日本的许多果园和菜地普遍种植红三叶草，生长到 30 cm 左右时进行割草作业，留2～5 cm长的基部，其他部分做堆肥后还田，以改善土壤结构、提高土壤肥力。

（7）超常规轮作　要求大片农田内，所有可互惠互利的农作物，包括蔬菜、粮食、饲料、药用植物及一些果树、经济林木等参与轮作，轮作的作物不是几种，而是十几种到几十种，轮作的年限也特别长。

【拓展知识】

中国古代蔬菜周年供应的措施

蔬菜是人民生活中的主要副食品，自古就有“谷不熟为饥，蔬不熟为馑”的说法。

为了解决蔬菜的周年供应问题，历史上采取过以下这些行之有效的措施：

(1) 保护地栽培　早在汉代，都城长安的宫廷中已有“园种冬生葱蒜菜菇，覆以屋庑，昼夜燃蕴火，待温气乃生”的设施，以解决冬季蔬菜供应，这一做法可说是现代温室栽培的雏形。唐代由于利用温泉热水栽培蔬菜，农历二月中旬已有瓜类供应。元代又有风障阳畦的应用。明、清两代，在京师北京出现了类似现代土温室的栽培设施，因而春节时已有黄瓜应市。

(2) 分期分批播种　葵在古代是大众化的主要蔬菜，为了解决新鲜葵菜的常年供应，早在汉代就采取一年播种3次葵的做法。南北朝时期又发展为在不同的田块上分批种葵。到了唐代，城郊菜圃中一地多收和种类多样化的措施进一步发展。

(3) 合理选择品种　为了解决蔬菜的夏季淡季问题，宋代已选种耐热的茄子以缓和夏菜供需矛盾。元代育成了白菜与萝卜的比较耐热的品种。明清之际，更进一步致力于选育和引种适宜夏季栽培的蔬菜，从而逐步形成了以茄果瓜豆为主的夏菜结构。

(4) 改进贮藏方法　贮藏是解决冬季鲜菜供应的有效途径。中国古代贮藏鲜菜的方法主要是窖藏，汉代文献中已有相关记载。南北朝时黄河中下游一带采用的是类似今日“死窖”的埋藏法。此后不断改进，明代已出现了接近今日所称“活窖”的菜窖。

【工作任务实施记录与评价】

1. 制订菜田轮作倒茬计划

师傅指导记录	轮作倒茬计划质量评价	评价成绩
		日期

2. 安排间作、套作、混作和多次作

师傅指导记录	安排种植方式科学性评价	评价成绩
		日期

3. 学徒关键职业能力及职业品质、工匠精神评价

项目	A	B	C	D
工作态度				
吃苦耐劳				
团队协作				
沟通交流				
学习钻研				
认真负责				
诚实守信				

任务 2　制订蔬菜周年生产计划

制订蔬菜生产计划，应结合市场与当地的生产资源，因地制宜，合理安排蔬菜栽培茬口、蔬菜种类及面积，以提高土地利用率，减少病虫害，增加产量，满足全年蔬菜均衡生产与供给。

【任务目标与质量要求】

在师傅指导带领下，制订公司蔬菜生产年度生产计划和进行目标任务分解，研究制订本部门、本片区蔬菜生产工作计划，核算蔬菜生产工作成本效益，确定蔬菜种植面积。

【学习产出目标】

1. 熟知制订蔬菜生产计划应考虑的主要因素。
2. 制订公司蔬菜年度生产计划。
3. 按计划落实蔬菜生产各环节。

【工作程序与方法要求】

步骤	内容	要求
● 市场调查	了解当地蔬菜种植概况、产品主要销售方式、销售对象等；考察市场，选择适合市场需要的品种；准备好劳力、水肥、必要的设施，选择适宜本地种植条件的优良品种。	要求：根据市场调查信息选择品种；准备相关资源。

● 自身条件分析	(1) 对近三年蔬菜种植情况进行分析； (2) 对蔬菜生产现有资源进行分析； (3) 对市场调查情况进行分析。	要求：通过市场分析和掌握现有的资源，做到知己知彼。
● 制定周年生产计划	(1) 确定年度蔬菜茬次，确定育苗的种类、数量、育苗时间、育苗方式、育苗场所等； (2) 确定不同茬次蔬菜定植的时间、地块、面积、株行距、上市时间等。	要求：按蔬菜生产计划应涵盖的要素制订计划。

【业务知识】

蔬菜生产计划的制订

1. 蔬菜生产计划制订的总体思路

制订生产计划应遵循“以需定产，产稍大于销”的原则，根据当地的生产条件和种植蔬菜种类或品种需要劳力的多少、技术难易程度，确定蔬菜的种植面积。采用新的种植方式或引进新的蔬菜种类或品种，须注意地区间的气候条件差异和当地的消费习惯，应在小面积试种取得成功的基础上再逐步发展。制订种植计划要为市场周年均衡供应多做贡献。须在季节茬口安排上注意“堵”淡季、“躲”旺季，延长供应期，既有利于市场供应，更能提高经济效益。蔬菜种类多，季节性强，所以茬口安排比较复杂。在制订计划时，既要充分利用本地区的有效生产季节，注意与前后茬的衔接时间，又要注意合理倒茬，避免同类蔬菜连作，以减轻病虫害的传播和侵染。制订种植计划时，不仅要安排适当的蔬菜种类，又要选择适宜本地种植条件的优良品种。在制订全年每个季节的种植计划的同时，要根据市场变化，正确总结前一年的生产经验与教训。

2. 如何进行市场调查

蔬菜作物对生育适温的特殊要求，使得蔬菜生产必须结合当地季节气候进行。设施栽培使得蔬菜生产的季节性分化更加复杂。旺季是指某一地区的一种或多种蔬菜的生产数量不足，供不应求的状况。淡季反之。通过市场调查了解当地蔬菜种植概况、产品主要销售方式、销售对象等，考察市场选择适合市场需要的品种，准备好劳力、水肥、必要的设施，选择适宜本地种植条件的优良品种。

【业务经验】

蔬菜生产计划的主要内容

(1) 生产计划的必要性。

（2）生产计划制订的依据：①市场调研；②当地种植概况；③产品的销售方式；④产品的销售对象；⑤测量种植地块的面积；⑥栽培主要条件（保护地栽培与露地栽培）。

（3）自身资源分析。

（4）生产计划应包含的主要内容：①种植品种的选择主要应考虑品种对环境的适应性、适销性、高产优质性和历年的种植情况。②播种方式、育苗期及育苗数量的确定；育苗设施、塑料棚或日光温室的准备；床土消毒，种子处理、催芽播种等所需物资的准备。同时应考虑品种的特性、上市期、当地气候特点。③生产资料的准备。主要是生产用具的准备、修理，肥料准备，种子的购买。④生产各阶段时间安排。⑤生产成本的预算。主要考虑雇工成本、肥料成本、棚膜成本、种子成本、生产机械折旧成本、租金、水电费用等。⑥经济效益分析。

【工作任务实施记录与评价】

1. 当地蔬菜生产市场调查登记表

调查时间：________ 调查地点：________ 调查人：________

品种	品种特性	种植面积	销售方式	销售对象	销售价格

2. 近年公司种植情况统计表

地块序号	去年种植品种	前年种植品种	地块序号	去年种植品种	前年种植品种

3. 本年度公司种植情况安排表

地块序号	种植品种	地块序号	种植品种	地块序号	种植品种

4. 公司本年度蔬菜生产计划表

品种	育苗时间	育苗方式及场所	育苗数量	定植时间	定植地块	定植面积	株行距	上市时间	预计产量

5. 公司年度化肥年计划用量

项目			蔬菜茬次		
品种					
种植面积					
每亩基肥用量	有机肥	合计用量			
		亩用量			
	过磷酸钙	合计用量			
		亩用量			
每亩追肥用量	钾肥类	合计用量			
		亩用量			
	氮肥类	合计用量			
		亩用量			
	微肥类	合计用量			
		亩用量			

6. 公司本年度农药及药械计划

蔬菜茬次	蔬菜种类	种植面积	防治对象	防治次数	需要农药规格、数量		

7. 学徒关键职业能力及职业品质、工匠精神评价

项目	A	B	C	D
工作态度				
吃苦耐劳				
团队协作				
沟通交流				
学习钻研				
认真负责				
诚实守信				

模块二
蔬菜育苗

蔬菜育苗是将栽培的蔬菜先在苗床内播种培育，待秧苗长到一定大小时，再定植到大田中去。蔬菜育苗占地面积小（一般为定植田面积的1/40～1/10），可以选择和创造优越的条件进行育苗。育苗能使蔬菜的生产期提前，提早成熟，并延长生产期，提高产量和品质，也能提高土地利用率和减少管理用工量，节省用种等。在现代蔬菜生产中，育苗已形成了一个独立的产业。

项目1 蔬菜常规育苗

蔬菜的育苗方式依育苗场所及育苗条件，可分为设施育苗和露地育苗。设施育苗依育苗场所还可细分为温室育苗、温床育苗、冷床育苗、塑料薄膜拱棚育苗等。实际生产中的育苗方法，常是几种方式的综合。设施育苗整个苗期都在设施内进行，受气候影响小，育苗灵活，早熟作用明显，是现代育苗的重要方式。

【专业知识准备】

一、蔬菜种子

（一）蔬菜种子的定义

蔬菜生产所采用的种子含义比较广，泛指所有的播种材料，概括起来有5类：第一类是植物学上真正的种子，如葫芦科、豆科、茄科、十字花科等蔬菜种子。第二类种子属于植物学上的果实，如菊科、伞形科、藜科的部分蔬菜。果实的类型有瘦果，如莴苣；坚果，如菱果；双悬果，如胡萝卜、芹菜、芫荽等；聚合果，如根甜菜、叶甜菜。第三类种子属于营养器官，有薯蓣类蔬菜、水生蔬菜等，多用鳞茎（大蒜、胡葱)、球茎(芋头)、根状茎(韭菜、生姜、莲藕)、块茎(马铃薯、山药、菊芋)等营养体繁殖。第四类种子则为食用菌类的菌丝组织，如蘑菇、草菇、木耳等。第五类是人工种子，指植物离体培养中产生的胚状体(包括体细胞胚和性细胞胚)，包裹在含有养分、激素和具有保护功能的物质中，并在适宜条件下能够发芽出苗的颗粒体。

(二) 蔬菜种子的形态与结构

1. 种子的形态

种子的形态特征指种子的外部特征及解剖结构特征，主要包括种子外形、大小、色泽、表面的光洁度、沟、棱、毛刺、网纹、蜡质、突起物等。种子的形态是鉴别蔬菜种类，判断种子质量的重要依据。如茄果类的番茄种皮形成银色毛刺；白菜类的甘蓝和白菜的种子的大小、色泽相近，同为黄褐色球形，但从甘蓝种子球面的双沟，就可以与具单沟的白菜种子区分开来。成熟的种子色泽较浅，皱瘪；新种子色泽鲜艳光洁，具香味；陈种子则色泽灰暗，具霉味。

2. 种子的结构

蔬菜种子的结构包括种皮和胚，有些种子还含有胚乳。

种皮是把种子内部组织与外界隔离开来的保护结构。真正种子的种皮是由珠被形成，属于果实的蔬菜种子，所谓的“种皮”主要是由子房所形成的果皮，而真正的种皮或为薄膜，如菠菜、芹菜种子；或被挤压破碎，粘贴于果皮的内壁而混成一体，如莴苣种子。种皮的细胞组成和结构，是鉴别蔬菜的种与变种的重要特征之一。种皮上有与胎座相连接的珠柄的断痕，称为种脐。种脐的一端有一个小孔，称为珠孔，种子发芽时胚根从珠孔伸出，所以也叫“发芽孔”。豆类蔬菜种子的种脐部分的形态特征，常用来区别种和变种。

3. 种子的大小

蔬菜种子按大小可以分为3类：大粒种子，千粒重为100～1 000 g，如瓜类、豆类等；中粒种子，千粒重为10～16 g，如菠菜、萝卜等，或千粒重为3～6 g，如白菜类、茄果类和葱韭等；小粒种子，千粒重为1～2 g，如芹菜、莴苣等。

种子大小与营养物质的含量有关，对胚的发育有重要作用，还关系出苗的难易和秧苗生长发育的速度。种子越小，播种技术要求越高，苗期生长越缓慢。

(三) 种子的寿命

蔬菜种子的寿命指种子能保持其生命力的年限。种子的寿命取决于本身的遗传特性种子的成熟过程以及休眠贮藏条件等不同阶段的条件影响。在自然条件下，不同蔬菜种子的寿命差异很大。

当种子群体的发芽率降低到50%以下时，即使发芽表现正常，但实际生活力已经衰退，不宜再作为生产用种。因此播种前应该对种子的纯度、净度、饱满度、发芽率以及发芽势等进行鉴定后再使用。

（四）新、陈种子的识别

蔬菜新种子生活力较强，播后发芽快，幼苗生长旺盛，易获高产；种子越陈，生活力越弱，使用价值越低。

区别新、陈种子多根据感官鉴定的经验，主要采用看、闻、搓、浸 4 种方法来检查。

1. 看

根据种子和胚外表特征，或解剖种子和胚进行观察。

（1）果皮或种皮色泽新鲜、有光泽者为有生活力，反之无生活力。

（2）胚部色泽浅、充实饱满、富有弹性者为有生活力，胚部色泽深、干枯、皱缩、无弹性者为无生活力。

（3）在种子上呵一口气，无水汽黏附，不表现出特殊光泽者为有生命力，反之为无生命力。

（4）豆科、十字花科、葫芦科、伞形花科等蔬菜种子含油量较高，剥开其种子，发现两片子叶色泽深黄、无光泽、出现黄斑，菜农称为“走油”，这种种子生活力很弱或已经丧失生活力。

2. 闻

闻种子的气味，一般新种子气味清香，陈种子有不同程度的霉味。

3. 搓

将种子用手搓，新种子不易破碎，陈种子容易脱皮和开裂。

4. 浸

用水浸泡种子，新种子的浸种水色浅、较清，陈种子的浸种水色深、浑浊。

（五）种子的萌发

种子萌发的过程分为吸水、萌动、露白 3 个阶段，种子萌发时需要充足的水分、适宜的温度、足够的氧气，以及光照等基本条件。

（六）蔬菜种子的质量检验

种子质量的检验内容包括种子净度、品种纯度、千粒重、发芽势和发芽率等。

二、常见育苗方式

蔬菜的育苗方式依温度光照条件和管理特点又可细分为增温育苗及遮阳降温育苗。依育苗所用的基质，可分为床土育苗、无土育苗和混合育苗；无土育苗又可分为基质培育苗、水培育苗、气培育苗等；基质培育无土育苗又依基质的性质分为无机基质（炉渣、蛭石、砂、珍珠岩等）育苗和有机基质（碳化稻壳、锯末、树皮等）育苗。依育苗用的繁殖材料，可分为播种育苗、扦插育苗、嫁接育苗、组培育苗等。依护根措施，可分为容器护根育苗、营养土块育苗等；容器护根育苗依容器的结构分为普通

（单）容器育苗和穴盘育苗。

1. 遮阳育苗

遮阳育苗主要在高温强光季节育苗使用，遮阳可用固定设施，如温室外加盖遮阳网、防虫网或黑网纱，也可用临时设施，如一般遮阳棚等；遮阳设施又可分完全保护（遮阳、防雨、防虫）或部分保护（遮阳）。遮阳育苗法不仅适用于芹菜、大白菜、甘蓝、莴苣等喜冷凉蔬菜的夏季育苗，也可用于番茄、辣椒、黄瓜的秋延后栽培的育苗。其关键技术：选择通风、高燥、排水良好地块建筑苗床；保持较大的幼苗营养面积并切实改善秧苗的矿质营养条件；遮阳适度，特别是果菜类蔬菜幼苗，以中午前后遮强光为主，光照过弱会降低秧苗质量；结合喷水，防虫降温，必要时可用药剂防治病虫害等。

2. 营养土育苗

营养土育苗是普遍采用的传统育苗方法。优点是就地取土比较方便；土壤的缓冲性较强，不易发生盐类浓度障碍或离子毒害；营养较全，不易出现明显的缺素障碍等。缺点是需要用大量的有机质或腐熟有机肥配制床土；苗坨重量大，增加秧苗搬运负担，很难长途运输；床土消毒难度较大。因此，适合于小规模和就地育苗，目前在我国温室大棚小面积生产中使用普遍，但难以实现产业化。

任务1　播前处理蔬菜种子

有加温温室、催芽室及电热温床设施设备条件的应充分利用其进行催芽。

【任务目标与质量要求】

了解不同种类蔬菜种子的特性，掌握和合理应用处理种子的物理和化学方法，学会水浸种处理方法。有效落实播前种子处理关键技术，在企业师傅指导下分析解决种子播前处理中遇到的问题，保证播前种子处理的质量。

【学习产出目标】

1. 学会根据蔬菜种子的特点，进行不同温度的水浸种。

2. 学会在播种育苗前科学判断，灵活运用物理方法、化学方法等处理种子，提高种子出芽率，实现苗齐苗壮。

【工作程序与方法要求】

● 水浸种	根据浸种水温可分为一般浸种、温汤浸种和热水烫种。 (1) 一般浸种浸泡种子的水温与室温相同的，操作简单方便，但无杀菌和促进种子吸水的作用。 (2) 温汤浸种水温 55~60℃，保持时间 10~15 min，水量为种子量的 3~5 倍，之后加入凉水或水温逐渐下降至室温并继续浸种。 (3) 热水烫种用于难吸水的种子如冬瓜、茄子或不宜长期浸泡的种子如豆类等，水温 75~85℃，甚至更高些，处理 3~5 s，之后加入凉水，降低温度转入一般浸种。其优点是灭菌效果好，可使干燥的种皮产生裂缝，有利于水分进入种子，可缩短浸种时间。对种皮薄的蔬菜种子必须慎重，以防烫伤或烫死种子。	要求：一般浸种适用于种皮薄、吸水快的种子；热水烫种适用于种皮厚、吸水困难的种子，如冬瓜、茄子，或不宜长期浸泡的种子。
● 浸泡种子	蔬菜间因种子大小、种皮厚度、种子结构等的不同，浸泡需要的时间也不相同。有的种子如茄果类种子附着的黏质多，有碍透气，影响吸水和发芽，可用 0.2%~0.5%碱液先清洗一下，然后在浸种过程中不断搓洗、换水，一直到种皮洁净无黏感。豆类蔬菜不宜浸种时间过长，见种皮由皱缩变鼓胀时应及时捞出，防止种子内养分渗出太多而影响发芽势与出苗。	要求：浸种时间若超 8 h，应每隔 5~8 h 换水 1 次。
● 催芽	催芽是在浸泡的基础上，将浸泡过的种子置于适宜的环境下，创造良好的温、湿、气条件，促使种子迅速、整齐一致的萌发。催芽初期可使温度偏高以加速养分的转化和利用，出芽后逐渐降温防止胚根徒长。催芽期间要每隔 4~5 h 翻动一次种子，并用清水淘洗。无论是种子催芽前或催芽期间，淘洗后均应将种子稍稍晾干，除去种子表面水膜，以利通气。50%~80%种子出芽即终止催芽，如因某种原因不能及时播种，应将催完芽的种子放在冷凉处抑制芽的生长。	要求：浸种或催芽的容器应绝对无油污以及其他影响种子发芽的有害物质。

【业务知识】

1. 提倡使用物理方法处理种子

（1）干热处理　对于喜温类蔬菜种子和没有完全成熟的种子，采用干热处理。一般用于番茄和瓜类蔬菜，以干燥种子在 60～70℃下经 4～5 h 至 3 d 的处理，可消毒防病，能促进发芽、提早成熟、增加产量。

（2）变温处理　把萌动的种子先放到−1～−5℃处理 12～18 h（喜温的蔬菜温度应取高限），再放到 18～22℃处理 6～12 h；或者在 28～30℃放置 12～18 h，16～18℃放置 6～12 h，直至出芽。经过变温处理后的胚根的原生质黏性增强、糖分增高，对低温适应性增强。

（3）低温处理　耐寒或半耐寒蔬菜在炎热的夏季播种时，往往会出现出芽不齐的现象，为了解决这个问题，可于播前进行低温处理。

（4）射线处理　黄瓜和西葫芦的种子经伽马装置照射后，其发芽势及出苗率均有所提高，采果期延长 1～2 个星期，增产 15%左右。

（5）激光处理　将适宜的光子摄入细胞，可增加种子内细胞的生物能，促进种子发芽，增强抗性，缩短成熟期。

（6）静电处理　用种子静电处理机处理种子后，种子在静电场中可被极化，电荷水平提高，从而提高种子内部脱氢酶、淀粉酶、酸性磷酸酶、过氧化氢酶等多种酶的活性。

（7）磁化处理　将种子倒入种子磁化机内，在一定磁场强度中以自由落体速度通过磁场而被磁化，可促进种子酶活性，从而提高发芽势、秧苗吸水吸肥能力与光合能力。

（8）切块处理　播种前对营养繁殖体按照一定体积大小和保留芽数进行切块，如马铃薯、生姜等。

（9）机械打磨或剥皮处理　种皮坚硬而厚的种子如西瓜、苦瓜、丝瓜等，或种子本身就是果实如芹菜、芫荽等，吸水比较难，可在浸种前进行机械处理，以助吸水。大粒的瓜类种子可将胚端的种壳打破，小粒种子可用硬物搓擦使果皮擦破。对一些种皮包裹的种子需要进行剥皮处理。如大蒜播种前剥去蒜皮（盐碱地不剥皮），有利于种蒜吸水发芽，也利于剔除病蒜。

2. 蔬菜播种前如何打破休眠，苗期如何抑制徒长

（1）打破休眠，促进发芽　种子或块茎收获后由于胚发育不全、胚在生理上不成熟、种子透性不好及有萌发抑制剂如脱落酸等原因，需要经过一段时间休眠后才能萌芽。芹菜秋季高温季节播种，用100 mg/L赤霉素浸种2～4 h，发芽率可由24%提高到70%。马铃薯夏季收获后严格挑选种薯和消毒切块，浸在0.5～1 mg/kg赤霉素中约10 min捞出后晾干，放在潮湿的沙床上催芽，待芽长3 cm左右时取出，放在散射光下绿化1～3 d即可栽植。采用整薯播种时，休眠期长的品种，可用赤霉素2～5 mg/kg浸1 h，还可打破食用大黄等的休眠，促进发芽。

莴苣的一些品种发芽时需要光的刺激作用，如不照光，既使在适宜的温度和湿度下也不会发芽，如果用赤霉素处理可以提高发芽率，赤霉素代替了光的作用。

乙烯利也有打破休眠促进发芽的作用。马铃薯用50～200 mg/kg乙烯利浸种利于萌发，可使芽数增多，并延缓其种性退化。

（2）抑制徒长，培育壮苗　无限生长类型的番茄和黄瓜品种在多肥水条件下容易徒长，应用矮壮素250～500 mg/kg进行土壤灌溉，每株用量100～200 mL，处理后5～6 d，茎的生长减缓，叶片浓绿，植株矮壮，有利于开花结实，也增加了植株抗寒抗旱的能力。用比久（B9）在菜豆盛花期和结实期喷洒，可以提高豆荚品质，减少纤维含量。马铃薯在块茎形成时，用比久3 000 mg/kg喷洒叶面能抑制地上部生长，使大部分花蕾与花脱落，可增加产量。

【业务经验】

如何进行种子的化学处理

（1）微量元素浸种　用硼酸、硫酸锰、硫酸锌、钼酸铵等，用单一元素或将几种元素混合进行浸种，浓度一般为0.01%～0.2%。瓜类浸种12～18 h、茄果类浸种24 h，可促进幼苗的根系生长，加快生长发育。

（2）激素、渗透剂等浸种　150～200 mg/kg的赤霉素溶液浸种12～24 h可促进发芽，100 mg/kg激动素溶液或500 mg/kg乙烯利溶液浸泡莴苣种子，可促进种子在高温季节发芽，用100 mg/kg吲哚乙酸（IAA）浸种大白菜，能够提高夏季大白菜的出苗率和成苗率；用20 mg/kg烯效唑浸种黄瓜和番茄5 h，可以使黄瓜和番茄幼苗高度分别降低29.9%和44.2%。

在夏季，要求冷凉条件催芽的种子，如芹菜、菠菜、莴苣等，可用硫脲0.1%溶液处理代替冷凉条件，按浸种所需时间浸泡种子，捞出后直接播种或催芽后再播种。

用20%～30%聚乙二醇（PEG）6 000倍液浸种，温度10～15℃，可促进种子萌发、齐苗以及增强幼苗生长势。

（3）药液浸种　药液用量一般是种子量的2倍，常用浸种药液有800倍50%多菌灵溶液，800倍甲基托布津溶液、100倍福尔马林溶液、10%磷酸三钠溶液、1%硫酸铜溶液、0.1%高锰酸钾溶液等。番茄、辣椒等蔬菜种子用10%的磷酸三钠浸种20 min，或用1%的高锰酸钾溶液浸种20～25 min，可以钝化种子病毒；用1%的硫酸铜溶液将辣椒种子浸泡5 min，可以防治辣椒炭疽病及细菌性斑点病。将黄瓜种子用福尔马林100倍液浸种20～30 min，或用2%～4%的漂白粉溶液浸种30～60 min，或用0.1%的多菌灵浸种20～30 min，可以有效防治苗期枯萎病。将茄子用福尔马林100倍液浸种15 min，可以防治黄萎病。

（4）药剂拌种　拌种常用药剂有克菌丹、敌克松、福美双等，拌种的药粉、种子都必须是干燥的，否则会引起药害和影响种子蘸药均匀度，用药量一般为种子重量的0.2%～0.5%，药粉需精确称量。拌种通常先把种子放入一定容器如罐或瓶内，加入药粉，加盖后摇动5 min，使药粉充分且均匀地粘在种子表面。用70%的敌克松原粉拌种，可有效防治茄子、黄瓜、辣椒等蔬菜的立枯病。用50%的福美双拌种，可有效防治芸豆叶烧病。

【工作任务实施记录与评价】

1. 水浸种工作记录

<table>
<tr><th>蔬菜种子品种</th><th>水温</th><th>处理时间</th><th>水量</th><th>浸泡种子</th><th>催芽</th></tr>
<tr><td></td><td></td><td></td><td></td><td></td><td></td></tr>
<tr><td></td><td></td><td></td><td></td><td></td><td></td></tr>
<tr><td></td><td></td><td></td><td></td><td></td><td></td></tr>
<tr><td rowspan="2">水浸种质量评价</td><td colspan="3" rowspan="2"></td><td>评价成绩</td><td></td></tr>
<tr><td>日期</td><td></td></tr>
</table>

2. 学徒关键职业能力及职业品质、工匠精神评价

项目	A	B	C	D
工作态度				
吃苦耐劳				
团队协作				
沟通交流				
学习钻研				
认真负责				
诚实守信				

任务2 播种蔬菜

【任务目标与质量要求】

了解蔬菜播种对环境条件的要求，有效落实蔬菜播种的各项关键技术，学会确定播种期、设施消毒、制作苗床、播种等技术；在师傅指导下能分析解决影响播种出苗的问题，保证播种质量。

【学习产出目标】

1. 熟知新疆地区不同茬口蔬菜的播种育苗期。
2. 学会不同类型的育苗苗床制作。
3. 掌握不同播种方式和播种方法。

【工作程序与方法要求】

- **确定播种期**

一般由定植期减去秧苗的苗龄，推算出的日子即是适宜的播种期，例如苗龄为 60 d，定植期在 4 月 28 日，种期宜定在 2 月 28 日左右。

要求：播种期根据生产计划、当地气候条件、苗床设施、育苗技术、栽培种类、苗龄等情况综合确定。

- **消毒育苗设施设备**

温室清除残枝落叶，每亩施入腐熟有机肥 4~5 t，并深翻土地。温室在播前 15~20 d 维修火道，加温烤地，翻晒床土做畦，要求做到土壤细碎，平整。播前 1 周用百菌清烟雾剂熏烟，或每 100 m^2 用硫黄粉 150 g+ 锯末 500 g+ 敌百虫 500 g，用炭火分堆熏；棚内墙壁、架柜及工具可用 1∶(50~100) 福尔马林溶液喷洒消毒。

要求：温室等育苗设施设备熏烟密闭 1 周后使用。

●准备苗床	苗床播种有普通地面苗床、电热温床和育苗容器播种等，生产中以普通地面苗床居多。做苗床可在温室内做平畦，畦宽1~1.5 m，先撒1层药土（防治地下害虫为害），然后铺入营养土10~15 cm，翻松、搂平、镇压后待用。用营养钵和穴盘播种的，把育苗容器装好营养土摆在苗床上，也可以用平盘、木槽装入营养土播种。	要求：播种前1周做好苗床，并用甲醛、噁霉灵、多菌灵等药剂消毒。
●播种	(1) 根据种子的纯度、净度、发芽率、种子单位重量的粒数等，按公式计算播种量。 (2) 在生产实际中，播种量应视土壤质地松黏、气候冷暖、雨量多少、病虫灾害情况、种子大小、直播或育苗、播种方式（点播、条播及撒播）、耕作水平等情况，并适当增加保险系数。 (3) 常见播种方式分为撒播、条播和穴播3种。播种方法可用干种子、浸泡过的种子，或用催出芽的种子。播种之前都要整平土地或做好菜畦，或做好小垄等。播种前在育苗床内先浇水，浇水量以渗透营养土为度。浇足底水后，在床面上撒1层药土防止土传病害发生。	要求：浸种和催芽的种子须播于湿润的土壤中，墒情不够时，应事先浇水，待合墒再播种。
●覆土及覆盖薄膜	播后立即覆土，覆土厚度为种子厚度的2~3倍，覆盖用土或基质相对含水量60%为宜（用手攥土能成团，感觉湿润但手指缝不能有水渗出）。覆盖薄膜保温增湿，夏季7—9月份播种要给苗床遮阴。	要求：覆土后应当立即用地膜覆盖床面，至苗床30%种子拱土时撤掉薄膜。

【业务知识】

蔬菜的播种方式

蔬菜的播种方式分为撒播、条播和穴播3种。

（1）撒播　一般用于生长周期短的、营养面积小的速生菜类，以及用于育苗。这种方式可经济利用土地面积，但不利于机械化的耕作管理。同时，对土壤的质地、畦地的管理、撒籽的技术、覆盖土的厚度等都要求比较严格。

根据播种前是否浇底水，撒播又分为干播（播前不浇底水）和湿播（播前浇底水）两种方法。

干播法一般用于湿润地区或干旱地区的湿润季节，趁雨后墒情合适，能满足发芽需要时播种。干播后应适当镇压。如果土壤墒情不足，或播后天气炎热干旱，则在播后需要连续浇水，始终保持地面湿润状态直到出苗。湿播法用于干旱季节，催出芽的种子也要用湿播法。

（2）条播　一般用于生长周期长和营养面积大的菜类，以及需要中耕培土的蔬菜，如菠菜、芹菜、胡萝卜、洋葱等。速生菜通过缩小株距和宽幅多行也可以进行条播。这种方式便于机械化的耕作管理，灌溉用水量经济，土壤透气性较好。

（3）穴播　又叫点播，一般用于营养面积大、生长期较长的大型菜类，以及需要丛植的蔬菜如茄果类、瓜类、韭菜、豆类等。其优点在于能够造成局部的发芽所需的水、温、气条件，有利于在不良的条件下播种而保证苗全、苗旺。如在干旱炎热时，可以按穴浇水后点播，再加厚覆土以保墒防热，待要出苗时再扒去部分覆土，以保证出苗。穴播用种量最省，也便于机械化的耕作管理。

根据株行距大小的不同，点播法又有宽行点播（宽行距，窄株距）、正方形点播（等株行距播种）、交叉点播（邻近行的播种位置相互错开）等几种形式。

【业务经验】

1. 营养土的配制

营养土是经过人工按一定比例调制混合好的适于幼苗生长的肥沃土壤。营养土供给幼苗水分、营养和空气等，秧苗生长发育需要良好的土壤条件。

（1）优良的营养土条件　疏松肥沃，通透性好，保水保肥，总孔隙度 60%左右，微酸性至中性，pH 6.5～7，不含有害物质和盐碱，有机质不少于 30%；营养完全，含速效氮 100～200 mg/kg、速效磷 150～200 mg/kg、速效钾 100～150 mg/kg，并含有钙、镁和多种微量元素；无病菌虫卵和杂草种子。

（2）营养土的配料　营养土的主要成分为园土、有机肥、细沙或细炉渣、速效化肥等。园土一般用葱蒜类、豆类茬口或粮田土为宜，选充分熟化的旱田上层土壤。有机肥主要是充分腐熟、经过无害化处理的马粪、羊粪、猪粪、鸡粪等，捣碎过筛，质地较为疏松。细沙和炉渣过筛后使用，主要作用是调节育苗土的疏松度。速效化肥用优质复合肥、磷肥和钾肥，速效化肥的用量应小，一般播种床土的总施肥量为 1～2 kg/m^3。

营养土分播种床土和分苗床土。播种床土配方比例：园土 5～6 份，腐熟有机肥 4～5 份，土质偏黏时，应掺适量的细沙或炉渣。分苗床土配方比例：园土 6～7 份，腐熟有机肥 3～4 份，分苗床土应具有一定的黏结性，以免起苗或定植时散坨伤根。园土和有机肥过筛后，掺入速效肥料，并充分拌和均匀，铺在育苗床内。播种床铺土厚 8～10 cm，分苗床铺土厚 12～20 cm。

（3）营养土消毒　为防止苗期病害，营养土使用前需消毒处理。药剂消毒可用甲醛、50%多菌灵、井冈霉素、噁霉灵、50%的福美双、敌克松、五代合剂、辛硫磷、敌百虫等。

甲醛消毒：每立方米营养土用 40%甲醛 200～300 mL，适量加水，喷洒到土中，拌匀后堆起来，盖塑料薄膜密闭 2～3 d。然后去掉覆盖物，1～2 周后待土中药味完全散去时再填床使用，可防治猝倒病和菌核病。

用井冈霉素溶液（5%井冈霉素 12 mL，加水 50 kg）消毒，在播前浇底水后喷在床面上，对苗期病害有一定防效。

物理消毒方法有蒸汽消毒、太阳能消毒、微波消毒等。欧美国家常用蒸汽进行床土消毒，对防治猝倒病、立枯病、枯萎病、菌核病等都有良好的效果。

混拌农药：在营养土中混拌杀菌剂或杀虫剂药粉，每立方米营养土用药150～200 g，混拌均匀后堆放，并用薄膜封堆，杀灭病菌、虫卵，7～10 d后再用于育苗。

2. 干籽直播的注意事项

干籽播种一般用于湿润地区或干旱地区的湿润季节，趁雨后土壤墒情合适，能满足发芽期对水分的需要时播种。条播时，根据种子的大小、土壤质地、天气等，用划行器或锄头先开1～3 cm深的浅沟；撒播时可以用钉齿耙开播沟；穴播时用小铲或锄开穴，然后播种。种子发芽需要光照的蔬菜，如芹菜、芫荽、莴苣等宜浅播。一般小粒种子播种1～1.5 cm深、中粒种子播种1.5～2.5 cm深、大粒种子播种3 cm左右深。播后耙平沟土盖住种子，并进行适当土面镇压，让土壤和种子紧紧贴合以助种子吸水。如果土壤墒情不足，或播后天气炎热干旱，则需要在播种后连续浇水，始终保持土面为湿润状态，直到出苗。但浇水会引起土面板结，导致出苗时间延长和不整齐，为防止土面浇水后板结，可于畦面铺碎草进行喷灌，或利用高秆作物的宽阔行间做畦播种。

【工作任务实施记录与评价】

1. 制作苗床及播种

蔬菜品种	确定播期	确定播种量及育苗面积	设施消毒	制作苗床	播种
播种质量检查评价				评价成绩	
				日期	

2. 学徒关键职业能力及职业品质、工匠精神评价

项目	A	B	C	D
工作态度				
吃苦耐劳				
团队协作				
沟通交流				
学习钻研				
认真负责				
诚实守信				

任务3　蔬菜穴盘育苗

穴盘育苗，是以不同规格的专用穴盘作容器，用草炭、蛭石等轻质无土材料作基质，可工厂化育苗，即通过精量播种（一穴一粒）、覆土、浇水，一次成苗的现代化育苗技术。

【任务目标与质量要求】

1. 在企业师傅指导下，通过市场调查分析，制订蔬菜穴盘育苗计划。

2. 学会育苗设施、基质及穴盘的准备及消毒，选择合适的品种，对种子进行播前处理及播种；进行苗期温度、湿度、肥水、病虫害防治等管理，完成各类蔬菜的穴盘育苗。

【学习产出目标】

1. 制订某蔬菜穴盘育苗技术方案。

2. 苗期管理上，注意调节好温度、湿度、光照和营养条件，完成分苗、囤苗、炼苗等操作。

3. 根据蔬菜壮苗的标准，进行大小苗的分级，培养优质壮苗。

【工作程序与方法要求】

●穴盘选择及消毒	育2叶1心苗用288孔穴盘，4~5叶苗用128孔穴盘，6叶苗用72孔穴盘。温室苗床床土消毒，用石灰均匀撒在苗床土面上，用量 50~80 g/m³，然后铺阻根膜。	要求：育苗温室消毒，摆盘前3 d左右用刮板整平苗床，床面达到“平、实、碎、净、齐”。
●基质准备	草炭与蛭石 2∶1，或草炭与蛭石加废菇料 1∶1∶1，覆盖料多用蛭石。288 孔穴盘每 1 000 盘备用基质 2.8 m³，128 孔穴盘每1000盘用 3.7 m³，72 孔穴盘每 1 000 盘用 4.7 m³。也可用腐熟粉碎棉杆加过筛炉渣以 6∶4 或 7∶3 混合。	要求：苗床、基质和穴盘消毒。
●肥料施用	冬春季配制基质每立方米基质加 1.2 kg 尿素和 1.2 kg 磷酸二氢钾，苗期 3 叶以后结合喷水喷施叶面肥。夏季配制基质，每立方米基质加入 1∶1∶1 氮磷钾三元复合肥 2 kg。将肥料与基质混拌均匀后备用。	要求：育苗早期不施肥，果菜类幼苗3叶1心后，视苗情进行2~3次叶面喷肥。
●播种	种子播前检测发芽率，发芽率应在 90% 以上。可用 50 mg/L 赤霉素浸泡种子 24 h，风干后播种或丸粒化处理后再播种。72 孔盘播种深度应大于 1 cm，128 孔盘和 288 孔盘播种深度为 0.5~1.0 cm。浇水后各格室清晰可见。	要求：播前压播种孔，穴盘叠放，上下对齐，锥孔压在下面穴盘孔穴正中，使下面穴盘基质压出深约 1 cm 的凹槽，为气吸式或人工播种做准备。

●水分管理	播种覆盖作业完毕后，将育苗盘喷透水，使基质持水量达 200% 以上。子叶展开至 2 叶 1 心，水分含量为最大持水量的 70%~75%。3 叶 1 心至成苗，水分含量为最大持水量的 65%~70%。	要求：播种前浇足底水，分苗前 1 d 浇水，以利起苗。分苗后浇足稳苗水，缓苗后再浇一透水，促进新根生长。
●温度管理	催芽期白天 25~30℃，历时 4~5 d。当苗盘中 60% 种子拱土时，将苗盘搬进育苗温室，白天温度要高于 25℃，夜温 18~20℃为宜。当温室夜温偏低时，可用地热线或采用其他临时加温措施。2 叶 1 心后夜温可降至 15℃左右，但不低于 12℃。白天酌情通风，降低空气相对湿度。	要求：掌握“三高三低”，即白天高、夜间低；晴天高、阴天低；出苗前、移苗后高，出苗后、移苗前和定植前低。
●补苗和分苗	茄果类蔬菜精量播种时，需在第一片真叶展开时，将缺苗孔补齐。考虑茄子补苗的工作量，所以在用 72 孔穴盘育茄苗时，大多是先播种在 288 孔苗盘内，当小苗长至 1~2 片真叶时，再移至 72 孔苗盘内。人工播种茄果类一般用 128 孔穴盘，4 叶以前分苗，瓜类蔬菜 2 叶 1 心分苗。	要求：分苗后几天里应提高苗床温度，促早缓苗。注意浇足稳苗水，缓苗后再浇一透水，促进新根生长。
●炼苗出棚	定植前 7 ～ 10 d 开始锻炼秧苗，降温控水，加强通风和光照。逐渐加大通风量，降温排湿，停止浇水，降低夜温，加大昼夜温差。喜温果菜类最低可达 7~8℃；喜凉蔬菜可降到 1~2℃。	要求：用 72 孔苗盘育苗的，株高 16~18 cm，茎粗 4.0~4.5 mm，达 6~7 片真叶并现小花蕾，日历苗龄为 80~85 d；128 孔苗盘育苗的，株高 8~10 cm，茎粗 2.5~3.0 mm，4~5 片真叶，日历苗龄 70~75 d。

【业务知识】

1. 穴盘育苗的优点

穴盘育苗采用自动化播种，集中育苗，节省人力物力。穴盘苗重量轻，每株重量仅为 30～50 g，是常规苗的 6%～10%。基质保水能力强，根坨不易散，适宜远距离运输。幼苗的抗逆性增强，并且定植时不伤根，没有缓苗期，可以机械化移栽，移栽效率提高 4～5 倍。

2. 苗床铺阻根膜，播种后穴盘上覆盖薄膜

摆盘前先在苗床畦面铺阻根膜（1.8～4 m 宽型膜），铺膜平展，接茬口覆盖严实（交接口互压以 10 cm 为宜），阻根膜损伤处应补膜覆盖。接下来摆盘，将播好种的穴盘摆放到苗床，苗床中间留出通道，便于作业管理。出苗水喷洒结束，立即在穴盘上覆膜以增温保湿，盖膜时四边下坠，膜幅面不能与地面接合，更不能封严实不透气。做到盘底既透气，盘面又保温。穴盘单盘出苗达到 20%～30% 开始揭膜并适量补水，揭膜一般在下午进行，揭膜时不能在盘面施拉薄膜，要从两头抬起揭膜。

3. 育苗期间的水分管理

播种前浇足底水，分苗前 1 d 浇水，以利起苗。分苗栽苗时要注意浇足稳苗水，缓

苗后再浇一透水，促进新根生长。分苗至定植期，以地面见干见湿为宜。对于秧苗生长迅速、根系比较发达、吸水能力强的植物，应严格控制浇水，宁干勿湿。对秧苗生长比较缓慢、育苗期间需要保持较高温度和湿度的植物，水分控制不宜过严。床面湿度过大时，可采取以下措施降低湿度：一是加强通风，促进地面水分蒸发；二是向畦面撒盖干土，用干土吸收地面多余的水分；三是勤松土。

4. 低温炼苗

穴盘育苗以移栽后栽植地温度适宜幼苗生长为准，秧苗定植前经过较低夜温锻炼，可有效提高耐寒性。但定植前锻炼也不能过度，否则易导致番茄“老化苗”和黄瓜“花打顶苗”。对定植在温暖条件下（如温室）的秧苗，可轻度锻炼。从定植前 7～10 d 开始锻炼秧苗，降低夜温，逐渐加大育苗设施的通风量，停止浇水，加强通风和光照。如果是为露地栽培培育的秧苗，最后应昼夜都撤去覆盖物，使之达到完全适应露地环境的程度，但必须注意防止夜间霜害。炼苗后定植，秧苗抗逆性较强，缓苗快，生长旺盛，能为蔬菜的早熟和丰产打下良好的基础。

5. 苗期病虫害防治

（1）病害　主要有猝倒病、立枯病、灰霉病、早疫病等。防治上应贯彻预防为主、综合治理的植保方针。在幼苗 2 叶 1 心期开始定期喷洒杀菌剂，农药要交替使用，防治效果较好，建议选用 72%杜邦克露可湿性粉剂 800 倍液，70%乙铝·锰锌可湿性粉剂 600 倍液，50%速克灵可湿性粉剂 1 500 倍液，72.2%普力克可湿性粉剂 800 倍液，72%霜疫必克可湿性粉剂 800 倍液；75%百菌清可湿性粉剂 600 倍液可用来防治真菌性病害。

（2）虫害　主要虫害有白粉虱、斑潜蝇、蚜虫、蝼蛄、蟋蟀等。防治白粉虱、斑潜蝇、蚜虫在育苗前进行温室消毒处理，幼苗期发生选用乐斯本 48%乳油 2 500 倍液或速灭杀丁 20 乳油 2 000 倍液杀虫剂进行喷洒防治。蝼蛄、蟋蟀则采用温室投放毒饵防治。

6. 苗期形态诊断

温度过低或降温快，叶子边缘向上卷起并变成白色；低温时间过长，子叶尖端下垂，子叶小而平伸；温度过低或突然放大风而“闪苗”，叶子开始出现水浸状，接着向上卷，叶色淡，发展下去叶片出现白斑或干尖；叶片发黄，萎蔫但根系正常，是温度过低造成的；节间变长，早晨生长点黄嫩，是高温、水分多造成的；子叶扁平，早晨生长点黄嫩，是因为白天光照不足、夜间温度过高。

7. 成苗出棚前管理

出棚前进行苗级分类，提前 5～7 d 把大苗和小苗两种类型分苗床归类摆放整齐，利于弱苗转壮苗管理。出棚前 1 d，在下午喷施杀菌剂，防治立枯病、茎基腐病等。出棚前 1～2 h 人工喷洒水，以渗透基质为准，便于足墒取苗定植作业。

【业务经验】

1. 育苗日光温室安装裙膜

育苗日光温室必须安装裙膜保护设施，在温室南部棚面下部固定一道高度80 cm左右的温度缓冲膜带，以防止低温冻害和通风时“抽地风”伤苗。

2. 育苗时常见问题及原因

（1）烂种或出苗不齐　烂种一方面与种子质量有关，种子未成熟、贮藏过程中霉变、浸种时烫伤均可造成烂种；另一方面，播种后低温高湿、施用未腐熟的有机肥、种子出土时间长、长期处于缺氧条件下也易引起烂种。出苗不齐则是由于种子质量差、底水不均、覆土薄厚不均、床温不均、有机肥未腐熟、化肥施用过量等原因造成的。

（2）“戴帽”出土　土温过低、覆土太薄或太干，使种皮受压不够或种皮干燥发硬不易脱落。另外，瓜类种子直插播种，也易戴帽出土。为防止戴帽出土，播种时应均匀覆土，保证播种后有适宜的土温。幼苗刚出土时，如床土过干，可喷少量水保持床土湿润，发现有覆土太薄的地方，可补撒一层湿润细土。发现“戴帽”出土者，可先喷水使种皮变软，再人工脱去种皮。

（3）沤根　幼苗不发新根，根呈锈色，病苗极易从土中拔出。沤根主要是由于苗床土温长期低于 12℃，加之浇水过量或遇连阴天，光照不足，致使幼苗根系在低温、过湿、缺氧状态下发育不良，造成沤根。应提高土壤温度（土温尽量保持在 16℃以上），播种时一次打足底水，出苗过程中适当控水，严防床面过湿。

（4）徒长苗　徒长苗茎细长，叶薄色淡，子叶甚至基部的叶片黄化或脱落，须根少而细弱，抗逆性较差，定植后缓苗慢，易引起果菜类落花，不易获得早熟高产。幼苗徒长是光照不足、夜温过高、水分和氮肥过多等原因造成的，可通过增加光照、保持适当的昼夜温差、适度给水、适量播种、及时分苗等管理措施来防治。

（5）老化苗　又称“僵苗”“小老苗”。老化苗茎细弱、发硬，叶小发黑，根少色暗。老化苗定植后发棵缓慢，开花结果迟，结果期短，易早衰。老化苗是苗床长期水分不足或温度过低或激素处理不当等原因造成的，育苗时应注意避免长时间温度过低、过度缺水和不按要求使用激素。

3. 苗期光照管理

低温期改善光照条件可采用以下措施：①经常保持采光面清洁，保持较高的透光率。②做好揭盖工作，尽可能地早揭、晚盖草苫，延长苗床内的光照时间。③及时间苗和分苗，秧苗密集时，互相遮阴，会造成秧苗徒长，应及时进行间苗或分苗，以增加营养面积，改善光照条件。

4. 如何防治“闪苗”

通风过猛时，幼苗因不能适应空气湿度和温度的剧烈变化，易出现叶片萎蔫，2～

3 d后叶面出现白斑，叶缘干枯，甚至叶片干裂的现象，菜农称之为“闪苗”。因此，在幼苗封行以前，苗距大、光照好，幼苗不易徒长，可适当少通风，一般仅在白天通风，通风由小到大、由南到北逐渐增加。封行后，幼苗基部光照逐渐减弱，空气湿度增大，极易徒长，应加强通风，夜间也可适当通风。同时，应经常清洁透明覆盖物，尽量增加设施内光照强度。育苗容器较小的，应随着幼苗生长，在封行后及时加大苗钵距离，扩大幼苗生长空间。

【工作任务实施记录与评价】

1. 制订蔬菜穴盘育苗计划

师傅指导记录	穴盘育苗计划质量评价	评价成绩
		日期

2. 育苗生产资料购置清单

生产资料	数量	单价	金额	生产商	备注
检查质量评价				评价成绩	
				日期	

3. 苗期管理记录表

日期	温度（白天、夜间）、光照、湿度	肥水管理	病虫害防治	分苗	炼苗	壮苗标准
检查质量评价				评价成绩		
				日期		

4. 学徒关键职业能力及职业品质、工匠精神评价

项目	A	B	C	D
工作态度				
吃苦耐劳				
团队协作				
沟通交流				
学习钻研				
认真负责				
诚实守信				

项目 2　蔬菜嫁接育苗

【专业知识准备】

1. 蔬菜嫁接的定义

在蔬菜育苗期将两棵蔬菜植株上、下部分接合在起的种植技术叫蔬菜嫁接。它使两棵蔬菜植株的上、下部分形成一个新的蔬菜植株整体而继续生长下去。在嫁接中，下面的部分形成根系称为砧木；上面的部分形成果实，称为接穗。砧木对接穗的影响主要表现在生长、结果和抗逆性方面。砧木应具备以下条件：砧木与接穗有良好的亲和力；适应性广，抗性强，如抗旱、抗涝、抗寒，抗盐碱等，对病虫害抵抗力强；来源丰富，易于大量繁殖；对接穗的生长、早产、丰产、长寿有良好的影响。

2. 蔬菜嫁接育苗的意义

蔬菜嫁接育苗能充分发挥砧木苗的抗逆性，增强栽培作物对不良环境条件的抵抗能力，并且能延长生长期和采收期，增加瓜果蔬菜的产量。

进行瓜果蔬菜嫁接育苗的主要目的是增强植株对土壤传播病害的抵抗能力，解决连作障碍，即重茬症问题。蔬菜保护地集中栽培，长期大面积在同一块土地上栽培同种类瓜果蔬菜，容易发生严重的土传病害和连作障碍病症，必须设法加以避免或减弱。通过瓜果蔬菜嫁接育苗能避免发生的土传病害有西瓜枯萎病、甜瓜的蔓枯病、黄瓜的疫病、茄子的黄萎病、番茄的根腐病等。

3. 蔬菜育苗采用的嫁接方法

蔬菜育苗的嫁接方法很多，生产上应根据蔬菜种类结合各地区的环境特点、栽培形式、砧木和接穗的生长情况以及嫁接操作效率等方面进行综合选择。如黄瓜、苦瓜多采用靠接法，西葫芦多采用插接法，番茄多采用贴接法，西瓜、甜瓜多采用顶插接法，茄子多采用劈接法。

4. 蔬菜嫁接成活的原理

瓜果蔬菜多为双子叶草本植物，其幼茎的横剖面可见由 1～3 层无色表皮细胞组成的维管束和髓部皮层，髓部和维管束之间充满薄壁细胞，这些薄壁细胞具有潜在的分生能力。

维管束由形成层、木质部和韧皮部组成。木质部内含有根系吸收的水分和养分并向茎叶运输。韧皮部内含有叶片合成的光合产物并被向下运输。瓜果类蔬菜为双韧维管束即以木质部为中心的内、外两侧都有韧皮部。在木质部和韧皮部之间存在着一层没有分化和成熟的细胞，就是形成层。形成层细胞不断分裂和分化形成了木质部和韧皮部，促使瓜果蔬菜嫁接成活。

5. 蔬菜嫁接成活的过程

蔬菜育苗嫁接后砧木与接穗的愈合过程根据接合部位组织的变化特点可分为接合期、愈合期、融合期和成活期等 4 个时期

（1）接合期　砧木和接穗切削面组织机械接合后形成接触层。接触层是砧木和接穗切面上一些被切坏细胞的细胞壁和细胞内容物的沉积。此期接合部位组织结构未发生任何变化。在适宜的条件下此期只需要 24 h。

（2）愈合期　在砧木与接穗切削面内侧、薄壁细胞分裂，产生愈伤组织，并彼此靠近，砧木与接穗间的细胞开始进行水分和养分的渗透交流，直到接触层开始消失之前，此期需 2～3 d。在愈伤组织形成过程中，薄壁细胞的分裂以无丝分裂为主，无丝分裂消耗能量少，分裂速度快，有利于伤口快速愈合。

（3）融合期　砧木与接穗间的愈伤组织旺盛分裂，接触层逐渐消失。砧木与接穗间愈伤组织连接，难以分清，至新生维管束开始分化之前，此期需 3～4 d。接触层的消失，是沉积的残余细胞部分被生活细胞消化吸收的结果。

（4）成活期　砧木与接穗的愈伤组织发生新生后 8～10 d 可达到成活期。

任务　蔬菜嫁接育苗

【任务目标与质量要求】

了解嫁接苗苗期管理对环境条件的要求，有效落实蔬菜嫁接各项关键技术，包括砧木的选择、接穗品种选择、育苗设施及生产资料的准备、不同的嫁接技术、嫁接苗的管理等；掌握嫁接苗苗期环境调控技术、苗期肥水调控及病害防治技术，分析解决嫁接育苗中的技术难题，保证育出优质的嫁接苗。

【学习产出目标】

熟知新疆地区黄瓜、西瓜、甜瓜生产中常用嫁接技术；正确制订蔬菜育苗的技术方案，做好嫁接前的准备工作及嫁接后的环境调控，能够解决在生产中的常见问题，完成黄瓜桶培岗位任务。分组收集嫁接育苗关键技术的照片和视频，并能汇报总结；分组总结蔬菜嫁接技术规程。

【工作程序与方法要求】

工作程序	方法	要求
● 制订育苗计划	根据签订的育苗合同或市场调研结果，制订嫁接育苗计划，主要包括育苗量（比实际订单多育 10%）、育苗场地、砧木与接穗品种选择和用量、生产资料的用量。具体要求要根据移栽时间，播种计划，嫁接、出苗的具体时间和出苗标准，嫁接方法等决定。	要求：数据可靠性强，与生产实际基本相符，明确总的工作任务。
● 育苗前准备	(1) 购置育苗生产资料　砧木（黄瓜、西葫芦的砧木为黑籽南瓜；西瓜的砧木有新士佐南瓜和葫芦；茄子的砧木有红茄、刺茄等）、接穗种子（以适合当地条件的主栽品种为主）、育苗钵、穴盘、基质、棚室消毒药剂、浇水工具、地膜、育苗土、肥料等。 (2) 设施检修及消毒　设施维修、设施消毒、育苗土或基质消毒。	要求：生产资料质量较好，设施保温性好。
● 培育嫁接用苗	①根据嫁接方法，确定砧木和接穗的播种期，例如，黄瓜接穗苗的播种期，采用靠接法比砧木提前 5 d；采用插接法则延后 4 d。②种子质量检查。③种子处理。④苗床准备或育苗容器准备。⑤播种。⑥嫁接前砧木与接穗幼苗管理。	要求：错期播种；嫁接用苗健壮，苗茎的高度、粗度一致。
● 靠接法	(1) 嫁接工具准备　刀片、嫁接夹、竹签、酒精。 (2) 嫁接场地的准备　温度白天不低于 20℃，夜间不低于 15℃，湿度在 90% 以上，散射光照，无风。 (3) 嫁接操作　以黄瓜为例。①嫁接时砧木 2 片子叶展开；黄瓜苗 2 片子叶展平，第一片真叶出现。②用新刀片将砧木生长点挑去，再用刀片顺子叶下方 0.5 cm 处向下斜削一刀口，角度为 40°左右，深为胚轴粗度的一半，长约 1 cm。然后在黄瓜苗（嫁接前从苗床带根拔出，用清水冲洗掉床土，放于碗中，用湿布覆盖备用）子叶一侧下方 1.5~2 cm 处向上斜削一刀，深及胚轴的 2/3，长度 1 cm。将黄瓜苗切口插入砧木苗的切口内，两者的切口要相互吻合，用嫁接夹子夹住，把黄瓜苗的根用土埋入砧木苗旁。	要求：嫁接工具优质场地环境适宜，嫁接操作规范，嫁接质量高。

● 插接法	(1) 嫁接工具的准备　刀片、竹签、酒精。 (2) 嫁接场地的准备　白天温度不低于 20℃，夜间不低于 15℃，湿度在 90% 以上，散射光照，无风。 (3) 嫁接操作　以黄瓜为例。①插接法，砧木苗第一片真叶与 2 分或 5 分硬币大小相同；黄瓜苗 2 片子叶展平，第一片真叶冒出至展平前。②先将砧木苗的生长点用细竹签挑去，再用竹签自一片子叶内侧向另一片子叶下方斜插一孔，深度要达到另一侧表皮，约为 0.5 cm，但不要插破表皮。砧木苗带竹签放在嫁接工作台上，然后选取黄瓜苗，其胚轴粗度与竹签相同。把黄瓜苗从子叶下 0.5 cm 处，顺子叶向下斜削一刀，深达胚轴的 2/3，然后在对应侧再削一刀，削成楔子形，长约 0.5 cm，立即将砧木苗上的竹签拔出，把削好的黄瓜苗插入孔内，两者要密切吻合。	要求：嫁接工具优质，场地环境适宜，嫁接操作规范，嫁接质量高。
● 劈接法	(1) 嫁接工具的准备　刀片、嫁接夹、酒精。 (2) 嫁接场地的准备　白天温度不低于 20℃，夜间不低于 15℃，湿度在 90% 以上，散射光照，无风。 (3) 嫁接操作　以茄子为例。在砧木和接穗苗具 3~4 片真叶时进行嫁接。先把砧木苗在第二片真叶处切断，再用刀把茎劈开；接穗苗保留 2 片真叶和生长点，用刀片削成楔形，楔形面长度 1.5~2 cm，插入砧木切口中，用夹子固定。	要求：嫁接工具优质，场地环境适宜，嫁接操作规范，嫁接质量高。瓜类半劈接，茄果类全劈接。
● 嫁接苗管理	(1) 嫁接成活前温湿度及光照管理：边把嫁接好的苗整齐地排入苗床中，边用细土填好钵间缝隙，立即扣棚膜，每排满 1 m，即开始灌水，全畦排满后，封好棚膜，白天覆盖草苫遮阴。嫁接后 3 d 内苗床不通风，棚内温度，白天保持 26~28℃，夜间保持 18~20℃；湿度保持在 90%~95%。3 d 后视苗情，以不萎蔫为度，进行短时间少量通风，以后逐渐加大通风。放入苗床后的 3~5 d 内，晴天早、晚要揭去草苫，使苗见散射光，其余时间盖好草苫遮阴。嫁接苗以黄瓜长出新叶为成活的标志，一周后接口即可愈合。靠接法嫁接后 10 d 左右，先切断黄瓜的根，再过 3~5 d，拿掉夹子。 (2) 嫁接苗成活后的苗期管理。 (3) 除萌蘖。 (4) 病虫害防治。 (5) 炼苗出圃：出苗前一周开始炼苗。	要求：嫁接苗成活前后的环境适宜，及时预防病虫害。
● 嫁接苗管理出苗	①子叶完整，茎秆粗壮；②嫁接处愈合良好；③接穗真叶 2~3 片，叶色浓绿；④根系完好；⑤不带病虫。	要求：严格按标准执行出苗。

【业务知识】

嫁接机器人技术

嫁接机器人技术是近年在国际上出现的一种集机械、自动控制与园艺技术于一体的高新技术，它可在极短的时间内，把茎直径为几毫米的蔬菜苗砧木和接穗的切口嫁接为一体，使嫁接速度大幅度提高；同时由于砧木和接穗接合迅速，避免了切口长时间氧化和苗内液体的流失，又可大大提高嫁接成活率。

1. 国外应用情况

日本西瓜的100%、黄瓜的90%、茄子的96%都靠嫁接栽培，每年嫁接十多亿棵。从1986年起，日本开始了对嫁接机器人的研究，以日本“生物系特定产业技术研究推进机构”为主，一些大的农业机械制造商参加了研究开发，其成果已开始在一些农协的育苗中心使用。由于看到了蔬菜嫁接自动化及嫁接机器人技术在农业生产上的广阔前景，日本一些实力雄厚的厂家如YANMA、MITSUBISHI等也竞相研究开发自己的嫁接机器人，嫁接对象涉及西瓜、黄瓜、西红柿等。在蔬菜嫁接育苗配套技术方面，日本、韩国已生产出专门用于嫁接苗的育苗营养钵盘。在欧洲，农业发达国家如意大利、法国等，蔬菜的嫁接育苗相当普遍，大规模的工厂化育苗中心全年向用户提供嫁接苗。由于这些国家尚未有自己的嫁接机器人，所以嫁接作业一部分仍采用手工嫁接，另一部分采用日本的嫁接机器人进行作业。

2. 我国技术研究现状

中国农业大学率先在我国开展了自动化嫁接技术的研究工作，先后研制成功了自动插接法、自动旋切贴合法嫁接技术，填补了我国自动化嫁接技术的空白，形成了具有我国自主知识产权的自动化嫁接技术。如利用传感器和计算机图像处理技术，实现了嫁接苗子叶方向的自动识别、判断。嫁接机器人能完成砧木和接穗的取苗、切苗、接合、固定、排苗等嫁接过程的自动化作业。操作者只需把砧木和接穗放到相应的供苗台上，其余嫁接作业均由机器自动完成，从而大大提高了作业效率和质量，减轻了劳动强度。嫁接机器人可以进行黄瓜、西瓜、甜瓜苗的自动嫁接，为蔬菜、瓜果自动嫁接技术的产业化提供了可靠条件。

【业务经验】

吐鲁番西瓜断根嫁接育苗规范

以吐鲁番日光温室某年1月15日至3月15日培育西瓜嫁接苗为例。

一、育苗生产的设施

1. 育苗设施

（1）1栋净长85 m，宽8 m的日光温室，可容纳由32孔穴盘盛装的8万株苗。

（2）温室内有8 m^3 蓄水池1个。

（3）每个温室内有加温暖风炉2个。

2. 育苗容器

（1）育嫁接苗容器　32孔硬塑料穴盘。

(2) 育接穗容器　0.2 m^2 塑料平底盘。

(3) 育砧木容器　长 6 m、宽 2 m 的育苗池（铺地热线）。

3. 基质选择

购买商品基质或配制基质。

二、砧木和接穗播种及苗期管理

1. 砧木和接穗的选择

(1) 砧木为杂交种白籽南瓜，单位质量种子数为 5 000 粒/kg。

(2) 接穗为抗裂大果王，单位质量种子数为 19 000 粒/kg。

2. 砧木和接穗的播期的确定

(1) 砧木 1 月 15 播种，3 月 15 日露地定植。

(2) 接穗在砧木第一片真叶长成二分硬币大小时播种，催芽播后 4 d 左右可以嫁接。

3. 浸种催芽

(1) 砧木浸种 8～10 h，催芽 30 h。

(2) 接穗浸种 6～8 h，催芽 24 h。

4. 砧木播种育苗

砧木播入可控温育苗池，每平方米大约 1 500 粒种子。

5. 接穗播种育苗

接穗播入 0.2 m^2 育苗盘，每盘大约 800 粒种子。

三、嫁接

1. 嫁接对砧木接穗苗龄的要求

(1) 砧木苗龄　真叶五分硬币大小可以嫁接。

(2) 接穗苗龄　出苗后 2 d，子叶半开即可嫁接。

2. 嫁接操作

①砧木子叶一半摘除；②砧木断根；③去除生长点；④插入嫁接针；⑤将削好接穗插入到砧木中；⑥断根嫁接苗回栽。

3. 嫁接后的管理

(1) 温度、湿度、光照管理　嫁接后 1～3 d 温度白天 24℃、夜晚 20℃以上，湿度 95%以上，光照管理为遮阴 80%；4～7 d 温度白天 24℃、夜晚 16℃以上，湿度 80%，光照管理为遮阴 40%；8～11 d 温度白天 22℃、夜晚 15℃，湿度 60%，光照正常管理；11 d 后进入正常管理。

(2) 除萌蘖　第一次嫁接后 15 d、第二次嫁接后 30 d、第三次嫁接后 40 d 进行除萌蘖。

(3) 注意病虫害防治。

四、嫁接苗出圃标准

子叶完整，茎秆粗壮；嫁接处愈合良好；接穗真叶 2～3 片，叶色浓绿；根系完好；不带病虫。

【工作任务实施记录与评价】

1. 制订嫁接育苗计划

师傅指导记录	嫁接育苗计划质量评价	评价成绩
		日期

2. 生产资料购置清单

生产资料	数量	单价	金额	生产商	备注
检查质量评价				评价成绩	
				日期	

3. 嫁接苗管理记录表

日期	温度（白天、夜间）	湿度	光照	肥水管理	病虫害防治	生长势
检查质量评价					评价成绩	
					日期	

4. 学徒关键职业能力及职业品质、工匠精神评价

项目	A	B	C	D
工作态度				
吃苦耐劳				
团队协作				
沟通交流				
学习钻研				
认真负责				
诚实守信				

模块三
菜田备耕

项目　菜田土壤耕作

土壤是蔬菜优质高产最重要的物质基础。一旦土壤结构、土壤耕作层遭到破坏，导致土壤恶化，种植蔬菜就如无根之木、无源之水，不仅蔬菜难以获得高产，而且会降低棚室的使用寿命。现阶段，许多菜农开始重视蔬菜的病虫害防治，也开始引进先进的管理技术，但对土壤恶化现象没有足够的重视。即使管理技术再高，病虫害防治再及时，但失去了土壤这个基础保障，棚室蔬菜仍然难以获取高产高效。只有重视土壤的保护，避免土壤恶化，蔬菜棚室才能可持续利用。

土壤耕作是指通过农机具的机械力量作用于土壤，调整耕作层和地面状况，以调节土壤中水分、空气、温度和养分的关系，为作物播种、出苗和生长发育提供适宜土壤环境的农业技术措施。

【专业知识准备】

一、菜田土壤耕作的目的

（1）改善土壤结构　促使土壤碎散成团粒结构或团聚体状态，从而改善土壤空气、水分、养料的状况。

（2）创造良好的土壤耕层构造　良好的耕层构造能使雨水很快渗入，并保持在土壤中；有足够空气，且通气性好；根系穿透阻力小，利于根系生长；防止土壤冲刷。

（3）保持适宜的耕层表面状态　粗糙的表面有利于水分下渗，减少风蚀、水蚀；表面起垄，能提高春季土壤温度（垄作）；沟播能抗旱、减轻盐害等。

（4）清除杂草和残茬　耕翻、耙耱、中耕都有除草作用。

(5) 翻埋肥料　施入有机肥或化肥时，通过翻、耙等将其翻埋。

(6) 防治病虫害　耕作一方面可直接杀伤某些虫卵，另一方面可改变土壤环境而杀伤病虫，减少病虫为害。

二、菜田基本耕作措施

(1) 翻耕

① 有壁犁犁地　具有同时翻土和碎土的作用。

② 圆盘犁犁地　碎土强、翻土差。

(2) 旋耕　用旋转犁，碎土、混土，适于水稻田。

(3) 深松　疏松心土而不翻到表面的耕作措施。

三、表土耕作措施

在基本耕作基础上进行的入土较浅，作用强度小，为作物播种出苗和生长发育创造良好条件的一类土壤耕作措施。

(1) 耙地　指作物收获、翻耕后、播种前或播后出苗前、幼苗期采用的一类表土耕作措施，深度一般 5～10 cm。不同场合采用的目的不同，工具也因之而异。

作用：碎土，平地，压实，除草，掩埋肥料，破碎残根茬。

(2) 耢地　又称盖地，是一种耙地之后的平土碎土作业。一般作用于表土，深度为 3 cm。多用于半干旱地区旱地上，也常用在干旱地区灌溉地上，多雨地区或土壤潮湿时不能采用。

作用：碎土，平地，保水，灭草。

(3) 镇压　是以重力作用于土壤，达到破碎土块、压紧耕层、平整地面和提墒的目的。

镇压的实施时间及作用：早春播前镇压（适于黏重土壤）、播后镇压（适于轻质土壤和种子较大的作物）、冬季镇压（压碎土块）、禾本科作物幼苗镇压（压青苗，蹲苗）。

(4) 中耕　指在作物生长期间，在作物行间进行的表土耕作措施，又称锄地或耪地。

作用：除草，破除板结，保持墒情，春季增温，涝时散墒，加强通气性。

(5) 培土　指把作物行间的土壤培拥到植株根部的措施，中耕作物都需要培土。

作用：促进根系生长（上层根系等），培土后成垄形，有利于增温、透气，稳固植株，防止倒伏，有利于灌、排水。

(6) 起垄　可增厚耕作层，利于作物地下部分生长发育，也利于防风排涝、防止表土板结、改善土壤通气性、压埋杂草等。我国东北、西北地区与各地山区盛行垄作，目的是为了排水、提高局部地温，山区垄作则主要是为了保持水土。

(7) 做畦　我国蔬菜生产中常见低畦、平畦、小高畦三种畦，北方露地韭菜做平畦，畦长因地而定，畦宽 1.8～2 m，四周作宽约 20 cm、高 15 cm 的畦梗。灌水时由畦的一端开口，水流至畦长 80%位置即关水闭口，让余水流到畦的另一端。

任务　菜田土壤备耕

在师傅指导带领下，安排菜田生产茬口，生产前期准备土地，施足底肥，不断改进菜田土壤结构、培肥地力，为蔬菜生产做好各项前期准备工作。

【任务目标与质量要求】

根据蔬菜生产要求，用各种农具对菜田进行耕作和地面进行“翻、松、碎、混、压、平”等作业，清除田间杂草、秸秆、保持田间清洁，创造蔬菜播种、种子发芽、秧苗定植生长的良好环境。

【学习产出目标】

1. 熟知菜田基肥施用原则、肥源、施用方式。
2. 熟知菜田备耕的主要方式和作用。
3. 掌握菜田整地做畦的方法和要求。

【工作程序与方法要求】

●菜田基肥施用	(1) 肥源　有机肥和无机肥相结合，主要以羊粪、马粪、饼肥、生物菌肥、二铵等为主。 (2) 施肥方式　主要以基肥方式在菜田耕作前施入，以撒施、沟施或穴施为主。	要求：厩肥或堆肥必须在使用前充分发酵腐熟。
●菜田耕翻	(1) 翻耕　在前茬作物收获后或在当年入冬前对菜田进行机械翻耕，改善土壤耕层，清除田间根茬、杂草等，降低病虫发生。 (2) 旋耕镇压　在耕翻的基础上，使用旋耕设施对菜田土壤进行碎土、混土，和适当镇压，使菜田土壤变得疏松，并起到平整地面和提墒的作用。	要求：注意机械操作安全。
●菜田整地做畦	通过整地做畦，增厚耕作层，促进作物地下部分生长发育，常见的菜田做畦方式有平畦、高畦、低畦及垄等。在整地做畦过程中，注意不同蔬菜种类对做畦的要求，配合整地做畦，及时做好铺设滴灌设备和覆膜工作，为播种、定植做好准备。	要求：畦面平整、土壤细碎、没有大的土块和杂物。

【业务知识】

蔬菜对土壤的要求

土层和耕层深厚，给蔬菜根系生长提供适当的空间，通常要求土层 1 m 以上、耕层25 cm以上；土壤质地为壤土或砂壤土；土壤肥力高，水肥气热协调且均匀供给，富含有机质，有良好的团粒结构，松紧度适宜，保肥保水力强；土壤pH呈中性或微酸性；土壤非盐碱地且无严重的次生盐渍化；土壤不含过多的重金属及其他有毒物质；土壤中病菌虫卵和农药残留较轻。

【业务经验】

不同特性土壤对耕作的要求

各类农业土壤，都有自己的理、化、生物特性和剖面构造，土壤耕作措施必须根据这些特点正确应用，才能创造出适于作物生长的土壤环境。

(1) 西北地区的黄绵土是处于干旱气候带的旱地土壤，土质松散，易受水、风侵蚀。所以，土壤耕作要以蓄水、保墒、防止土壤水蚀和风蚀为主要目的。

(2) 盐碱地土壤耕作要根据盐碱在土层中的运动规律和盐碱地“板、瘦”的特点来进行，所有耕作措施都要有利于排水、脱盐、防止水分蒸发、保全苗等。

(3) 对于质地黏重、结构差、通透性不良、潜在肥力高、有效肥力低的土壤，耕作时应采用伏耕秋翻、晒垡冻垡、早春及时耙地保墒等措施。

(4) 地下水位高的低湿土壤，耕作要有利排水散墒、提高地温、改善通气状况。

(5) 水田因长期淹水，土壤物理结构较差，耕作任务在于使土壤松软和防止水分渗漏，促进土壤氧化，改变土壤长期淹水条件下的潜育化进程，降解还原性毒害物质。因此，水旱轮作、深耕晒垡、水耙是主要措施。

(6) 无水稳性结构的土壤在降水和灌溉时分散黏粒填入孔隙，而形成表土结壳，妨碍水分入渗、空气交换和幼苗出土。因此，及时破除播前播后或幼苗期的土壤结壳，并正确选用机具是土壤耕作的紧迫任务。

【工作任务实施记录与评价】

1. 菜田基肥施用情况记录表

地块序号	基肥种类	使用量	施用方法	栽培品种

2. 菜田整地做畦记录表

地块序号	栽培品种	做畦方式	做畦规格	地膜种类	地膜规格

3. 学徒关键职业能力及职业品质、工匠精神评价

项目	A	B	C	D
工作态度				
吃苦耐劳				
团队协作				
沟通交流				
学习钻研				
认真负责				
诚实守信				

模块四
菜田管理

项目1 蔬菜定植

育苗移栽的蔬菜幼苗长到一定大小后，必须移栽到大田里去，其栽植过程即为“定植”。

一般叶菜类4～6片真叶，团棵期时为定植的适期；豆类蔬菜在2～3片复叶时定植；瓜类幼苗在4～5片真叶时定植；茄果类蔬菜带花蕾定植。

任务 蔬菜定植及查苗补苗

蔬菜定植期主要根据当地的气候与环境条件而定。北方气温低，生长期短，不能在冬季进行露地生产，因此蔬菜生产要求早熟，在土壤和气候适宜的情况下，以早定植为宜。

【任务目标与质量要求】

1. 提前进行定植苗的炼苗。

2. 确定蔬菜定植期、定植密度；做好定植前的准备工作，整地起垄覆盖地膜，配备拉线绳、移植铲等。

3. 根据气候条件确定蔬菜的定植时间和定植方法，及时查苗补苗以确保成活。

【学习产出目标】

1. 正确选择移植时间和定植方法。
2. 能合理准备蔬菜定植需要的各种工具、农资等。
3. 定植后及时查苗补苗，提高成活率。

【工作程序与方法要求】

1. 蔬菜定植

● 确定定植期

露地蔬菜在春季土壤解冻后，耐寒性蔬菜在 10 cm 土层温度达到 5~10℃时进行定植；喜温蔬菜以各地的终霜期为主要依据，要求 10 cm 深的土层温度不低于 10~15℃，而且必须在终霜过后进行茄果类、瓜类等喜温性蔬菜定植。秋季以初霜期为界，根据蔬菜栽培期长短确定定植期。设施蔬菜除了考虑温度外，还要考虑蔬菜产品的上市时间，使上市高峰期在露地蔬菜的供应淡季。

要求：一般叶菜类 4~6 片真叶，团棵期时为定植的适期；豆类蔬菜在 2~3 片复叶时定植；瓜类幼苗在 4~5 片真叶定植；茄果类蔬菜带花蕾定植。

● 定植密度

高温多雨地区应较低温少雨地区密度小些；没有灌溉条件、土壤肥力低的地区，栽植密度宜小。丛生的叶菜和根菜类如芹菜、茼蒿、韭菜、蒜苗等密植可以软化产品，提高品质；多次采收的果菜类，早熟品种或栽培条件不良时密度宜大，晚熟品种或适宜条件下栽培时定植密度宜小。田间管理精细，则可增加栽植密度；机械化管理的，应适当扩大行距。高架蔬菜应采取宽窄行种植形式。

要求：果菜类栽培整枝搭架的，比不整枝搭架者密些，单干整枝比双干整枝者密些。

● 定植方法

定植摆苗时根要伸展开，防止根系弯曲在局部土壤中，覆土要求露出心叶，深度以在子叶下为宜。嫁接苗覆土不超过嫁接愈合处。定植时必须浇透水，5~7 d 后浇缓苗水，接下来控水蹲苗 7~10 d。设施冬春和早春定植秧苗时，浇水量要适宜，并注意水温。高温季节定植多采用明水定植，即先开穴（或沟）栽苗后再浇定植水。低温期定植多使用暗水定植法。暗水定植又分为水稳苗法和坐水法两种。水稳苗法栽苗后先少量覆土并适当压紧、浇水，待水全部渗下后再覆土到要求厚度，该法适合于冬春季定植，尤其适合各种容器苗的定植。坐水法是开穴或开沟后先引水灌溉，并按预定的距离将幼苗土坨或根部置于水中，水渗后覆土。

要求：冬春季栽苗应选无风的晴天上午，有利于缓苗，阴雨天及刮风天不宜栽苗。夏秋季下午或傍晚栽植比上午好。

2. 菜田查苗补苗

● 间苗定苗	直播蔬菜，例如菜豆、豇豆、大白菜和秋冬萝卜等，易缺苗断垄，因此，间苗要分 2~3 次进行，且间苗应尽早进行。如十字花科的萝卜和白菜，在子叶出齐后就应进行第一次间苗，每穴留 3~5 株。第二次间苗在 2~3 片真叶时进行，每穴留 2~3 株。最后一次间苗，萝卜在 4 ～ 5 叶时进行，白菜在 7~8 片叶时进行，每穴只留 1 株，叫作“定苗”。豆类每穴留 2~4 株。	要求：萝卜、根用芥菜等直根蔬菜，其子叶的方向与两侧吸收根的方向相同，在密植的情况下，间苗时尽可能子叶的方向与行向垂直。
●查苗补苗	检查移栽苗的成活率，计算每亩地的缺苗总数。补苗时拉线确定定植行向，按缺苗情况确定株行距，重新开定植穴，补苗在一条线上，覆土适当，防止幼苗折断及损伤，及时浇补苗水和缓苗水，做好蹲苗及中耕除草。	要求：株行距符合标准，大小苗分开补苗，整齐一致。

【业务知识】

定植的注意事项

冬春季气温低，土温也低，采用高垄栽培，整地时施足底肥，尤其要重施优质有机肥，推广“四带”定植法，“四带”是指带水、带土、带肥、带药。定植前 5～7 d，菜田施腐熟有机肥、油渣、三元复合肥、钾肥等，地面喷敌敌畏、噁霉灵或多菌灵 500～800 倍液，进行深翻、扣棚消毒等。定植前苗床浇一次小水，定植苗叶面喷施磷酸二氢钾，喷肥时加入噁霉灵、多菌灵等杀菌剂；定植时，在打好孔的穴内撒药土或生物菌肥，然后带营养土坨移栽。定植时应浅栽，尤其低洼潮湿的土壤要浅栽，否则容易烂根。营养土块栽得低于地平面为好，否则灌水后营养土块就会露出地面，容易变干，影响秧苗定植后的正常生长。冬春定植水温与温室气温相同，如水温过低，则缓苗慢、易生病、生长不良。低温期定植后要升温、增加光照，有利于蔬菜缓苗。

【业务经验】

1. 合理密植的意义

合理的定植密度是指单位面积上有一个合理的群体结构，使个体发育良好，同时能充分发挥群体的增产作用，充分利用光能、地力和空间，从而获得高产。定植密度由蔬菜的株形、开展度以及栽培管理水平和气候条件等共同决定。密植后应及时搭架、整枝、压蔓、摘叶，使植株有发展空间。适当密植能减轻茄子的黄萎病，但对另外一些蔬菜，则比较容易引发病虫害，应加强病虫害防治工作。合理密植能够增加单位面积产量，保墒，抑制杂草，改变田间小气候和减轻风霜危害等，对于果菜类可以增加早期产量。

2. 综合治理连作障碍，强化安全生产

一是推广测土配方施肥，坚持定期化验土壤，确定合理的目标产量，按照推荐配方施肥，避免过度施肥，每亩基肥施入量中畜禽粪要控制在 5 m^3 以下，当土壤 EC 值达到栽培作物发生生理障碍临界点时停止施肥。

二是坚持合理轮作，最好是定期与玉米等大田作物轮作，有条件的定期实行水旱轮作。

三是坚持施用生物有机肥或利用夏季休闲期种植苏丹草、甜玉米、豆科作物等，对土壤进行生物修复。

四是利用夏季进行高温闷棚或采用热水灌注法进行土壤消毒。

五是采用嫁接换根及其他健康栽培措施，增强蔬菜作物的抗性。

【工作任务实施记录与评价】

1. 蔬菜定植检查

<table>
<tr><td>蔬菜名称</td><td>定植面积</td><td colspan="2">株行距</td><td>定植方法</td><td>定植时间</td><td>成活率</td></tr>
<tr><td></td><td></td><td colspan="2"></td><td></td><td></td><td></td></tr>
<tr><td></td><td></td><td colspan="2"></td><td></td><td></td><td></td></tr>
<tr><td></td><td></td><td colspan="2"></td><td></td><td></td><td></td></tr>
<tr><td colspan="3">师傅指导记录</td><td colspan="3">定植及定植后管理评价</td><td>评价成绩</td></tr>
<tr><td colspan="3" rowspan="4"></td><td colspan="3" rowspan="4"></td><td></td></tr>
<tr><td>日期</td></tr>
<tr><td></td></tr>
</table>

2. 查苗补苗及间苗定苗

<table>
<tr><td>师傅指导记录</td><td>查苗补苗及间苗定苗评价</td><td>评价成绩</td></tr>
<tr><td rowspan="3"></td><td rowspan="3"></td><td></td></tr>
<tr><td>日期</td></tr>
<tr><td></td></tr>
</table>

3. 学徒关键职业能力及职业品质、工匠精神评价

项目	A	B	C	D
工作态度				
吃苦耐劳				
团队协作				
沟通交流				
学习钻研				
认真负责				
诚实守信				

项目 2　菜田土肥水管理

【专业知识准备】

一、蔬菜的需肥特点

蔬菜是高度集约栽培的作物，而且复种指数高，蔬菜种类、品种繁多，供食部位、生长特性各异，对土壤营养条件要求各不相同，不同蔬菜对土壤营养元素的吸收量也不同，主要取决于根系的吸收能力强弱、产量高低、生育时期的长短、生长速度的快慢以及环境条件的影响等。

1. 蔬菜属于喜硝态氮作物，对铵态氮敏感

如种植番茄时，施用的铵态氮比例不宜超过 30%，铵态氮在低温时对蔬菜的危害更明显，在高温时症状缓和。因此，在蔬菜栽培中应注意控制铵态氮的适当比例，铵态氮一般不宜超过氮肥总施肥量的 1/3。一般喜硝态氮作物钙吸收量都高，当铵态氮增加时，钙和镁的吸收量都下降，产量显著下降。

2. 蔬菜为喜肥、耐肥的作物

适于蔬菜生长的培养液比适合于水稻生长的培养液氮浓度高 20 倍，磷浓度高 3 倍，钾浓度高 10 倍左右，根菜类、结球叶菜、瓜类、茄果类等蔬菜，吸钙量高于农作物或其他经济作物。多数蔬菜吸钾量大，在茄果类、瓜类、根菜类、结球叶菜等蔬菜吸收的矿质元素中，钾占第一位。蔬菜吸硼量也高于其他作物，根菜类、豆类蔬菜含硼量高，常出现缺硼症。绝大多数蔬菜体内含硼量为 10～75 mg/kg。萝卜、甘蓝、黄瓜、莴苣、芹菜等吸收 Ca^{2+}、Mg^{2+} 多，因此，栽培蔬菜时应施钙肥与镁肥。

3. 蔬菜根系呼吸需氧量高

土壤通气状况好坏对根系形态和吸收功能有很大的影响。土壤通气良好能促进根伸长，土壤通气不良抑制根伸长，形成多而短的分枝。

蔬菜根部和土壤微生物呼吸都需要大量氧气，土壤中氧气不足对蔬菜生长影响较大。黄瓜对土壤含氧量要求最高，茄子在土壤含氧量达 10%时产量最高，而黄瓜在土壤含氧量 10%时只有土壤含氧量 20%时产量的 90%。

不同种类蔬菜对土壤含氧量敏感程度和要求不同，萝卜、包菜、豌豆、番茄、黄瓜、菜豆、辣椒等蔬菜对土壤含氧量敏感，氧不足时对生长影响较大，而蚕豆、豇豆、洋葱等对土壤含氧量变化不敏感。

4. 蔬菜不同生育期的营养元素吸收特点

蔬菜幼苗时期吸收营养元素较少，要求营养元素浓度低，元素呈易吸收状态。在食用器官形成期，植株对土壤营养元素的需求量最大，其耐肥性比幼苗期大为提高。

产量高的蔬菜种类，其营养元素吸收的数量比低产者多，单位面积产量越高，肥料的需求量越大。蔬菜生长期越长，它吸收的营养元素就越多，但早熟品种在同一时期内的营养元素吸收量要比晚熟品种大，要求在栽培上勤施速效肥料。

5. 各类蔬菜对主要营养元素的吸收特点

（1）茄果类　茄子、辣椒属于单位产量吸收营养元素量较高、耐肥性较强的喜肥作物，而番茄则较低些。但由于番茄的单位面积产量较茄子和辣椒高，因此，单位面积的需肥量反比茄子和辣椒高。

（2）瓜类　瓜类蔬菜对磷的吸收量较高。黄瓜的营养元素吸收特点与番茄相似，其钙、镁吸收量较高；南瓜的钾吸收量很高。

（3）根菜类　根菜类在生长初期和中期对营养元素的需求较大，单位产量的营养元素吸收量以胡萝卜最高，芜菁次之，萝卜较小。

（4）叶菜类　绿叶菜类蔬菜生长速度快，因此单位面积的营养元素吸收量较高。结球类蔬菜的吸钾量偏低，但对钙的需求量较高，总吸收量大。

有些蔬菜根系分布浅，只能吸收土壤表层的营养元素。因此，栽培时必须选择肥沃的土壤，并要多施肥料。

二、合理灌溉的依据

我国蔬菜栽培的历史悠久，灌溉经验也极为丰富，概括起来就是“三看一结合”。

1. 看天浇水

越冬菜封冻前灌溉的“越冬水”，早春霜冻降临前的“防霜水”，盛夏热雨后的“涝浇园”等都是根据气候变化浇水。我国北方春季雨少、干旱、温度低，应该采取蓄水保墒的措施，即通过积雪、冬灌、雨后耙耢等使土壤积蓄较多的水分，促进根系迅速向土壤深层发展，增强蔬菜作物抗旱和吸收的能力。低温期尽量少浇水，灌水应于晴天的中午前后进行小水灌，或进行“暗灌”，尽量减少对地温的不良影响。蔬菜定植（播种）浇水后及时覆盖或中耕，以充分保墒，直至地温升高之前，一般不再灌水。高温期浇水要勤，也多“明水大灌”，并于早晨或傍晚浇水，既满足蔬菜对水分的大量需要，又降低了地温。越冬蔬菜入冬前要浇封冻水，可防御低温和春旱。

2. 看地浇水

根据土壤的颜色及土壤性质确定灌水多少。沙土地保水性差，应勤浇少浇；黏土地浇水量和次数要少；低洼地要小水勤浇，防止积水；对盐碱地则勤浇水、浇大水，通过漫灌压盐、洗盐。

3. 看苗浇水

（1）蔬菜的种类或品种不同，对水分的要求也不一样，需水量大的蔬菜应该多浇水，耐旱性蔬菜浇水要少。我国栽培的蔬菜可根据耗水吸水特性的不同分为5类。

第一类为耐旱性蔬菜，耗水量很多，吸水能力也很强，有西瓜、甜瓜、南瓜、胡萝卜等。这类作物有很强的抗旱能力，栽培时可少灌或不灌。

第二类为半耐旱性蔬菜，耗水量少、吸水能力也弱，如葱蒜类、石刁柏等。这些蔬菜的根系浅或根毛少，栽培时要求较高的土壤湿度，所以需进行比较多的灌溉。

第三类为半湿润性蔬菜，耗水量及吸水力中等，有茄果类、根菜类及豆类等，这些蔬菜要求中等程度的灌溉。

第四类为湿润性蔬菜，耗水量大，而吸水能力弱，包括黄瓜、甘蓝类、白菜类、芥菜类及大部分绿叶菜类。栽培这些蔬菜要选保水性能好的土壤，同时还要勤浇、多浇。

第五类为水生蔬菜，耗水量大，吸水能力很弱，有藕、菱、茭白、荸荠等。这些蔬菜根系不发达，并且不形成根毛，体内有发达的通气结构，所以要在水田栽培。

（2）在蔬菜不同的生育阶段，应采取不同的灌水技术。一般在发芽期，应充足供水，以利种子吸水萌发；幼苗期应使土壤水分适中以促进根系的发展；在产品器官形成前适当“蹲苗”，以提高经济效益；到产品器官形成盛期，则大水多浇，以提高产量和增进品质；到收获终期一般少浇或不浇，以提高产品的耐贮运性。

（3）根据蔬菜长相确定，即依据叶片姿态的变化、色泽的深浅、茎节长短、蜡粉厚薄等确定是否浇水。如早晨看叶片尖端滴露之有无与多少，看叶片或果实颜色的浓淡，中午观察叶片的萎蔫程度，其他时间可摸叶片的厚薄或调查茎节间的长短及叶片展开的速度等。

4. 结合栽培措施灌溉

如对深耕、肥多、密植的高产菜田就应多浇水；分苗或定植后多采取“大水饱浇”，以利缓苗；间苗、定苗后，要浇水弥缝、稳根；追肥后浇水有利于肥料的分解和吸收利用；秋菜播种后，地温高，要求多浇水，除满足作物需要外，还有利于降低地温。

任务1　菜田施肥及中耕除草

“有收无收在于水，收多收少在于肥。”土壤矿质元素有：N、P、K、Ca、Mg、S、Fe、B、Mo、Mn、Cu、Zn和Cl等，在土壤栽培条件下，除N、P、K三元素和Ca、Mg以外的营养元素在土壤有机物和肥料中都会有一定含量，所以习惯上把N、P、K加上Ca、Mg元素当作肥料施入土壤，其余元素非特殊情况下都不作为肥料施用。

近年来，菜田由于施用无机肥增多、有机肥减少，加之耕作不善等原因，使有些菜地土壤结构日益劣化，蔬菜病害特别是缺钙症、缺硼症日趋严重，因此需要对蔬菜进行精确施肥。

菜田施肥按施肥时期分为基肥和追肥两种，按施肥方式又分为环施、穴施、条施和撒施等方法，按施肥部位分为土壤施肥和根外施肥（或称叶面追肥）。

【任务目标与质量要求】

在企业师傅指导下，完成蔬菜的配方施肥方案制订，提前做好有机肥和化肥的准备。根据蔬菜生长发育的需要及时施用基肥和追肥，并在蔬菜定植后及时中耕除草，实现蔬菜优质高产。

【学习产出目标】

1. 制订配方施肥方案，正确选用肥料种类，确定最佳施肥时间和施肥方法。
2. 选用合适的施肥工具，根据蔬菜生长需要施用基肥和追肥。
3. 定植后及时进行中耕培土及除草。

【工作程序与方法要求】

1. 菜田施肥

各种蔬菜对氮、磷、钾的吸收利用效率不同，一般利用率较高的是钾，其次是氮，再次为磷。氮极易淋失，磷极易固定，钾的淋失比氮少。不同蔬菜吸收氮、磷、钾的比例不同，一般氮、磷、钾的吸收比例为1∶0.3∶(1.5～1.6)。

● 了解肥料特性	肥料分为有机肥料和无机肥料两大类。有机肥包括人畜粪尿、堆肥、饼肥等，使用时需充分腐熟，多用作基肥，也可作追肥。无机肥料也称化学肥料，属速效性肥料，包括尿素、硫酸铵、碳酸氢铵、硝酸铵和过磷酸钙以及氯化钾、硫酸钾等，多作追肥，也可用作基肥或根外追肥。	要求：蔬菜以施用有机肥为主，化肥为辅，补充微肥，合理耕作，改善土壤结构。
● 确定施肥时期	蔬菜施肥大体可划分为两大时期：一是播种或定植前施用基肥供整个生长期的需要；二是生长期间根据上述不同类型分别进行分期追肥，以补充蔬菜不同生长时期的需要。 追肥的时期：以萝卜等为代表的二年生蔬菜，重点追肥期应当在叶片充分长大和产品器官膨大前；一年生茄果类、瓜类等蔬菜由于生长和发育并进，定植后对养分的吸收不断增加，应多次分期追肥。	要求：根据生长阶段施肥，主要有基肥、提苗肥、伸蔓肥、催果肥等，根据需要多次施肥。

● 施用基肥	基肥是蔬菜播种或定植前结合整地施入的肥料，以有机肥为主，有机肥必须经过充分腐熟才能施入。基肥的施用方法主要有撒施、沟施和穴施，采用后两种方法时，应在肥料上覆一层土，防止种子或幼苗根系与肥料直接接触而引起烧种或烧根。	要求：施基肥的原则是有机肥全部施入，磷钾化肥配合，迟效肥和速效肥兼用。
● 施用追肥	追肥的肥料种类多为速效化肥和充分腐熟的有机肥。 (1) 地下埋施：在蔬菜周围开沟或开穴，将肥料施入后覆土，并浇水。适用于蔬菜封垄前或结果盛期前。 (2) 地面撒施：将肥料撒施于蔬菜行间并进行浇水，主要使用一些速溶性化肥，适用于成株期。 (3) 叶面追肥：也称根外追肥，将配制好的肥料溶液直接喷洒在蔬菜茎叶上的一种施肥方法。适合在植株密度较大或生长后期及土壤干燥不适于土壤追肥时应用。 (4) 随水冲施：将肥料先溶解于水，随灌溉施入根区。适用于蔬菜各生长时期，其中以成株期应用效果最好。	要求：施肥点要与主根保持一定距离，每点的施肥量也不要过大。撒施肥料要求水溶性强且不易挥发；施肥后随即浇水，防止肥料挥发浪费。叶面喷肥只能作为辅助性措施，作为土壤施肥的一种补充。

2. 中耕、培土及除草

及时中耕除草可以减少杂草与作物竞争水分、养分、阳光和空气，保持蔬菜在田间生长中占优势。

● 中耕	中耕的方法，目前手工与机械并用。苗期中耕宜深，促进根系深扩展，成株期根系布满表土，宜浅耕。一般中耕深度为 3~10 cm。中耕的次数依作物种类、生长期长短及土壤性质而定。生长期长的作物中耕次数较多，反之就较少，适宜次数为 3~4 次，封垄后停止中耕，并常与除草相结合。密植田深耕、施肥、灌溉等相结合，以增加植株吸肥能力和抗倒伏能力。	要求：株行距小者宜浅耕。根的再生能力强，宜深中耕。根系较浅、根再生能力较差，宜浅耕。
● 培土	蔬菜的培土是根据蔬菜的生长进程将株行间的土壤分次培于植株的基部，不能埋没心叶和功能叶。大葱、韭菜、芹菜、石刁柏等蔬菜的培土，可以增强植株抗倒伏能力，加厚土层，保护根系，防止根部和地下产品器官露出地面，促进植株软化，增进产品质量对于马铃薯等的培土，可以促进地下茎的形成；容易发生不定根的番茄、南瓜等，培土后能促进不定根的发生，加强根系吸收土壤养分和水分的能力。越冬或低温期培土具有防寒和提早定植作用，夏秋培土具有防热等作用，但须注意临时性培土要及时扒开。多次培土后行间形成一条沟畦或垄沟，有利于灌溉和排水，也为根系的发育创造了良好的条件。	要求：培土通常与中耕除草结合进行，促进生根，保墒。
● 除草	除草的方法主要有人工除草、机械除草及化学除草三种。人工除草质量好，但费劳力、效率低。机械除草效率高，但只能解决行间的杂草，株间的杂草需要辅以人工除草。化学除草是利用化学药剂来防除杂草，主要是播种后出苗前或在苗期使用。	要求：蔬菜化学除草必须不断发展低毒、高效有选择性的除草剂。

【业务知识】

1. 基肥的施用

基肥以有机肥为主，化肥为辅。施用时，化肥中的磷、钙、镁以及微量元素肥料应全部作基肥施入。氮易在土壤中随水流失，尤其硝态氮流失更为严重，因此露地栽培基肥中氮占总施用量的30%～50%，如果施用肥效较慢的有机肥和迟效性肥料，氮施用量可再增加20%。为了防止果菜类蔬菜生长前期徒长，可适当控制氮施用量。钾肥一次施用量过多会影响其他元素（如镁）的吸收，钾易随降雨而流失，作基肥的只占钾肥总施用量的50%～60%，大部分蔬菜中后期需钾量高。

大棚等保护地栽培，因无降雨流失，盐类多集积于土壤中，栽种次数越多含盐量越高。因此，在施基肥前必须测定土壤溶液浓度，如土壤溶液浓度偏高，就少施基肥甚至不施基肥。一般栽种蔬菜的土壤含盐量不得超过0.2%～0.3%，施用氯化铵和氯化钾肥料必须控制用量。氯化钾只能施用于耐盐性强的作物，对耐盐性弱的莴苣等蔬菜应施用硫酸钾。

2. 追肥的施用

追肥用量应根据基肥的多少、蔬菜种类及土壤肥力的高低等确定，每次用量不宜过多。一般果菜类蔬菜果实膨大期追肥，不能过早过多，以防植株徒长，引起落花落果。果菜类蔬菜追施氮、钾肥占总施肥量的50%～60%，磷肥只占20%。一般在生长旺盛的前、中期分3～4次追施。叶菜类蔬菜，特别是结球类蔬菜，从生长初期到结球期都不能缺乏养分，尤其是开始结球时要吸收较多的钾，氮、钾肥应同时追施。对于绿叶菜不宜叶面喷施氮素化肥。根菜类蔬菜在根部膨大期吸收养分量增加，但不同的种类和品种其根部膨大期也不同，萝卜根部膨大期在播种后30 d，胡萝卜在发芽后70～80 d开始膨大，马铃薯块茎在种植后30～80 d开始膨大。根菜类根部膨大期必须补施氮肥，追肥不宜过迟，否则易感染病害。

【业务经验】

1. 各种肥料的特性

蔬菜生产中提倡以施用有机肥为主，大多数有机肥是迟效性完全肥，不仅供给蔬菜所需要的氮、磷、钾、钙等元素，还含有微量元素及有机质。尿素虽为化肥，但仍属有机态肥，不会使土壤变酸或变碱；硫酸铵是生理酸性肥料，在石灰性或中性土中施用易使土壤缺钙或板结；碳酸氢铵因所含的氨易挥发损失，施用时应适当深施和覆土；硝酸铵是一种中性或微酸性肥料，施用效果好；过磷酸钙所含磷酸易被土壤固定，在施用时应尽量减少与土壤的接触面，宜做成颗粒肥或与有机肥料混合使用。无机钾肥包括氯化钾、硫酸钾和草木灰等，前两者属酸性肥料，在酸性土中施用时应与有机肥或石灰配合。氯化钾不宜施用在块茎蔬菜上，以免影响产品品质。草木灰除含钾外还含有钙、磷等其他矿质元素，属碱性肥料，不宜与硫酸铵、人粪尿混合使用，以减少氮的损失。

2. 如何施用冲施肥

保护地蔬菜冲施肥要采取地膜下冲施肥形式，防止氨气挥发到空气中。施用时，速效化肥可在浇水时直接化入水中即可；复合肥要求施肥前 2～3 d 先将肥泡入水中，让肥料中的有效成分充分溶入水中，施肥时取上清液随水浇入地里；有机肥要提前 10～15 d 充分沤泡，浇水时取上清液随水冲入地里。

3. 配方施肥技术

蔬菜测土配方施肥技术是根据蔬菜需肥规律、菜地土壤供肥性能和肥料效应，在合理施用有机肥料的基础上，提出氮、磷、钾及中、微量元素等肥料的施用品种、数量、施肥时期和施用方法。实行蔬菜配方施肥，既要考虑蔬菜的需肥特点，又要考虑当地土壤条件、气候条件和肥料特性，特别是还要考虑当地的技术水平、施肥水平、施肥习惯和经济条件等综合因素。

(1) 测土配方施肥原则　首先，根据不同蔬菜类型和品种、生长发育情况、产量和土壤养分含量情况，确定施肥种类和施肥方法，以及数量、次数和间隔时间等。其次，根据农家肥和化肥的特点，合理搭配施肥。农家肥肥效长、养分全面、有微生物活动，可疏松和改善土壤品质，具有明显提高蔬菜产量和改善蔬菜品质的作用，宜作基肥；化肥速效，有效期短，含养分单一，宜作追肥。一般将两种肥料搭配混合使用，如磷肥一般与有机肥混合或堆沤施用，可以减少土壤对磷的固定。生长迅速、生育周期短的蔬菜，应少追肥或不追肥；生育期长的蔬菜，应增加追肥次数，多追肥。

① 基肥以有机肥为主　基肥多施有机肥可以改良土壤、培肥地力。有机肥经过充分腐熟，营养丰富，肥效持久，利于吸收，可供蔬菜整个生长发育周期使用。尤其棚室土壤盐分多积聚在土壤表层，施用有机肥结合深翻，使土肥充分混合，上下土层混合，把板结表土粉碎并翻到下层，可以大大减轻表土板结和盐害。腐熟的人粪尿等也可作追肥。

② 科学合理施用化肥　根据测定土壤、肥料的养分含量和各种化肥的性能，确定使用化肥的品种、数量和配比。化肥作基肥最好与农家肥混合施用，因为农家肥有吸附化肥营养元素的能力，可提高肥效。化肥作追肥尽量采取“少量多次”的施肥方法。化肥的养分含量高，用量不宜过多，否则易出现烧种、烧根、烧苗、烧叶等现象，同时造成浪费。还要结合不同蔬菜种类和需肥特点，确定施用化肥的类型和种类。如叶菜类需氮较多，果菜类、根茎类蔬菜需磷钾较多等。

③ 配合多种微量元素，推广叶面追肥　根据蔬菜需肥特性及当地土壤特点等，补充缺乏的中、微量元素。结合叶面追肥补充养分，方便易行、肥效快。

(2) 测土配方施肥的测定内容、时间和方法　需要测定的主要项目有土壤质地、容重、土壤含水量、土壤酸碱度、土壤有机质含量以及土壤中氮、磷、钾、钙、铁、硼、锰、锌、铜等元素的含量。测定时间最好在蔬菜播种栽培之前或农闲时进行，也可在蔬菜生长期进行田间测土，为及时施肥提供依据。测定的方法可用土壤速测箱在田间测土，该法简单方便、快速，立刻就可得到结果；或者把土壤取回实验室，进行分析测定，这种方法比较费时，但数据更精确。

（3）降低蔬菜硝酸盐积累的配方施肥方法

① 分期施用氮肥　把氮肥分期使用，可降低土壤中硝态氮的含量，从而减少蔬菜中硝酸盐的积累。特别是叶类蔬菜施用氮肥时要重施基肥、轻施追肥，以减少硝酸盐的积累。

② 氮、磷、钾肥配合施用　磷既影响作物对硝态氮的吸收，也影响作物的生长发育，施用钾素也有利于硝酸盐的还原，从而降低蔬菜尤其是叶菜类蔬菜因大量施用氮肥而造成的硝酸盐积累。因此，氮磷钾三要素适宜配比，不但能提高蔬菜的产量，还能使蔬菜中硝酸盐含量降低。

③ 增施有机肥　有机肥养分释放缓慢，适合蔬菜对养分的吸收，土壤中有机质能促进土壤的硝化速度，从而有效地降低土壤中硝态氮的浓度，减少了蔬菜对硝态氮的吸收。此外，有机肥料中含有多种酶类物质，可促进蔬菜生长，从而产生稀释效应，降低其硝酸盐含量。

④ 施肥方法得当　在施用化肥、蔬菜专用肥时要深施、早施，深施可以减少养分挥发。一般铵态氮施于 6 cm 以下土层，尿素施于 10 cm 以下土层，磷钾肥施于 15 cm 以下土层，蔬菜专用肥施于 15 cm 以下土层。不同类型的蔬菜，硝酸盐的累积程度有很大差异，一般是叶菜高于根茎类蔬菜、嫩果菜高于老熟果菜。另外，同一种蔬菜在不同气候条件下，硝酸盐含量也有差异，一般高温强光条件下，硝酸盐积累少。要针对不同情况，采取不同的防御措施，减少硝酸盐积累。

【工作任务实施记录与评价】

1. 蔬菜测土配方施肥方案及施肥管理检查记录

<table>
<tr><td>蔬菜种类</td><td>种植面积</td><td>肥料种类及施肥量</td><td>施肥时间</td><td>施肥方法</td><td>预计目标产量</td></tr>
<tr><td></td><td></td><td></td><td></td><td></td><td></td></tr>
<tr><td></td><td></td><td></td><td></td><td></td><td></td></tr>
<tr><td colspan="3">师傅指导记录 1</td><td colspan="2">配方施肥方案评价</td><td>评价成绩</td></tr>
<tr><td colspan="3" rowspan="3"></td><td colspan="2" rowspan="3"></td><td></td></tr>
<tr><td>日期</td></tr>
<tr><td></td></tr>
<tr><td colspan="3">师傅指导记录 2</td><td colspan="2">施肥检查及施肥后生长状况评价</td><td>评价成绩</td></tr>
<tr><td colspan="3" rowspan="3"></td><td colspan="2" rowspan="3"></td><td></td></tr>
<tr><td>日期</td></tr>
<tr><td></td></tr>
</table>

2. 施肥管理田间检查记录

蔬菜种类	基肥	追肥	施肥后管理	技术员复核签字
施肥操作管理检查评价			评价成绩	
			日期	

3. 中耕除草培土检查记录

蔬菜种类	栽培面积	中耕培土	除草	技术员复核签字
中耕培土及除草质量评价			评价成绩	
			日期	

4. 学徒关键职业能力及职业品质、工匠精神评价

项目	A	B	C	D
工作态度				
吃苦耐劳				
团队协作				
沟通交流				
学习钻研				
认真负责				
诚实守信				

任务2 菜田灌溉

【任务目标与质量要求】

在企业师傅指导下，根据蔬菜长势及气候条件等，指导菜田蔬菜适时灌溉，掌握灌溉时间和灌溉方法，及时供水和排水，满足蔬菜生长需要。

【学习产出目标】

1. 正确选择蔬菜灌溉时间、灌溉量和灌溉方法。
2. 能科学指导菜田灌溉。
3. 指导菜田合理的排水。

【工作程序与方法要求】

● 指导灌溉	根据蔬菜的需水特性和蔬菜生长不同生育期进行灌溉。一是种子发芽期，需要充足的水，应浇透水，以利出苗迅速整齐。二是幼苗期，要小水勤浇，定植前一周，要控水炼苗，定植后要适量浇水。三是旺盛生长期，应见干见湿，浇则浇透，次数不宜多。四是产量形成期，耗水量最多，必须保证充分的水分供应。供留种田或产品要贮藏的田块，收获前 7～10 d 适当控水，以提高贮藏性能。	要求：在产品器官开始形成阶段，如果菜类开花结果初期，肉质根、茎开始膨大期间，刚现花球叶球时要控水蹲苗，促使根系深扎、叶片增厚、抗性增强，避免徒长引起落花落果，或影响产品器官的形成，造成减产晚熟。
● 选择灌溉方式	(1) 地面灌溉　明水灌溉，包括沟灌、畦灌和漫灌等形式，适用于水源充足，土地平整的菜地，或倾斜角度小的地块。 (2) 喷灌　采用低压管道将水流雾化喷洒到蔬菜或土壤表面。土地利用率较高；在高温期间有降温增湿的作用，适用于育苗或叶菜类生产。 (3) 滴灌　把灌溉水通过输水系统，定时定量地滴到蔬菜根际的灌溉方式。将化肥溶于水中一同滴入，省工省水，能适应复杂地形，尤其适用于干旱缺水地区。 (4) 渗灌及泼浇　渗灌是通过地下渗水管道系统将水引入田间浸润土壤的灌溉方式。泼浇，即人工挑水到菜畦旁，逐棵泼浇，在缺水或低温期定植避免地温降低时使用。	要求：棚室内用微灌，将送水管埋入地下 10 cm 进行地下暗渗，或铺设微灌带后再盖地膜，可降低棚室的空气湿度，提高地温，显著减轻发病，增产增收。
● 菜田排水	菜田排水的方式，目前主要是明沟排水。应深开厢(畦)沟、腰沟、围沟，腰沟要比畦沟深，围沟要比腰沟深，三沟配套，沟沟相通。北方菜田的排水沟多与灌水毛渠相对应，其沟底应低于畦面 4～8 cm。在排水不多或沙质土地区也可排灌合一，即利用灌水毛渠排水，但畦面必须水平。对不耐涝的蔬菜，如番茄、西瓜、黄瓜、菜豆等应在雨前疏通好排水系统，做到随降随排。土壤深层的多余积水，要深沟排水，或暗管排水。暗管排水的效果较好，但投资较大。	要求：雨季要做到沟无积水，雨停地干。蔬菜作物对土壤湿害或涝灾敏感，菜田排水与灌溉具有同等重要性。

【业务知识】

结合蔬菜生产措施合理灌排

灌排要与其他栽培措施相结合，如施肥后一般要结合灌溉，做到肥水相融；在苗床起苗之前要浇水，便于带土护根；间苗之后要浇一次“合缝水”；分苗或定植之后要浇“定根水”；棚室蔬菜灌溉要与通风结合，一般中午前灌水，接着大通风，让菜上的水滴和棚内湿气散失，然后闭棚升温；要贮藏的蔬菜采收之前要节制灌溉，以免蔬菜产品含水多、易腐烂，而莲藕、荸荠等水生蔬菜采收前要排干水，以便采收；割韭菜之后要过 2～3 d 再浇水，以利伤口愈合。

【业务经验】

1. 蔬菜灌溉用水的水质指标有哪些

为保护生态环境，生产无公害绿色蔬菜，菜田灌溉用水必须无污染，水中有机毒物、重金属、其他有毒化合物、病原菌的含量必须低于允许值。蔬菜灌溉用水的水质指标是：石油类≤1.0 mg/L，苯≤2.5 mg/L，氯化物≤250 mg/L，氰化物≤0.5 mg/L，氟化物≤3.0 mg/L，汞≤0.001 mg/L，砷≤0.05 mg/L，铅≤0.1 mg/L，镉≤0.005 mg/L，铬≤0.1 mg/L，大肠杆菌≤1 000 个/L，pH 5.5～8.5。城市生活污水中含有许多有毒物及病菌虫卵，不宜用来浇灌蔬菜。此外，蔬菜的灌溉用水还要求清亮，不含大量泥沙，若用混泥水浇菜不利蔬菜生长，还会加重病虫害发生。

2. 根据蔬菜的特点选择灌溉方式

对于耐涝能力弱的蔬菜，如黄瓜、甘蓝、白菜等必须采取小水轻浇，如滴灌法、浇灌法。对于耐涝能力较强的菜，如丝瓜、芹菜等可采取用水量大的灌溉方式，如沟灌法、喷灌法。另外，还可以通过合理选择栽培地点的方法达到既节水又提高灌溉效益的目的。如在水源充足的地方栽培耗水多的黄瓜、番茄和白菜等，而在水源缺少的半旱地种植耗水少的大葱、胡萝卜、辣椒等。

【工作任务实施记录与评价】

1. 蔬菜灌溉与排水

<table>
<tr><th>师傅指导记录</th><th>灌溉</th><th>排水</th><th>评价成绩</th></tr>
<tr><td rowspan="3"></td><td rowspan="3"></td><td rowspan="3"></td><td></td></tr>
<tr><td>日期</td></tr>
<tr><td></td></tr>
</table>

2. 学徒关键职业能力及职业品质、工匠精神评价

项目	A	B	C	D
工作态度				
吃苦耐劳				
团队协作				
沟通交流				
学习钻研				
认真负责				
诚实守信				

项目 3　蔬菜植株调整

蔬菜植株调整就是通过整枝、摘心、疏花、疏果、摘叶、压蔓、绑蔓、落蔓、搭架等操作，来控制蔬菜的营养生长与生殖生长，协调其相互关系的技术。

任务　蔬菜植株调整

植株调整是通过整枝、打杈、摘心、支架、绑蔓、疏花、疏果等措施，人为地调整植株的生长和发育，使营养生长与生殖生长、地上部和地下部生长达到动态平衡，植株达到最佳的生长发育状态，促进其产品器官的形成和发展。同时，还可以改变田间蔬菜群体的生长环境，使之通风透光，降低田间湿度，以减少病虫草害的发生。

【任务目标与质量要求】

在企业师傅指导下，根据蔬菜生长特点采取适当的操作方法，进行植株调整，满足植株生长发育的需要，提高产品质量。

【学习产出目标】

1. 掌握果菜类蔬菜的茎蔓调整方法，学会搭架、绑蔓、压蔓、吊蔓、绕蔓和落蔓等操作。

2. 能及时进行果菜类蔬菜的整枝打杈，学会对瓜类、茄果类进行常见的单干整枝、双干整枝等操作。

3. 根据果菜类结果期生长需要，对花、果实和叶子适时摘除管理，提高产品质量和产量。

【工作程序与方法要求】

1. 茎蔓调整

对黄瓜、番茄、菜豆等不能直立生长的蔬菜用竹竿或木棍支架进行栽培，可增加栽植密度，充分利用空间和土壤。茎蔓调整包括支架和绑蔓、压蔓、吊蔓、缠蔓和落蔓等。

●支架和绑蔓引蔓	及时搭架，在倒蔓前或初花期进行，浇定植水、缓苗水及中耕管理等应在搭架前完成。架竿要牢固固定，插竿要远离主根 10 cm 以上，避免插伤根系。常见架形有“人”字架、四脚架、篱架、直排架和棚架。绑蔓指黄瓜、番茄等攀缘性较差的蔬菜，利用麻绳、稻草、塑料绳等材料将其茎蔓固定在架竿上。随着植株生长，随时将茎蔓缠绕在绳或架竿上，使其保持直立生长。多用“8”字形绑蔓，可防止茎蔓与架竿发生摩擦。绑蔓时松紧要适度，既要防止茎蔓在架上随风摆动，又不能使茎蔓受伤或出现缢痕。	要求：架形根据蔬菜种类选择。搭架的蔬菜需要进行人工引蔓和绑缚，固定在架上。
●压蔓	压蔓是将西瓜、南瓜等爬地生长的蔓性蔬菜的部分茎节压入土中，分明压和暗压两种。在压蔓部位可以长出不定根，有助于吸收营养和防风固定。不能压住叶片，经压蔓后可使植株排列整齐，瓜蔓分布均匀，受光良好，管理方便。坐果雌花前后 2 节不能压，以免损伤幼果，影响坐果。茎叶生长旺盛时应重压、深压以控制过快生长，促进坐果；植株生长势较弱时，应轻压，促使茎叶加快生长。	要求：压蔓最好在午后进行，清晨茎蔓水多质脆，容易折断，不宜压蔓。
●吊蔓绕蔓	设施内为减少架竿遮阴，多采用吊蔓栽培，即将尼龙绳一端固定在种植行上方的棚架或铁丝上，另一端固定在植株基部或用小棍固定于下部地面，并随时将茎蔓缠绕于绳上。	要求：茎蔓调整宜在晴天的午后进行，动作要轻，阴天和上午茎蔓中含水量高，质地脆，易折断。
●落蔓	当植株茎蔓生长到架顶，采摘和管理不便时，定期将茎蔓从支架上解开，将下部茎蔓上老叶、病叶等打去，下落盘绕于畦面上，或按同一方向折叠，或朝一个方向顺延后绑蔓固定，保持植株生长点始终在合适的高度。	要求：根据果实采收的需要，保证茎蔓有充分生长空间，需进行 1 ～ 3 次落蔓。

2. 整枝打杈

通过打杈、摘心等措施人为地创造一定的株形，以促进果实发育的方法，称为整枝。整枝的具体措施包括打杈、摘心等。常见整枝方式有单干整枝（单蔓整枝）、双干整枝（双蔓整枝）等。

●单干(蔓)整枝	摘除全部侧芽，只留顶芽向上生长，这种方式称为单干整枝；以主蔓结果为主的蔬菜（如早熟黄瓜，西葫芦等）保留主蔓，摘除侧蔓，为单蔓整枝。主侧蔓均能正常结果的蔬菜如冬瓜、西瓜、丝瓜、南瓜等，大果型品种应留主蔓去侧蔓。	要求：一般单蔓整枝多用于主蔓雌花发生早且连续发生的小果型品种及密植早熟品种栽培。
●双干(蔓)整枝	保留顶芽，同时在第一果穗下再留一侧枝与顶芽同时向上生长者，称为双干整枝。甜瓜、瓠瓜等以子蔓、孙蔓结瓜为主，在 3 ～ 5 节时摘心，留两个侧蔓生长，为双蔓整枝。以侧蔓结果为主的蔬菜应及早摘心，促发侧蔓，提早结果和增加结果数量；小果型品种则留主蔓并适当选留强壮侧蔓结果。	要求：双蔓整枝常用于中果型品种，适用于温室、大棚甜瓜吊蔓栽培。

● 其他方式整枝	其他整枝方式有换头整枝、三蔓整枝、多蔓整枝或不整枝等。保留主蔓外，还在主蔓基部选留 2 条生长健壮、生长势相同的侧蔓，其余摘除，留 2~3 个瓜，坐果后不再整枝。	要求：一般三蔓整枝、多蔓整枝多用于稀植大果型品种。
● 摘心、打杈	除掉侧枝或腋芽称为打杈，除掉顶端生长点为摘心，又称“打顶”或“闷尖”。对于甜瓜、瓠瓜等以侧蔓结实为主的类型和品种，应在主蔓长出不久即进行摘心，促使其早分枝、早开花结实。打杈不宜过早，过早会降低植株生长势，易造成早衰。当侧枝对周围叶片、花、果产生障碍时，留 1 片叶摘除。打杈也不宜过晚，过度放任生长易引起徒长而造成群体郁闭。	要求：自封顶生长类型的品种不必摘心。摘心应在花序上边留 2~3 片叶，既有利于果实生长，又可防止果实直接暴露在阳光下造成日灼。

3. 摘卷须、摘叶、束叶

在生长期间摘除病叶、老叶、黄叶、卷须，有利于植株下部通风透光，减轻病害的发生和蔓延，减少养分消耗，促进植株良好发育。束叶是对大白菜、花椰菜等蔬菜叶（花）球的一项管理措施。

● 摘叶	摘叶指摘除植株上的病叶、黄叶、基部超出功能期的老叶以及过于密集的叶，主要在中后期进行，有利于空气的流通，减少病虫害，并促进果实的成熟。应当注意的是，上部同化作用旺盛的叶片、嫩叶、绿叶、稀疏处的叶和朝阳面的叶是不应当摘除的。	要求：摘叶应该在晴天的上午进行，摘下的叶要带出田外集中处理。
● 束叶	束叶就是用绳等将蔬菜的叶片拢起后捆绑起来。束叶主要适用于十字花科的大白菜和花椰菜等蔬菜，先摘除外部的病叶、黄叶，用双手将整株叶片轻轻拢起后，再用绳捆住。束叶后为植株内部创造了弱光环境，促进心叶或内部叶片、叶球与花球软化，同时也可以防寒，并使植株间的通风、透光良好，提高地温，加大空气流通，预防病害，方便管理人员进田作业。	要求：多在生长的后期进行，选晴天下午，叶片含水量少、组织变软时进行。
● 摘卷须	摘卷须是为了节省攀缘类蔬菜的养分消耗，防止植株自身攀缘缠绕，方便人工绑蔓，有利于植株合理的空间分布。人工摘除黄瓜的卷须，有利于通风透光，提高光合作用，并能减少病虫害的发生。	要求：摘卷须结合绕蔓吊蔓进行，摘除的卷须要带出田外。

4. 花果管理

花果管理，即在蔬菜开花坐果期进行去除花器、疏花疏果、保花保果等操作。

● 促进或抑制抽薹	用 50 ～ 500 mg/L 赤霉素溶液喷洒萝卜、白菜、甘蓝等蔬菜的采种植株，可使其在未经春化的条件下抽薹开花；芹菜、大白菜、甘蓝春季栽培时，用 100 ～ 200 mg/L 邻氯苯氧乙酸溶液喷洒未抽薹的植株，可显著抑制其先期抽薹；用 4 000~8 000 mg/L 比久溶液喷洒莴苣也可防止其抽薹。	要求：根据生产需要促进抽薹发棵，或者抑制抽薹，改善品质、提高产量。

● 开花性别调控	控制瓜类的性别表现，在南瓜 1~4 叶期、瓠瓜 4~6 叶期、甜瓜 2 叶期、黄瓜 1 叶期用乙烯利 100~200 mg/kg 喷洒叶面，可使其连续发生雌花而不出现雄花。瓜类蔬菜用 50~100 mg/kg 赤霉素处理可抑制雌花着生而出现雄花。	要求：雌雄异花的瓜类蔬菜，可调控雌花或雄花形成，使用时应严格控制浓度。
● 疏花疏果	以较大型果实为产品器官的蔬菜，如番茄、西瓜等蔬菜作物，去掉部分畸形、有病的果实，可以集中营养，促进保留下来的果实发育、提高质量、改善品质。对于设施生产中易落花落果的蔬菜，如番茄、辣椒、菜豆等，宜采取保花保果措施，以提高坐果率。	要求：花期疏掉多余花蕾及畸形花。坐果后疏掉果型不整齐、形状不标准及同一果穗发育太晚、太小的果实。
● 保花保果	易落花落果的蔬菜，如番茄、辣椒、菜豆等，宜采取保花保果措施，防止落花落果，以提高坐果率。番茄、茄子等在早春低温时容易落花，如用 10~20 mg/kg 的 2,4-D 蘸花（茄子要用 20~30 mg/kg）可以防止落花，但蘸花耗费劳力较多。栽培番茄最好使用对氯苯氧乙酸（PCPA，番茄灵）25~30 mg/kg 喷花，当番茄每花序上有 2~3 朵花刚开放时，喷洒花序，可避免药害；PCPA 也可用于茄子或青椒。辣椒一般用萘乙酸（NAA），2,4-D，防落素等喷施，结合病虫害防治，可加入 0.15% 的硼砂 +0.05%的硫酸锌溶液。	要求：喷花时要防止喷沾在茎叶上，易产生药害。
● 摘除花器	以营养器官为产品的如大蒜、马铃薯、莲藕、百合、豆薯等蔬菜，尽早摘除花蕾有利于地下产品器官的肥大。	要求：辣椒、茄子应摘除不能正常结果的短柱花和异形花。
● 选果留瓜	(1) 早熟番茄留 2~3 穗果，大架栽培中晚熟番茄可留 4~7 穗果，晚熟番茄每株留 8~9 穗果；一茬到底可留 9~11 穗果，顶穗已开花，即可在最上层果穗上留两片叶摘心。疏去畸形果，大果型每穗留果 3~4 个，中型留 4~5 个果，樱桃番茄不疏果。 (2) 瓜类蔬菜摘除根瓜、畸形瓜。西瓜选留主蔓或侧蔓第 2~4 个雌花节位坐瓜，甜瓜在子蔓 4~9 节位坐瓜，早熟留 1 瓜。	要求：瓜类留果实周正、果柄粗壮的幼果，除去双瓜和畸形瓜。辣椒、茄子早采“门椒”和“门茄”。
● 催熟	利用 500~1 000 mg/kg 乙烯利处理田间已充分长大的番茄青果，可以促进果实红熟，提早采收。也可在果实采收后作浸果处理，在番茄果实转色期，用乙烯利 2 000~3 000 mg/kg 浸果，可提早转红 2~3 d。如在田间涂果也可提早红熟 4~6 d。用乙烯利 200~500 mg/kg 处理西瓜，或 500~1 000 mg/kg 在甜瓜收获前 5~7 d 进行处理，或用 1 000 mg/kg 浸西瓜 10 min，均可达到催熟作用。	要求：乙烯利在中性和碱性溶液中易分解，宜现用现配，注意不能同碱性药物、化肥混用。

【业务知识】

果菜类蔬菜搭架常见的架形

（1）绳架　是设施生产中常用的方式，用料少、成本低、易于操作和管理，但抗风能力差。在植株行上方纵拉一道铁丝，在植株的正上方吊一道或几道绳，绳的上端系到铁丝上，下端打活口系到植株的茎蔓基部或分枝基部。通常用尼龙绳、布绳或专用塑料绳。尼龙绳和布绳不易老化，使用期长，多用于果型大、采摘次数多、生长期长的蔬菜或西瓜、甜瓜等。塑料绳容易老化断裂，使用期短，常用于栽培期短或小果型的蔬菜。

（2）单柱架　在每一植株旁插一架竿，架竿间不连接，架形简单，适用于分枝性弱、植株较小的豆类蔬菜以及单干整枝的矮生番茄等。

（3）“人”字架　在相对应的两行植株旁边相向各斜插一架竿，上端分组绑紧再横向连贯固定，呈“人”字形。“人”字架架形牢固，承受重量大，较抗风吹，但架内的背光面较大，前架对后架的挡风、挡光比较严重，架间的通风透光性比较差。适用于菜豆、豇豆、黄瓜、番茄等植株较大的蔬菜。

（4）圆锥架　用 3～4 根架竿分别斜插在各植株旁，上端捆紧使架呈三脚或四脚的锥形。圆锥架牢固可靠，抗风能力强，架间的通风透光性能好，但架竿上部拥挤，影响通风透光。常用于单干整枝的早熟番茄、黄瓜以及豆类。

（5）篱笆架　沿栽培行斜插架竿，编成上、下交叉的篱笆。篱笆架支架牢固，便于操作，但费用较高，搭架也费工。适用于分枝性强的豇豆、黄瓜等。

（6）横篱架　延畦长或在畦四周每隔 1～2 m 插一架竿，横向用 1～2 竿连接而成，茎蔓呈直线或“S”形引蔓上架，并按同一方向牵引，多用于单干整枝的瓜类蔬菜。

（7）棚架　有高棚架、低棚架两种，在植株旁或畦两侧对称插架竿，并在架竿上扎横杆，再用绳、杆编成网格状。适用于生长期长、枝叶繁茂的瓜类、茄果类等，如冬瓜、丝瓜、苦瓜等。

【业务经验】

植物牛长调节剂在蔬菜植株调整中的应用

蔬菜生产中经常采用植物生长调节剂来对作物的生长发育进行调节，从而使作物达到早熟、高产、优质的目的。也可促进枝条或叶芽扦插生根、打破休眠与抑制萌发等。

目前已知的天然植物激素有生长素、赤霉素、细胞分裂素、脱落酸与乙烯五大类。人工合成的激素是与天然植物激素有类似分子结构和生理效应的有机化合物，如萘乙酸（NAA）、吲哚丁酸（IBA）、赤霉素（GA）、乙烯利等。此外，还合成了与天然植物激素完全不同，但有类似生理效应的有机化合物，如矮壮素（CCC）、三碘苯甲酸（TIBA）、马来酰肼（MH）等生长抑制剂。

除草剂大都是人工合成的生长调节剂，它可以选择性地抑制甚至杀死某些植物。应提倡人工除草和机械除草，尤其是在绿色食品蔬菜生产和有机蔬菜生产中。

【工作任务实施记录与评价】

1. 整枝打杈、茎蔓管理

蔬菜种类	搭架绑蔓	吊蔓绕蔓	摘心、打群尖	落蔓	整枝打杈
师傅指导记录			植株调整效果评价		评价成绩
					日期

2. 摘卷须、摘叶、束叶

蔬菜种类	摘卷须	摘叶	束叶
师傅指导记录		工作效果评价	评价成绩
			日期

3. 花果管理

蔬菜种类	开花调控	疏花疏果	保花保果	选果留果	技术员复核签字
花果管理调控效果评价				评价成绩	
				日期	

4. 学徒关键职业能力及职业品质、工匠精神评价

项目	A	B	C	D
工作态度				
吃苦耐劳				
团队协作				
沟通交流				
学习钻研				
认真负责				
诚实守信				

项目 4　蔬菜病虫害防治

在科学、准确地诊断各类蔬菜病虫害的基础上，做到“预防为主，综合防治”，以农业防治、物理防治为基础，生物农药打头阵，土制农药当配角，高效低毒低残留化学农药助威，剧毒农药严禁施用。提倡采用生态法防病，通过控温、调温、高温抑菌等生态管理措施防病、治病。

任务　绿色蔬菜病虫害综合防治

【任务目标与质量要求】

了解各类蔬菜病虫害发生的条件及特点，学会综合防治技术，掌握农业防治、物理防治、生物防治和化学防治方法。在企业师傅指导下完成各类蔬菜病虫害防治任务。

【学习产出目标】

1. 正确诊断各类蔬菜的病虫害。
2. 掌握蔬菜病虫害综合防治方法，优先采用农业防治、物理防治和生物防治，最后使用化学防治方法。

【工作程序与方法要求】

● 农业防治

蔬菜病虫害农业防治指综合运用各种农业生产措施，创造有利于蔬菜生长而不利于病虫繁衍扩展的生态环境，从而减轻或控制其为害的综合防治措施。包括选用抗病、耐病品种，合理布局优化生态环境，轮作倒茬，嫁接换根，深沟高畦栽培，施用有机肥、配方施肥，清洁田园，加强田间管理等。

要求：密切注意蔬菜病虫害的发生动态，做好预报预测。

● 物理防治	(1) 设置防虫网或遮阳网　在温室的门窗、通风口处安装防虫网。可以防止外界潜叶蝇、白粉虱等害虫的侵入为害。或者覆盖银灰色遮阳网，将害虫拒之网外；蓝色膜可以较好地防除草害。 (2) 物理诱杀　利用害虫的驱避性进行防治，如应用糖、醋、酒混合少量药剂制作糖醋液诱集夜蛾类害虫；性诱剂诱杀害虫；用黄色粘胶板诱杀白粉虱、蚜虫、斑潜蝇，蓝板诱杀蓟马（诱板规格 40 cm×25 cm，设置密度 30 ～ 40 块 / 亩，在植株上方 20 cm 处悬挂）；夏秋季在育苗棚上、露地地面上铺放或在植株上悬挂银白色反光膜（条），或覆盖银灰色遮阳网，有驱避蚜虫的作用。采用诱虫灯，如普通杀虫灯（每 2.7 hm^2 安 1 盏）、太阳能杀虫灯等，用灯光诱杀菜螟、小菜蛾、斜纹夜蛾及灯蛾类成虫；高压汞灯诱杀蛾类、甲虫、直翅目等成虫；黑光灯可以诱杀 300 多种害虫；频振式杀虫灯（露地每 4 hm^2 挂一盏）既可诱杀害虫，又能保护天敌。	要求：结合科技发展，利用各种工具和多种物理因素，如光、热、电、温度、湿度和放射能、声波等防治病虫害。
● 生物防治	可用细菌杀虫剂 Bt 乳剂、青虫菌防治菜青虫、小菜娥和瓜叶螟等；用农抗 120 防治黄瓜炭疽病和桔萎病；用农用链霉素防治细菌性角斑病、大白菜软腐病、黑腐病；用弱毒疫苗，如用抗毒素 1 号可防治黄瓜、茄果类病毒病；用井冈霉素可防治立枯病和根腐病；用 EC-107 杀蚜素防治蚜虫；用浏阳霉素防治红蜘蛛。施用菌肥（如 CM、EM 菌），如使用 EM 作基肥，可改善土壤的理化性状，有效地避免一些毁灭性的病害；使用 EM 浸种，有明显地促进种子发芽的作用；用 EM 喷肥可防治灰霉病菌引起的病害。还有新型核多角体病素杀虫剂，利用天敌昆虫防治害虫，如用赤眼蜂防治地老虎和甘蓝夜蛾，用七星瓢虫防治蚜虫和粉虱等。	要求：大力推广生物农药和植物农药，如细菌杀虫剂 Bt 系列、阿维菌素系列、植物提取素等。
● 化学防治	科学使用化学农药，认真执行《农药管理条例》和农药安全间隔期限，绿色蔬菜生产应选择高效、低（无）毒、低残留的农药，严禁使用剧毒、高残留的农药。	要求：严格执行农药使用安全间隔期。

【业务知识】

1. 蔬菜病虫害化学防治注意事项

（1）应注意严格控制农药施用的量、浓度、次数及采取合理的施药方法。首先要对症施药，按规定用药量和稀释浓度施药。为避免病菌和害虫对农药产生抗性而降低防治效果，不可长期单用一种农药，要交替施用不同药剂，一般一种农药施用 2～3 次后就应更换，注意按规定的稀释浓度、用药量及施药间隔时间使用，切勿连续打药，盲目加大施药浓度和施药量。

（2）设施栽培以及阴雨天，农药以施用烟雾剂和粉尘剂为主。设施蔬菜较露地蔬菜发病重的主要原因是湿度偏大，烟雾剂和粉尘剂有助于降低设施内的湿度。

（3）严格掌握各种农药的施用量及安全间隔期，按照 GB/ T 8321. 1—2000、GB/ T 8321. 2—2000、GB/ T 8321. 3—2000、GB/ T 8321. 4—2006、GB/ T 8321. 5—2006 的要求执行。

（4）每种有机合成农药（含A级绿色食品生产资料农药类的有机合成产品）在一种作物的生长期内只允许使用一次，其中菊酯类农药在作物生长期只允许使用一次。有机合成农药在农产品中的最终残留应符合相关标准的最高残留限量（MRL）要求。

（5）严禁使用剧毒、高残留农药，如甲胺磷、对硫磷、甲基对硫磷、久效磷、磷铵等防治贮藏期病虫害。

（6）严禁使用基因工程品种（产品）及制剂。

2. 冬春生产中防止低温高湿加重病害

冬春季节低温高湿病害是由于棚室内夜温偏低，空气湿度达到过饱和，导致蔬菜茎叶表面结露形成露珠或水膜，病菌孢子借助露珠和水膜萌发侵染。防治的关键是要将棚室气温控制在露点温度以上。据观测，当棚室气温在20℃以下时，气温每升高1℃，空气相对湿度可降低5%以上。欧美国家多通过人工加温把温室的夜间温度控制在15～20℃，几乎没有低温高湿病害发生。日本、韩国多在日出前1 h左右进行人工补充加温，以缩短作物体表面结露时间，也很少发生低温高湿病害。因此，我国防治设施低温高湿病害也应立足于提高棚室夜温，防止露点温度的出现或有效推迟其出现的时间。主要措施有：选用防（消、减）雾型多功能复合膜，尽早扣膜冬前蓄热，白天适宜高温管理多蓄热，夜间加强保温覆盖，地面实行地膜或秸秆全覆盖，采用膜下滴灌或暗灌，必要时进行人工补温。

【业务经验】

果菜类蔬菜病虫害防治

瓜类、茄果类蔬菜常见的病害有番茄叶霉病、灰霉病、茄子黄萎病、病毒病、辣椒疫病、黄瓜霜霉病、细菌性角斑病等。施药期间应严格掌握安全间隔期，一般生物农药为3～5 d，菊酯类农药为5～7 d，以延缓病虫害产生抗药性，控制农药的残留量。

1. 番茄叶霉病

番茄叶霉病俗称“黑毛”，该病仅发生在番茄上，是棚室番茄重要病害之一。发病后叶片变黄、枯萎，常造成严重减产。大田番茄虽有发生，但不及保护地番茄发生严重。叶正面观，病斑形不规则，淡黄色，边缘不明显，病斑背面生灰紫至黑褐较密霉层。

（1）发病条件　温湿度对病害影响很大。病菌发育温限为9～34℃，最适宜温度为20～25℃，气温低于10℃或高于30℃，病情发展可受到限制。湿度是影响病害的主要因素，相对湿度高于90%，易于发病；相对湿度低于80%，不利于分生孢子形成及病菌侵染和病斑扩展。在适温高湿条件下，该病从开始发病到流行成灾，一般需半个月左右。过于密植、大棚通风不良、棚内湿度大时，发病重。

（2）防治措施　选用抗病品种，如佳粉 15 号、中杂 7 号、双抗 2 号、沈粉 3 号等。选用无病种子及种子播前处理，播前种子用 53℃温水浸种 30 min，晾干播种。加强栽培管理，病重地区，实行 3 年以上轮作；保护地于定植前用硫黄粉熏蒸大棚或温室，每 55 m^2 空间，用硫黄 0.13 kg、锯末 0.25 kg，混合后，用木炭或红煤球点燃，于定植前棚内密闭，熏 24 h。发病初期用 45%百菌清烟剂 250 g/亩，熏一夜；或于傍晚喷撒 7%叶霉净粉尘剂，或 5%加瑞农粉尘剂（有效成分为春雷霉素和王铜），或 6.5%甲霉灵超细粉尘剂或 10%敌托粉尘剂，每次 1 kg/亩，隔8～10 d施 1 次，连续或交替轮换施用。用 5406 菌种粉，2.5 kg/亩，与碾碎的饼肥 10～15 kg 均匀混合施于定植沟内。在发病初期喷洒 2%武夷菌素（BO-10 水剂 100～150 倍液），或 47%加瑞农可湿性粉剂 700～800 倍液，或 50%多霉清或多霉灵可湿性粉剂 800 倍液，或 40%抑霉威可湿性粉剂 400 倍液，或 60%防霉宝超微粉 600 倍液，每亩喷对好的药液 50～65 L。隔 7～10 d 施 1 次，连续 2～3 次。

2. 灰霉病

灰霉病菌寄主范围很广，可以为害多种蔬菜，如番茄、辣椒、茄子、黄瓜、葡萄、菜豆、葱、莴苣、芹菜等。此病从苗期至成株采收期均可发病，而且在采后的贮藏、运输过程中继续为害。流行年份发病率可达 45%以上，严重影响瓜类及茄科蔬菜的产量。从青果上残留的花或花托处侵染，逐渐向果实和果柄扩展，病部密生灰霉。

（1）发病条件　低温高湿条件下发病重。栽培管理上，在北方 12 月份至翌年 1 月份播种时，发病重；种植过密、通风不良条件下发病重。

（2）防治措施　①保护地番茄采用生态防治法，加强通风管理。变温管理，即晴天上午晚通风，使棚温迅速升高，当棚温升至 33℃，再开始通顶风，31℃以上高温可减缓该菌孢子萌发速度，推迟产孢，降低产孢量。当棚温降至 25℃以上，中午继续放风，使下午棚温保持在 20～25℃；棚温降至 20℃关闭通风口以减缓夜间棚温下降，夜间棚温保持 15～17℃；阴天打开通风口换气。②浇水宜在上午进行。发病初期适当节制浇水，严防过量，防止结露。③发病后及时摘除病果、病叶和侧枝，集中烧毁深埋，严防乱扔，造成人为传播。④关键期用药，第 1 次用药在定植前，用 50%速克灵可湿性粉剂 1 500 倍液或 50%多菌灵可湿性粉剂 500 倍液喷淋番茄苗，要求无病苗进棚。第 2 次在沾花时带药，第 1 穗果开花时，在配好的 2，4-D 或防落素稀释液中加入 0.1%的 50%速克灵可湿性粉剂，或 50%扑海因可湿性粉剂，或 50%多霉灵可湿性粉剂，进行沾花后涂抹，使花器着药；此外，也可单用“保果灵”可湿性粉剂，每克对热水 0.5 L 充分搅拌冷却后沾花，亩用量 13 g。第 3 次在浇催果水前 1 d 用药，以后视天气情况确定，正常年份可停药，如遇连阴雨天气，气温低，可再防 1～2 次，间隔 7～10 d。多用烟剂或粉尘剂，在棚室番茄灰霉病始发期，施用特克多烟剂，每 100 m^2 用量 50 g（1 片）；或 10%速克灵烟剂、45%百菌清烟剂，每次 250 g/亩，熏一夜，隔 7～8 d 施 1 次；或傍晚喷撒 5%加瑞农粉尘剂或 6.5%甲霉灵超细尘剂，每次 1 kg/亩，限 9 d 施 1 次。

3. 辣椒疫病

辣椒疫病是生产上的一种毁灭性病害，在我国南方和北方都有分布，温室、塑料大棚及露地均有发生。辣椒疫病症状为果表面生白色霉（病菌），果腐烂或失水变干为僵果。

（1）发病条件　高温高湿易引发辣椒疫病和黄瓜疫病；低温高湿易引发番茄和马铃薯疫病。栽培管理上，平畦种植、地势低洼、大水漫灌、浇水过多、雨后积水、连作地块、施肥不足、偏施氮肥常导致疫病暴发流行。品种间存在着显著的抗病性差异；不同生长期抗病力也有差异，苗期易感病，成株期较抗病。

（2）防治措施　种植抗病品种，新椒 10 号、新椒 3 号、辽椒 1 号等品种耐病性较强且产量高。采用起垄覆膜栽培、轮作倒茬、合理套作、浅灌控水等措施对辣椒疫病有明显的防治作用。加强栽培管理，与非茄科作物实行 3 年以上轮作；合理密植，严禁漫灌、串灌和灌后积水；及时整枝打杈、绑蔓，适当摘除低位老叶、病叶；当田间出现中心病株后将病株拔出，及时选用药剂灌根。可选用 70%乙膦铝锰锌、58%甲霜灵锰锌、64%杀毒矾、66.8%霉多克及 70%安泰生等灌根 2～3 次，交替使用农药，以防止产生抗药性。在发病初期开始喷洒，可选用 72.2%普力克水剂 800 倍液、72%克露可湿性粉剂 500～600 倍液、69%安克锰锌可湿性粉剂 900 倍液、64%杀毒矾可湿性粉剂 500 倍液、70%乙膦铝锰锌可湿性粉剂 500 倍液，用药液 50～60 L/亩，隔 7～10 d 施 1 次，连续防治 4～5 次。

4. 茄子黄萎病

茄子黄萎病是茄子成株期全株性病害，全株（或半边）叶片萎蔫。叶脉间叶肉变黄、维管束变色，症状多发生在半个叶片上。次年从根部伤口或直接从幼根的表皮及根毛侵入。病菌也能以菌丝体和分生孢子在种子内外越冬，带菌种子可随种子调运而远距离传播。病菌在田间主要靠风雨、灌溉、农具、农事操作等传播。

（1）发病条件　在气温 20～25℃和湿度较高的条件下发病重；久旱、高温发病轻，气温在 28℃以上时病害受抑制。老菜区、重茬地发病重，缺肥地较肥力足的地块发病重。偏施氮肥、植株生长弱，发病严重。施未经腐熟的带菌的病残体有机肥，发病重。

（2）防治措施　建立无病留种田或从无病株上采种。用 50%多菌灵 500 倍浸种 2 h。加强栽培管理，与非寄主作物轮作 4～5 年。增施基肥，茄子坐果后追施硝铵或尿素，每亩 10～15 kg，连施 2～3 次。合理灌水，一般以保持湿润耕层而又无积水为宜，雨后或灌水后要及时中耕。药剂防治：播种期土壤消毒；每平方米用5 g药加 15 kg 土上盖下垫。发病后用 50%多菌灵或 70%甲托或 25%甲霜灵灌根，茄子嫁接防黄萎病，可用茄砧一号（原毛茄）作砧木，日本常用毒茄、红茄作砧木，我国北京等地用野生茄作砧木。

5. 黄瓜霜霉病

黄瓜霜霉病是当前黄瓜生产上的毁灭性病害之一。在适宜发病条件下，此病发展迅速，1～2 周内即可使整株叶片枯死，严重影响结瓜。流行年份减产可达 30%～50%。有时个别地块还未曾采瓜，植株便全部枯死，因此有“走马干”之称。除为害黄瓜外，还可为害南瓜、冬瓜、丝瓜、甜瓜、苦瓜等，在西瓜上极少发生。

（1）发病条件　空气相对湿度 83%以上，经 4 h 即可产生游动孢子囊。而相对湿度 50%～60%以下，则不能产生游动孢子囊。孢子囊萌发最适温度为 21～24℃。一般晚熟品种较早熟品种抗性强，品质差的品种较品质好的品种抗性强。连作地、地势低洼、排水不良、栽植过密、保护地通风透光差、肥料不足、浇水过多、地面潮湿等条件下发病重。

（2）防治措施　选用抗病品种，较抗病的品种有津研 2、4、5、6 号，北京碧玉等。加强栽培管理，低洼地应加强排水工作。加强温室、塑料大棚黄瓜的通风透光和降温降湿。发病前或发病初期可喷施保护性杀菌剂 75%达科宁（百菌清）可湿性粉剂 600 倍液；遇到连阴天，喷 1 次 68%金雷水分散颗粒剂和加收米 500～600 倍液，可预防霜霉病和细菌性角斑病及疫病发生。发病初期，喷施金雷多米尔 600～800 倍液、25%阿米西达悬浮剂 2 000 倍液，以上农药交替使用，每 7～10 d 喷施 1 次，连续 2～3 次。

【工作任务实施记录与评价】

1. 蔬菜病虫害综合防治

<table>
<tr><td>预报预测</td><td>农业防治</td><td>物理防治</td><td>生物防治</td><td>化学防治</td></tr>
<tr><td></td><td></td><td></td><td></td><td></td></tr>
<tr><td></td><td></td><td></td><td></td><td></td></tr>
<tr><td colspan="2">师傅指导记录</td><td colspan="2">综合防治效果评价</td><td>评价成绩</td></tr>
<tr><td colspan="2" rowspan="3"></td><td colspan="2" rowspan="3"></td><td></td></tr>
<tr><td>日期</td></tr>
<tr><td></td></tr>
</table>

2. 学徒关键职业能力及职业品质、工匠精神评价

项目	A	B	C	D
工作态度				
吃苦耐劳				
团队协作				
沟通交流				
学习钻研				
认真负责				
诚实守信				

模块五
蔬菜无土栽培及阳台蔬菜园艺

项目 1　蔬菜无土栽培

根据国际无土栽培学会的规定：凡是不用天然土壤而用基质或仅育苗时用基质，在定植以后不用基质而用营养液灌溉的栽培方法，统称为无土栽培。

无土栽培有诸多优点，栽培地点不受土壤条件的限制，能避免土传病虫害及连作障碍；肥料利用率高，节约用水；作物长势强，产量高，产品清洁卫生；节省劳力，减轻劳动强度，有利于自动化和现代化管理。

【专业知识准备】

一、无土栽培的主要类型

（一）无机营养无土栽培

蔬菜生长所需营养主要来自各种无机盐的混合溶液，多数栽培历史悠久的蔬菜品种已有较确定的营养液配方，同时栽培形式多样，栽培程序也较规范。但也存在着营养液配制和管理技术要求较高、生产投资大、产品中硝酸盐含量较高等一系列问题。

根据蔬菜定植后是否需要基质固定，又可分为无基质栽培和基质栽培两种类型。

1. 无基质栽培

无基质栽培是指除育苗采用固体基质外，蔬菜定植后不用固体基质的栽培方法。按营养液供给方式不同又分为水培和雾培两类。其中水培主要有营养液膜法（NFT）和深液流法（DFT）、动态浮根法（DRF）、浮板毛管法（FCH）和漂浮培法等栽培形式。

2. 基质栽培

基质栽培是将蔬菜种植在固体基质上，用基质固定蔬菜并供给营养。固体基质栽培方法比较多，按基质的装置形式不同分为袋培法、槽培法和岩棉培法等。

（二） 有机营养无土栽培

蔬菜生长所需的营养主要或全部来自有机肥，在整个生产过程中，只需定期施入有机肥和浇清水，管理比较简单。中国农科院蔬菜花卉研究所研究开发出了以高温消毒鸡粪为主，适量添加无机肥料的配方施肥来代替化肥配制营养液的有机生态型无土栽培技术。其优点是大幅度降低无土栽培设施系统的一次性投资，节约能源和生产费用，操作简单，产品清洁卫生、可达无公害标准，对环境无污染。

有机营养无土栽培设备简单，肥料来源广泛，可就地取材，生产成本低；生产管理技术与土壤栽培基本相似，技术简单易于推广；产品符合 AA 级绿色食品要求，市场前景广阔。

二、基质的种类

基质分为有机基质和无机基质两大类。

1. 有机基质

有机基质主要包括草炭、锯末、树皮、碳化稻壳、食用菌生产的废料、甘蔗渣和椰子壳纤维等，有机基质必须经过发酵后才可安全使用。

草炭富含有机质，保水力强，但透气性差，偏酸性，一般不单独使用，常与木屑、蛭石等混合使用。刨花、锯末具高碳氮比。刨花使用时，在基质中占 50%为宜。锯末可连续使用 2～6 茬，使用后应加以消毒。棉籽壳（菇渣）是种菇后的废料，消毒后可用。碳化稻壳是稻壳碳化后，用水或酸调节 pH 至中性，在基质中的体积比例不超过 25%。

2. 无机基质

无机基质主要包括岩棉、炉渣、珍珠岩、蛭石、陶粒等。

岩棉具化学性质稳定，物理性状优良，pH 稳定及经高温消毒不带病菌等优点。岩棉在栽培的初期呈微碱性反应，可在使用前经渍水或少量酸处理。珍珠岩容重小且无缓冲作用，孔隙度可达 97%。珍珠岩较易破碎，使用中粉尘污染较大，应先用水喷湿。蛭石透气性、保水性、缓冲性均好。炉渣颗粒大小差异较大，且偏碱性，使用前要过筛，水洗，常用直径 0.5～3 mm 的炉渣进行栽培。

任务 1　认识无机营养无土栽培

【任务目标与质量要求】

在企业师傅指导下，根据无土栽培的类型选择基质，进行基质配制和消毒、设置灌溉和供水系统、准备栽培槽等，生产中重点做好营养液的配制管理或肥料的供应等工作，抓好设施环境调控等各个环节，实现无土栽培周年生产，获得合格的商品蔬菜。

【学习产出目标】

1. 学会基质配制和消毒。
2. 能正确安装灌溉和供水系统、搭建栽培槽。
3. 根据配方进行营养液的配制与管理。

【工作程序与方法要求】

1. 基质的配制

● 基质的选择与配比	蔬菜无土栽培用的固体基质有许多种，包括岩棉、蛭石、珍珠岩、沙、砾石、草炭、稻壳、炉渣、锯末、菌渣等，这些基质加入营养液后，能像土壤一样给植物提供 O_2、H_2O、养分和固定支持。	要求：配好的基质容重为 0.5 g/cm³，总孔隙度为 60%，大、小孔隙比为 1∶2，化学稳定性强，pH 近中性。
● 基质混伴	基质混合可以使各种基质间优缺点互补，为作物提供营养充足、水分适中、空气持有量大的生态环境。基质混合以 2 ～ 3 种混合为宜，按照一定体积比混配混拌均匀。干草炭一般不易弄湿，可加入非离子湿润剂，每 40 L 水中加 50 g 次氯酸钠，能湿润 1 m³ 混合基质。	要求：混拌基质时一边洒水一边混拌，各成分混拌均匀，干湿适中。
● 基质消毒	基质连续使用必须在前茬作物拉秧后进行消毒。消毒方法主要有蒸汽消毒、药剂消毒和太阳能消毒 3 种。 (1) 蒸汽消毒—将基质装入消毒柜或大箱内，通入蒸汽，密封后在 70~90℃条件下，消毒 0.5~1 h。 (2) 药剂消毒—将 40%甲醛原液稀释 50 倍，用喷壶将基质均匀喷湿，然后用无破损薄膜盖严，24~26 h 后揭膜，再风干 2 周后使用。 (3) 太阳能消毒—夏季高温季节，在温室或大棚中把基质堆成 20~25 m 高的堆，长、宽依具体情况而定。堆积时喷湿基质，使其含水量超过 80%，再用透光较好的塑料薄膜盖堆。槽培可直接在槽内基质上浇水并盖薄膜或密封温室，暴晒 10~15 d，消毒效果良好。	要求：高锰酸钾消毒一般用在石砾、粗沙等基质上，而不能用于泥炭、木屑、岩棉、陶粒等有较大吸附能力的活性基质或者难以用清水冲洗干净的基质消毒，因为这些基质能吸附高锰酸钾，会直接毒害作物或造成植物的锰中毒。

2. 安装栽培槽及滴灌系统

栽培槽是盛装栽培基质或营养液，并在其内种植蔬菜植物的容器。永久性栽培槽多用水泥预制，或用砖石作框、水泥抹面防渗漏，也有用铁片加工成形的。临时性栽培槽多以砖石作框，或在地面用土培成槽或土壤开槽、挖沟成槽，内铺一层塑料薄膜隔离防渗漏。

● 认识栽培槽的种类	按栽培槽底部形状的不同，分为平底槽、“V”形底槽、“W”形底槽和“⌒”形底槽等四种类型。平底槽的底部平整，营养液分布均匀，多用于水培。“V”形底槽的槽底通常盖一片带有许多细孔的铁片、竹片或木板等，上铺一层纺织袋，将栽培槽一分为二，上面盛装基质，下面为排水和通气沟，根系生长环境较好。“W”形槽中央扣盖一多孔半圆形瓦，槽中多余营养液或水集中于其内便于排出槽外。“⌒”形底槽的底中部较高，多余的营养液或水集中在底部的两侧排出。	要求：根据栽培作物及当地条件，可用多种材质的栽培槽，如塑料槽、聚苯乙烯树脂槽、PVC 槽、塑钢槽等。
● 确定栽培槽的规格	一般“V”形槽宽 20~30 cm；平底槽宽 48~80 cm；“⌒”形底槽和“W”形底槽比平底槽窄些，否则底部高度差小，排水效果不良；立体栽培用的栽培槽宽度一般不超过 20 cm。有机营养无土栽培法是靠施入的有机肥提供营养，为保证肥量，一般要求用内宽 40~50 cm 以上的栽培槽。水培槽一般深 15 cm 左右，固体基质槽深 20 cm 左右。“V”形槽的隔板以上高 15 cm，下方深 5 cm。“⌒”形底槽和“W”形底槽的最浅部分应不小于 15 cm。栽培槽的长度应根据灌溉能力、棚室结构及田间操作所需走道等因素确定。	要求：栽培槽的内宽从 20 ～ 80 cm 不等。栽培槽的有效深度为 15 ～ 20 cm。
● 设置栽培槽	栽培槽进液端要稍高一些，两端保持 1/60 ～ 1/80 的坡度，保持栽培槽底部积液有一定的流动速度，立体栽培槽上、下层槽间的距离根据蔬菜高度确定，一般为 50~100 cm。	要求：栽培槽应与地面进行隔离。
● 安装灌溉系统	无机营养无土栽培的灌溉系统一般由 3 部分构成。 (1) 供液装置　包括贮液池（罐）及其附属部分，主要作用是使营养液具有一定的压力。地上贮液池（罐）一般高 1.0~1.5 m，依靠自身的压力将营养液送入栽培床内。地下贮液池需要配备水泵，从池中提取营养液并对营养液加压，将营养液由管道送入栽培床内。 (2) 输液管道　由主管和支管两部分组成，多使用不透光的黑色硬质塑料管。 (3) 滴液装置　分为硬质塑料管和软质塑料管两种，铺于蔬菜栽培行间并将营养液滴入床内的装置。	要求：采用水肥一体化的方式进行水肥管理，浇水追肥同时进行，操作时只需开启和关闭供液系统的阀门，实现供液供养调控。

3. 营养液的配制与管理

在一定体积的营养液中，规定含有各种营养元素或盐类的数量称为营养液配方。营养液的管理主要指循环供液系统中营养液的管理和循环使用，在基质中非循环使用的营养液不回收使用。

● 选择营养液配方	目前应用较为普遍的是日本园试标准配方和日本山崎配方。日本园试通用营养液配方适用于多种蔬菜，日本山崎营养液配方主要适用于无基质的水培。	要求：根据栽培作物的种类、无土栽培方式以及成本的大小，正确选用营养液配方。

● 营养液的配制	营养液一般配制成浓缩贮备液（母液）和工作营养液（栽培营养液）2 种。 (1) 配制母液。为防止在配制母液时产生沉淀，把相互之间不会产生沉淀的化合物放在一起溶解，可将配方中的各种化合物分为 3 类配制成浓缩液，分别称为 A 母液、B 母液、C 母液。 (2) 工作营养液的配制—按 A、B、C 顺序将母液分别缓慢倒入贮液池（罐）中，迅速经水泵循环流动或搅拌均匀，加水到规定体积并充分搅匀，最后测定调节 pH，即完成工作营养液的配制。	要求：选用适当的无机盐类时，既要考虑肥料中可供营养元素的浓度和比例，又要选择溶解度高、纯度高、杂质少、价格低的肥料。
● 营养液的浓度和PH调整	(1) 营养液浓度的调整和管理　营养液在使用过程中，应随着浓度的升高或降低，及时补充水分或无机盐。生产上也可采用较简单的方法来管理营养液。具体做法：第 1 周使用新配制的营养液，第 1 周末添加原始配方营养液的一半，第 2 周末把营养液罐中所剩余的营养液全部倒入，从第 3 周开始重新配制营养液，并重复以上过程。 (2) 营养液的 pH 调整　营养液 pH 的适宜范围为 5.5~6.5。每吨营养液从 pH 7.0 调到 6.0 所需酸量：98%硫酸（H_2SO_4）100 mL，63%硝酸（HNO_3）250 mL，85%磷酸（H_3PO_4）300 mL，63%硝酸（HNO_3）与 85% 磷酸（H_3PO_4）体积比为 1∶1 的混合酸 245mL。	要求：一般用电导仪测定浓度，电导率升高需补充水分，电导率降低需补充肥料。一般 1 周左右测 1 次营养液酸碱度，并及时调整。
● 营养液的温度和含氧量管理	(1) 营养液温度管理　夏季营养液温度应不超过 28℃，冬季不低于 15℃。冬季温度过低时可用电热器或电热线配上控温仪对营养液进行加温。 (2) 营养液含氧量调整　夏季由于温度高，营养液的含氧量往往不足，可通过搅拌、营养液循环流动、降低营养液浓度、化学试剂制氧等措施提高含氧量。	要求：营养液温度范围应在 15～18℃，4～5 mg/L 的含氧量可满足大多数植物生长。

【业务知识】

1. 常用基质混合配方

基质混合可以使各种基质间优缺点互补，为作物提供营养充足、水分适中、空气持有量大的生态环境。基质混合以 2～3 种混合为宜，常用的基质混合配方和比例见表 3-5-1。

表 3-5-1　常用基质混合配方

序号	配方及比例	序号	配方及比例
1	蛭石∶珍珠岩＝2∶1	6	蛭石∶锯末∶炉渣＝1∶1∶1
2	蛭石∶沙＝1∶1	7	蛭石∶草炭∶炉渣＝1∶1∶1
3	草炭∶沙＝3∶1	8	草炭∶蛭石∶珍珠岩＝2∶1∶1
4	刨花∶炉渣＝1∶1	9	草炭∶珍珠岩∶树皮＝1∶1∶1
5	草炭∶树皮＝1∶1	10	草炭∶珍珠岩＝7∶3

2. 营养液配方

在一定体积的营养液中，规定含有各种营养元素或盐类的数量称为营养液配方。目前应用较为普遍的是日本园艺试验场提出的园试标准配方和日本山崎配方。日本园试通用营养液配方（表 3-5-2）适用于多种蔬菜，日本山崎营养液配方（表 3-5-3）主要适用于无基质的水培。

表 3-5-2　日本园试通用营养液配方

分类	化合物名称	分子式	用量/(mg/L)	元素含量/(mg/L)
大量元素	硝酸钙	$Ca(NO_3)_2 \cdot 4H_2O$	945	N=112；Ca=160
	硝酸钾	KNO_3	809	N=112；K=312
	磷酸二氢铵	$NH_4H_2PO_4$	153	N=18.7；P=41
	硫酸镁	$MgSO_4 \cdot 7H_2O$	493	Mg=48；S=64
微量元素	螯合铁	$Na_2Fe\text{-}EDTA$	20	Fe=2.8
	硫酸锰	$MnSO_4 \cdot 4H_2O$	2.13	Mn=0.5
	硼酸	H_3BO_3	2.86	B=0.5
	硫酸锌	$ZnSO_4 \cdot 7H_2O$	0.22	Zn=0.05
	硫酸铜	$CuSO_4 \cdot 5H_2O$	0.05	Cu=0.02
	钼酸铵	$(NH_4)_6Mo_7O_{12}$	0.02	Mo=0.01

表 3-5-3　日本山崎营养液配方

无机盐类	分子式	用量/(mg/L)						
		甜瓜	黄瓜	番茄	甜椒	茄子	草莓	莴苣
硝酸钙	$Ca(NO_3)_2 \cdot 4H_2O$	826	826	354	354	354	236	236
硝酸钾	KNO_3	606	606	404	606	707	303	404
磷酸二氢铵	$NH_4H_2PO_4$	152	152	76	95	114	57	57
硫酸镁	$MgSO_4 \cdot 7H_2O$	369	492	246	185	246	123	123
螯合铁	$Na_2Fe\text{-}EDTA$	16	16	16	16	16	16	16
硼酸	H_3BO_3	1.2	1.2	1.2	1.2	1.2	1.2	1.2
氯化锰	$MnCl_2 \cdot 4H_2O$	0.72	0.72	0.72	0.72	0.72	0.72	0.72
硫酸锌	$ZnSO_4 \cdot 4H_2O$	0.09	0.09	0.09	0.09	0.09	0.09	0.09
硫酸铜	$CuSO_4 \cdot 5H_2O$	0.04	0.04	0.04	0.04	0.04	0.04	0.04
钼酸铵	$(NH_4)_6Mo_7O_{12}$	0.01	0.01	0.01	0.01	0.01	0.01	0.01

3. 无土栽培槽的类型

根据无土栽培模式不同，常见的有水培、雾培、基质培等，观光休闲温室也可以进行管道培、槽培、卡盆培、立柱培等，或者将多种模式结合进行复合式栽培、苗床式栽培、螺旋式管道栽培、槽式立体组合、卡盆式立体组合、椰糠栽培等。

按栽培槽底部形状的不同，分为平底槽、“V”形底槽、“W”形底槽和“⌒”形底槽等 4 种类型（图 3-5-1）。

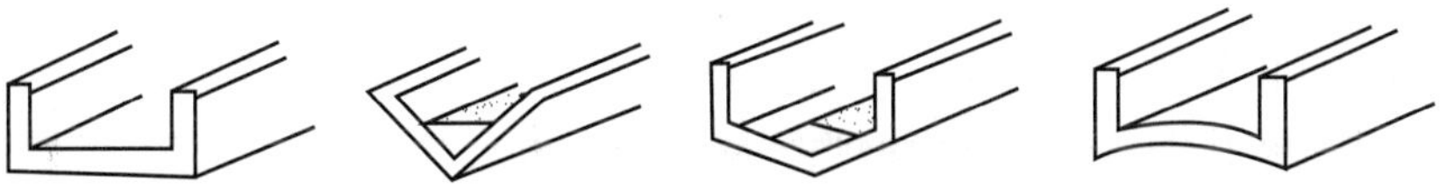

图 3-5-1　无土栽培槽的类型

4. 常见无土栽培的技术要点

（1）营养液膜栽培　大型作物栽培槽的槽体长度根据地形条件而定，一般 10～20 m 均可，槽底宽 25～30 cm，槽高 20 cm，底面整平压实，有一定坡降（1∶75 左右）。上边铺一层黑白双色塑料薄膜，宽 75～80 cm，略长于畦长，白色在下、黑色在上（厚度 0.2 mm 左右），将带苗的育苗块（一般为岩棉育苗块）按株距摆放在槽体中间，呈一行。然后将两边的薄膜兜起，呈三角形，植株从三角膜上边伸出，两边用夹子夹住固定，内部防止曝光，以利根系生长。每个栽培槽的一端设 2～3 个直径为 2～3 mm 的细管注入栽培槽内，以使栽培槽底部供应的营养液呈一层薄膜。每槽每分钟的供液量以 2 L 为宜。小型作物栽培槽的形式不尽相同。有的栽培床是由聚苯乙烯制成的波形的栽培床。该法的设备包括栽培床、盖板、电泵及时间控制器几部分。栽培床长 300 cm、宽 101 cm，床架高 50 cm 左右，用床腿支撑，平放在地面上。床体呈波形，波形沟深度 5 cm 左右，101 cm 宽的床面上设波状沟 6～7 行，下部用隔热材料填实，上面覆上盖板，顺波沟打上栽培孔，用以固定作物，孔距根据作物株距确定。在栽培床一端，每一栽培沟与供液管相连，定量供液。

营养液膜栽培对条件要求较高，须注意以下几点：① 不论什么栽培设置，栽培槽底部必须十分平滑，并保持一定坡降，以便营养液流畅通顺。② 保持不断供液，一般每槽每分钟供液量为 2 L，长的栽培槽 4 L/min。供液量不足会影响根系的氧气供应。贮液池的营养液供栽培循环使用，一般每亩地需贮液池 1～1.5 m^3。③ 营养液膜栽培对营养液的盐度及 pH 要求更为严格，因此要经常进行检测。番茄栽培中营养液的电导率为 2.5～3.5 mS/cm；莴苣为 1.5～1.8 mS/cm。营养液的 pH 应保持在 5.5～6.5。④ 营养液膜栽培作物与空气接触面较大，槽温受气温影响而变化较大，因此应注意气温变化或采取必要的控温措施。⑤ 由于营养液为循环使用，一旦发生病害污染，就极易扩散，需注意栽培设施用具的消毒和卫生管理。

（2）浮板毛管水培　栽培槽采用隔热性能良好的聚苯乙烯膜泡沫板压模制成长 1 m、宽 0.4 m、深 0.1 m 的凹形槽，可连接成长 15～30 m 的栽培槽，内衬垫黑色聚乙烯膜防渗漏，槽内液面飘一浮板，厚 1.25 cm，宽度不超过定植板上两行定植穴的行距，浮板上铺规格为 50 g/m^2 的无纺布成湿毡状，由定植穴伸入液面的定植杯紧靠浮板两侧定植作物。由定时器控制水泵，每天定时输营养液，通过管道、空气混合器流入栽培槽更换培养液，经由排液口流回贮液池。根系耗氧量大的作物也可采用岩棉块或聚氨酯泡沫块育苗，育苗块直接置于浮板中间，铺一条软滴灌带与进液口相连，以增加苗期湿毡上的供液量，等浮板上湿气根长到一定程度，根系自然就伸到培养液中吸收水肥。进水口可接空气混合器以增强丰氧功能，出水口设水位传感器调节液面，一般每 1～2 h 供液 1 次。

（3）深液流水培　与营养液膜技术差不多，不同之处是流动的营养液层较深（5～10 cm），植株大部分根系浸泡在营养液中，其根系的通气靠向营养液中加氧来解决。这种系统的主要优点是解决了在停电期间营养液膜系统不能正常运转的困难。整个系统基本由地下营养液池、地上营养液栽培槽、水泵、营养液循环系统和营养液过滤池及植株固定装置等部分组成。营养液由地下营养液池经水泵通过供液管道注入营养液栽培槽，栽培槽内的营养液经过液面调节栓经排液管道通过过滤后又回到地下营养液池，使营养液循环使用。深液流法目前在广东省推广面积较大。

（4）鲁 SC-1 型无土栽培　栽培槽体呈倒三角形，上宽与槽高为 20～22 cm，槽长 2.5～3.0 m，中间设 1 层垫篦，上铺棕皮，填入基质，垫篦下部为空间，供营养液流动供液。栽培槽两端各设 10 cm 空档，一端与进水管相连，另一端设虹吸排液管，供液达到一定高度后，营养液由虹吸管自动排出，自上而下，循环供液。在高大的温室内可以上下吊挂 2～3 层槽体，如果在塑料大棚内栽培可以在地面设一层栽培槽。栽培槽可以用铁皮做成，也可以用水泥和砖砌成，或者就地取土打成。其槽体结构与以上相同。如果是用土打制的槽体，在槽内需先铺一层 0.15 mm 厚的聚乙烯薄膜，在槽两端设置供液与排液槽头，以便供液与排液使用。供液管由直径 25 mm 钢管或硬质塑料管制成，并与每一供液槽头处相连，由此处供液。排液槽头处设直径 20～24 mm 的虹吸排液管。并与排液总管相连，排出的营养液流回贮液池。如此循环供液。供液时由时间控制器启动电泵，定时定量供液。每亩栽培面积需要设容积为 5～6 m^3 的贮液池。一般设在温室中部。贮液池用砖砌成，用优质水泥抹面。营养液由时间控制器启动电泵，定时定量供液，一般每天供液 3～4 次，每次约 15 min。营养液灌满贮液槽后再流回贮液池。

（5）岩棉培　岩棉培的给液方式分为循环式和非循环式。全封闭循环式给液可避免营养液排出对土壤造成二次污染，有助于保护环境。营养液槽是用砖和水泥砌成的不漏水的水槽，为供液均匀一般将营养液槽设置在日光温室中央位置。营养液槽的容积由栽培面积决定。面积为 400 m^2 的日光温室，营养液槽的容积以 7～10 t 为宜。为防止渗漏营养液，槽底面与四周铺 1 层油毡。为了营养液槽清理方便，在槽底砌 20 cm 见方的小水槽。岩棉培栽培床以聚苯板构成床体，对薄膜起保护作用。塑料膜用来包裹岩棉块，并使营养液不外漏。塑料膜为宽 1～1.1 m、厚 0.12～0.15 mm 的银灰膜或黑白膜。岩棉块是植物生长的地方，可采用宽 30 cm、厚 7～8 cm、长 90～100 cm 的农用岩棉。岩棉块底部与塑料膜之间垫 3 行聚苯板条，形成回液沟，使多余的营养液存在沟中，并顺沟从排液口、排液管流回，防止根部因积水而发生沤根现象。从营养液槽通向栽培床中软质加液管的主管道粗细与水泵相应，并在主管道上装一过滤器，防止软质加液管堵塞。营养液由泵从营养液槽抽出，经过滤器由加液主管进入加液软管，流入岩棉块被植物吸收，剩余部分顺聚苯板条构成的回液沟经排液口、排液主管流回营养液槽，完成 1 次循环。

(6) 雾培　栽培容器呈梯形，作物栽于两侧平面上，根系悬挂在梯形容器内，在容器内设若干营养液喷头，喷出的营养液成雾状，供应作物对营养和水分的需求，使水、肥、气三者得到协调充分的供应。一般每 3～5 min 喷雾 1 次，每次连续喷雾数秒钟，这种方法对喷头工艺要求很高，要求雾化程度好，雾滴过粗或不均匀则会影响作物生长。此外，根系温度要求相对稳定，应设置控温装置。

(7) 基质槽培法　在一定的槽体内，填入基质，供应营养液栽培作物，其设备包括栽培床、贮液池、电泵和营养液供排管道等。

南非槽栽法：栽培槽一般长 15 m、宽 1.2 m、高 30 cm，用砖砌成墙，墙厚 13 cm。槽底可以砌底，供液后回收营养液；槽底也可以不砌底，供液后不回收营养液。或者将肥料干施在基质层内，通过浇水满足作物对营养和水分的需要。

美国系统槽栽法：以沙子作基质，由栽培床、贮液池、抽水电泵和供排液管道等几部分组成。其特点是营养液从槽底部进入栽培床，再流到贮液池中，整个营养液都在一个封闭系统内，通过电泵强制循环供液，回流时间由时间控制器控制。栽培槽体根据地形及栽培要求安排。

荷兰槽栽系统：与美国系统不同的是让营养液悬空落入栽培床中，在栽培床末端底部设营养液出口，直径为注射管直径的一半，使整个循环系统形成节流状态，供液时将贮液池中的营养液通过电泵打入供液注入口，循环使用。每次灌液时能将栽培床中的营养液全部更新。

(8) 固体基质袋栽法　用尼龙袋或黑白双色聚乙烯袋装入基质。一般用于栽培瓜类或茄果类作物，按株距在袋上打上直径为 8～10 cm 的孔，按行距呈枕式摆放在地面上，安装滴灌管供应营养液。每孔栽一株作物并安装一根滴灌管供液。栽培袋内装入的基质一般为草炭占 40%、蛭石占 30%、珍珠岩占 30%的混合基质。袋培的另一种形式为立式袋培。立式袋培的袋高和宽均为 30 cm，容量为30 L，每袋栽一株大型果菜作物，用滴灌供应营养液。基质用单一或混合的均可。

(9) 有机生态型基质栽培　利用高温发酵消毒的鸡粪、蒿秆末、饼肥等按一定比例混入栽培基质，然后在基质上铺软滴灌带替代传统基质培用营养液滴灌的方法，定植后 20 d 依作物长势追施复合肥、硝酸钾等数次，应用此技术栽培出的番茄的品质、产量均不比传统基质培差，且排出液的硝酸盐浓度远远低于国际标准，不污染环境。

【业务经验】

如何进行母液配制

为防止在配制母液时产生沉淀，应将配方中的各种化合物进行分类，把相互之间不会产生沉淀的化合物放在一起溶解。根据此要求，一般将配方中的各种化合物分为三类，配制成的浓缩液分别称为 A 母液、B 母液、C 母液。

A 母液：以钙盐为中心。凡不与钙作用而产生沉淀的化合物均可放置在一起溶解。一般包括 $Ca(NO_3)_2$、KNO_3，浓缩 200 倍。

B 母液：以磷酸盐为中心。凡不与磷酸根产生沉淀的化合物都可溶在一起，一般包括 $NH_4H_2PO_4$、$MgSO_4$，浓缩 200 倍。

C 母液：由铁和微量元素合在一起配制而成，可配制成 1 000 倍液。

【工作任务实施记录与评价】

1. 无机营养无土栽培系统安装质量检查

栽培槽	滴灌系统	配制基质	配制营养液	管理营养液
师傅指导记录		安装质量评价		评价成绩
				日期

2. 学徒关键职业能力及职业品质、工匠精神评价

项目	A	B	C	D
工作态度				
吃苦耐劳				
团队协作				
沟通交流				
学习钻研				
认真负责				
诚实守信				

任务 2　有机生态型基质栽培生产管理

【任务目标与质量要求】

在企业师傅指导下，完成有机生态型无土栽培的基质配制和消毒、安装供水系统，生产中重点做好营养管理和水分的供应，抓好设施环境调控等各个环节，获得合格的商品蔬菜。

【学习产出目标】

1. 学会就地取材完成有机生态型基质的配制和消毒。
2. 能正确安装栽培槽和供水系统。
3. 根据蔬菜生长需要进行营养管理和水分管理。

【工作程序与方法要求】

● 配制栽培基质	有机生态型无土栽培基质可就地取材，如棉籽壳、玉米秸、玉米芯、农产品加工后的废弃物（如酒糟）及木材加工的副产品（如锯木、刨花等）等，按一定配比混合后使用。含有锯末、玉米秆的混合基质，由于在作物栽培过程中基质本身分解速度较快，所以每种植一茬作物，均应补充一些新的混合基质，以弥补基质量的不足。加入一定量的无机物质调整基质的物理性能，如蛭石、珍珠岩、炉渣、沙等，加入量依调整需要而定。有机物与无机物之比按体积计可自 2：8 至 8：2，混配后的基质容重在 0.30~0.65 g/cm³，每立方米基质可供净栽培面积 9~6 m²（栽培基质厚度为 11~16 cm）。	要求：栽培基质的更新年限因栽培作物不同为 3~5 年。
● 安装栽培槽和供水系统	(1) 栽培槽—有机生态型无土栽培系统可采用槽培或桶培等形式。栽培槽边框高 15~20 cm，槽宽依不同栽培作物而定。黄瓜、甜瓜等蔓茎蔬菜或植株高大而需支架的番茄、辣椒等蔬菜，其栽培槽标准宽度为 48 cm，可供栽培两行蔬菜，栽培槽间距 0.8~1.0 m；生菜、草莓等株形较为矮小的蔬菜，栽培槽宽度可定为 72 cm 或 96 cm，供栽培多行蔬菜，栽培槽间距 0.6~0.8 m。 (2) 供水系统—单个棚室建独立的供水系统。栽培槽宽 48 cm，可铺设滴灌带 1~2 根，栽培槽宽 72~96 cm，可铺设滴灌带 2~4 根。	要求：槽长一般为 5~30 m，过长时在槽中部易积水。
● 营养管理	肥料供应量以氮、磷、钾三要素为主要指标，使蔬菜在整个生育期内均处于最佳供肥状态，通常依作物种类及所施肥料的不同，将肥料分期施用。有机营养无土栽培所用的有机肥料主要有饼肥、作物秸秆、动物粪便等，施肥前应经过发酵腐熟、干燥、筛选、包装等处理。有机肥可单独加工，也可混合发酵、加工。	要求：每立方米基质施入的肥料应含全氮 (N) 1.5~2.0 kg、全磷 (P_2O_5)0.5~0.8 kg、全钾 (K_2O)0.8~2.4 kg。

●水分管理	根据栽培蔬菜种类确定灌水定额，依据生长期中基质含水状况调整每次灌水量。定植前 1 d，灌水量以达到基质饱和含水量为度。作物定植以后，每天灌溉次数不定，每天 1 次或 2 ～ 3 次，保持基质含水量达 60%～ 85%。一般在成株期，黄瓜每天每株浇水 1 ～ 2 L，番茄 0.8 ～ 1.2 L，甜椒 0.7 ～ 0.9 L。浇水量必须根据气候变化和植株大小进行调整，阴雨天停止浇水，冬季隔 1 d 浇 1 次。	要求：为减少水分蒸发，并防止基质内滋生绿藻等，定植后，应用黑色塑料薄膜将整个栽培槽表面盖严。

【业务知识】

1. 如何建造有机基质无土栽培槽

有机型基质栽培可以根据当地条件，采用多种形式的栽培基质槽。有三种形式的栽培槽可供选择。

（1）塑料或聚苯乙烯槽　长×宽×高＝200 cm×45 cm×18 cm，并在槽底部留有排水沟和小孔。

（2）砖块砌槽　长×宽×高＝200 cm×45 cm×18 cm，在槽底部土壤上挖一条5～6 cm 宽、沿栽培槽方向坡度 0.5%的排水沟（图 3-5-2）。

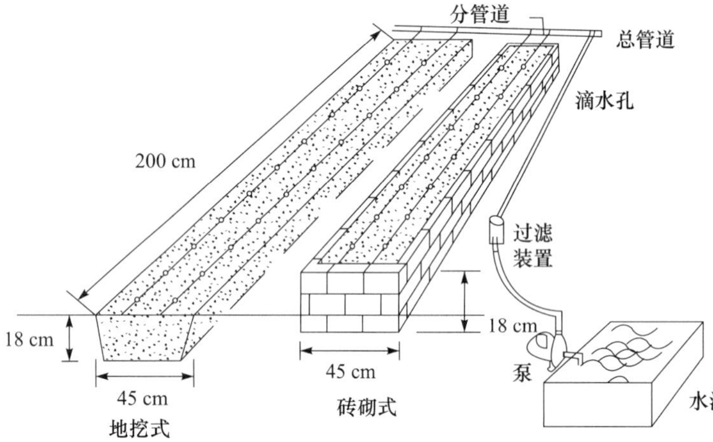

图 3-5-2　地挖式及砖砌式槽

（3）土壤开槽　可在土壤中直接挖沟作为基质栽培槽，具体结构和砖块槽相同，长×宽×高＝200 cm×45 cm×18 cm。

在基质栽培中为了防止渗漏并使基质与土壤隔离，通常在槽的底部铺 1～2 层塑料薄膜。一般槽长 10～20 m，槽与槽之间距离为 70 cm，槽的坡度至少为 0.5%，以便排水、通气。

2. 蔬菜有机营养无土栽培常用的混合基质配方

有机营养无土栽培所用的有机肥料主要有饼肥、作物秸秆、动物粪便等，施肥前应经过发酵腐熟、干燥、筛选、包装等处理。有机肥可单独加工，也可混合发酵、加工。

有机营养无土栽培常用的混合基质配方有：①草炭：炉渣＝4：6；②河沙：棉籽

壳＝5∶5；③玉米秆∶炉渣∶锯末＝5∶2∶3；④草炭∶珍珠岩＝7∶3；⑤河沙∶椰壳＝5∶5；⑥葵花秆∶炉渣∶锯末＝5∶2∶3，等等。

【业务经验】

如何进行营养管理

在向栽培槽内填入基质之前或前茬作物收获后、后茬作物定植前，先在基质中混入一定量的肥料（如每立方米基质混入 10 kg 消毒鸡粪、1 kg 磷酸氢二铵、1.5 kg 硫酸铵和 1.5 kg 硫酸钾）作基肥。

这样番茄、黄瓜等果菜在定植后 20 d 内不必追肥，只需浇清水，20 d 后每隔 10～15 d 追肥 1 次，均匀地撒在距根部 5 cm 以外的基质内。基肥与追肥的比例为（25∶75）～（60∶40），每次每立方米基质追肥量为全氮（N）80～150 g、全磷（P_2O_5）30～50 g、全钾（K_2O）50～180 g。追肥次数依作物生长期的长短而定。

【工作任务实施记录与评价】

1. 温室检修消毒及栽培槽安装等前期准备

<table>
<tr><td>温室检修消毒</td><td>栽培槽安装</td><td>供水系统安装</td><td>基质配制</td><td>营养和水分管理</td></tr>
<tr><td></td><td></td><td></td><td></td><td></td></tr>
<tr><td colspan="2">师傅指导记录</td><td colspan="2">安装质量评价</td><td>评价成绩</td></tr>
<tr><td colspan="2" rowspan="3"></td><td colspan="2" rowspan="3"></td><td></td></tr>
<tr><td>日期</td></tr>
<tr><td></td></tr>
</table>

2. 学徒关键职业能力及职业品质、工匠精神评价

项目	A	B	C	D
工作态度				
吃苦耐劳				
团队协作				
沟通交流				
学习钻研				
认真负责				
诚实守信				

项目 2　阳台蔬菜园艺

近年来，绿色、安全的生活方式逐渐被人们认可和喜爱。当前，中国城市面临人多地少的境况，加上环境问题和食品安全问题频繁出现，城市人群迫切需求一种可满足自我需求的健康生活方式，家庭阳台蔬菜园艺则应运而生，不仅可向人们提供新鲜安全的蔬菜，还能美化室内环境、净化空气、亲近自然、净化心灵，提高人们的生活品质。城市家庭阳台种植是目前园艺文化的一种新模式，受到不少群体的欢迎。

任务 1　选择阳台蔬菜生产模式

阳台园艺文化是立体绿化的一种，也是目前中国大力推广的“见缝插绿”的一部分。其中，阳台种菜和养花是阳台园艺文化的主要部分。目前，阳台园艺还没有大范围普及，但作为一种迷你型的人造自然环境，具有生态、美化与收获兼顾的多重效果，必将成为一种发展趋势。阳台园艺文化不仅有益于身心健康，还有助于调整消极的情绪，增加生活正能量。

【专业知识准备】

一、阳台种菜的好处

阳台种菜是现代家庭园艺生活的一部分，其有以下几个方面的益处。

(1) 阳台种菜讲究一种健康的生活，平时我们从农贸市场、超市买的一些蔬菜难免存在一些农药和化肥残留，而阳台种菜一般不使用农药和化肥，而是采用自己平时生活中常用到的淘米水、果皮、厨房残杂等材料沤制成蔬菜所需的有机肥料，这样我们吃到的是一种健康无污染的食品。

(2) 菜市场的蔬菜往往是经过长距离运输后才周转到消费者手上，鲜度有限。放在冰箱储存的蔬菜不仅会产生有害物质，而且会发生营养素的损失。自己亲手在阳台上种植的蔬菜不仅新鲜，而且可随时采摘，随时食用，营养成分含量更高。

(3) 在阳台种植蔬菜不仅起到了观赏、食用的作用，还能净化室内空气、分解室内有害物质、吸收室内甲醛，同时调节了空气湿度，让室内环境变得更舒适。

(4) 阳台种菜提倡环保、低碳生活。在我们这个钢筋混凝土的城市，空气质量受到了来自汽车尾气、空调热气的污染，如果大家在家里种植绿色蔬菜，不仅对提高空气质量有一定的帮助，而且减少了碳的排放，让我们每天都可以呼吸到新鲜的空气。

（5）阳台种菜可以缓解上班族工作上的压力，放松心情。下班后回到家，与家人一起享受田园生活带来的乐趣。

（6）对于有小孩的家庭，可以通过阳台种菜让孩子们了解大自然，了解植物生长的生物知识，培养孩子们的动手能力、责任感和爱心。

二、阳台蔬菜朝向及蔬菜种类选择

选择阳台蔬菜的品种应注意两个方面：一方面要根据个人爱好和需要而定，另一方面要考虑自家阳台的环境条件适合哪些蔬菜。一般说来，如果空间允许，大多数蔬菜瓜果都可在阳台上栽种。所谓阳台的环境条件，最主要就是阳台朝向和阳台封闭情况。蔬菜作物在生长过程中，主要受气象条件和土壤条件影响，其中包括日照、温度、水分、土壤、肥料等。在气象三大要素日照、温度和水分中，光照对蔬菜的生长、产量和品质影响尤为明显，根据家庭阳台的面积大小和楼层方位，进行人工干预和控制，实现空间合理利用，既能满足人们休闲之余的种植乐趣，又能让家人吃上安全、可口的新鲜蔬菜，成为当前阳台蔬菜的流行趋势。因此，阳台的环境条件中更重要的是阳台的朝向，在温度允许的条件下，一般要根据阳台朝向选择蔬菜。朝向决定着阳台的光照条件，而阳台封闭情况则决定了阳台的温度条件。全封闭阳台冬季温度也较高，所受温度限制较小，可选择的蔬菜范围也比较广，基本一年四季都可栽种蔬菜。半封闭或未封闭阳台冬季温度较低，一般不宜在冬天栽种蔬菜，夏天太阳直射导致温度过高，也要注意遮光保护。

（1）全日照阳台　朝南阳台为全日照，阳光充足、通风良好，是最理想的种菜阳台（表 3-5-4）。

表 3-5-4　朝南且没有遮光物的阳台光照条件

季节	春			夏			秋			冬		
月份	3	4	5	6	7	8	9	10	11	12	1	2
日照	○	○	○	●	●	●	●	●	●	○	◎	◎

注：●代表非常强，○代表比较强，◎代表弱。

优势：日照条件好，光照充足。

劣势：水泥地板，白天温度容易过高，尤其是夏季地面温度甚至可能达到60℃，要及时补水降温。

种植设施摆放位置：坐北朝南，偏东南或西南。

几乎所有蔬菜都是在全日照条件下生长最好，因此一般蔬菜一年四季均可在朝南的阳台上种植，如黄瓜、苦瓜、番茄、菜豆、金针菜、番杏、芥菜、西葫芦、青椒、莴苣、韭菜等。此外，莲藕、荸荠、菱角等水生蔬菜也适宜在朝南的阳台种植。冬季朝南阳台大部分地方都能受到阳光直射，再搭起简易保温设备，也可以给冬季生产蔬菜创造一个良好的环境。

（2）半日照阳台　朝东、朝西阳台为半日照（表 3-5-5，表 3-5-6）；朝南，但附近有建筑物等遮光物的阳台也可认为是半日照阳台（表 3-5-7）。

表 3-5-5　朝东、上午日照较充足的阳台

季节	春			夏			秋			冬		
月份	3	4	5	6	7	8	9	10	11	12	1	2
日照	◎	◎	○	●	●	●	●	●	○	○	◎	◎

注：●代表非常强，○代表比较强，◎代表弱。

表 3-5-6　朝西、下午日照较充足的阳台

季节	春			夏			秋			冬		
月份	3	4	5	6	7	8	9	10	11	12	1	2
日照	◎	◎	○	○	●	●	●	●	●	●	○	◎

注：●代表非常强，○代表比较强，◎代表弱。

表 3-5-7　朝南、附近有建筑物等遮光物的阳台

季节	春			夏			秋			冬		
月份	3	4	5	6	7	8	9	10	11	12	1	2
日照	◎	○	○	○	●	●	●	●	●	○	◎	◎

注：●代表非常强，○代表比较强，◎代表弱。

优势：可以缓和高温、干燥等恶劣天气，适合绝大多数蔬菜生长。

劣势：通风较差，容易发生病虫害。能够种植的蔬菜品种有限。

种植设施摆放位置：坐西朝东，偏东南；坐北朝南，偏东南或西南。

适宜种植喜光耐阴蔬菜，如洋葱、油麦菜、小油菜、韭菜、丝瓜、香菜、萝卜等。但朝西阳台夏季西晒时温度较高，使某些蔬菜产生日烧病，轻者落叶，重者死亡，因此最好在阳台角落栽植蔓性耐高温的蔬菜。在夏季，对面楼层反射过来的强光及辐射光要设法防御。

（3）少日照的阳台　朝北的阳台为少日照（表 3-5-8）。

表 3-5-8　朝北（东北或西北）的阳台

季节	春			夏			秋			冬		
月份	3	4	5	6	7	8	9	10	11	12	1	2
日照	◎	◎	○	○	●	●	●	○	○	◎	◎	◎

注：●代表非常强，○代表比较强，◎代表弱。

优势：不容易出现高温或干燥的恶劣情况。

劣势：能够种植的蔬菜品种少，仅可种植喜阴蔬菜（芹菜、韭菜、薄荷、空心菜等）。

种植设施摆放位置：坐南朝北。

朝北阳台全天几乎没有日照，蔬菜的选择范围最小。应选择耐阴的蔬菜种植，如莴苣、韭菜、芦笋、香椿、蒲公英、空心菜、木耳菜等。在夏季，对面楼层反射过来的强光及辐射光要设法防御。

任务 2　生产阳台蔬菜

子任务 1　阳台蔬菜种植前准备

在教师和企业师傅指导带领下，根据阳台光照条件，做好阳台蔬菜生产种植前的各项准备。

【任务目标与质量要求】

1. 做好园艺工具准备工作，包括园艺资料，如培养土、种子、叶面肥（冲施肥）等；园艺工具，如种植机、pH 试纸、喷壶（喷雾器）、园艺剪、防虫网、移植铲等。

2. 根据蔬菜种类进行培养土配制（配方仅供参考）。

原材料：河塘泥、草炭土、河沙、菌渣、煤渣、珍珠岩。

配方一：河塘泥：菌渣（草炭土）：煤渣：河沙＝4：4：1：1；（重肥土，适合叶菜类、茄果类蔬菜种植）。

配方二：河塘泥：草炭土（菌渣）：珍珠岩＝4：4：2（轻肥土，适合叶菜类、茄果类蔬菜种植）。

3. 根据阳台类型准备合适的栽培容器和栽培支架等。

【学习产出目标】

1. 能够准确判断阳台光照条件的类型。
2. 能够合理准备阳台蔬菜种植中各种工具。
3. 能够合理准备栽培容器和栽培支架。

【工作程序与方法要求】

●园艺工具准备	(1) 园艺资料—培养土、种子、叶面肥（冲施肥）。 (2) 园艺工具—种植机、pH 试纸、喷壶（喷雾器）、园艺剪、防虫网、剪刀、移植铲、洒水壶、喷雾器、支架和塑料带、筛网、水桶等。	要求：确定阳台光照条件，合理准备用具。

● 配制基质及消毒	建议使用市场销售的营养土作为阳台蔬菜的基质，也可选用草炭、珍珠岩、蛭石等，将栽培基质（草炭：蛭石=1：1，或者草炭：椰糠：珍珠岩：蛭石比例为 4：3：1.5：1）混拌均匀，每立方米加入过磷酸钙 4 kg、硫酸钾 1 kg、硝酸铵 1 kg。基质充分混合，用多菌灵或者代森锰锌溶液喷透基质，闷堆密闭 3～4 d 后，揭开晾置后装盘，覆盘，压盘。	要求：基质含水量以 60% 为宜，手握成团不滴水。
● 阳台场地准备	（1）栽培容器—除花盆、花槽等专业容器外，许多生活中的器物经过改装都可利用，如塑料盆、提桶、花箱、花槽、木箱、铝皮箱、镀锌铁皮箱、塑料盒、坛子、食品罐，甚至浴盆、轮胎、麻袋、烧烤盘等都可加以利用，底部要设排水孔。 （2）栽培架—可用专业栽培架，也可根据实际情况自己制作。	要求：可以根据阳台大小，容器尺寸等灵活选择。

【业务知识】

哪些蔬菜最适在阳台栽种

周期短的速生蔬菜：小油菜、青蒜、芽苗菜、芥菜、青江菜、油麦菜。

收获期长的蔬菜：番茄、辣椒、韭菜、芫荽、葱等。

节省空间的蔬菜：胡萝卜、萝卜、莴苣、葱、姜、香菜。

易于栽种的蔬菜：苦瓜、胡萝卜、姜、葱、生菜、小白菜。

不易生虫子的蔬菜：葱、韭菜、番薯叶、人参草、芦荟、角菜。

初学者可选择易于种植的蔬菜或速生菜。例如，青江菜和油麦菜这两种速生菜全年皆可种植且生长较快速，约 5～6 周即可采收；苦瓜、葱、姜等适应性强，且本身有股特殊味道，因此昆虫不喜接近，不需用农药、化肥也能生长得很好。

【业务经验】

1. 到哪里购买种子种苗

通常在农家、园艺店、花市、菜市场、农艺市场、种子门市部等地方，都可以找到需要的种子或苗。国外的种子公司早已注意到家庭种菜的市场，不断培育出各种蔬菜的矮生和迷你品种，以适合在小空间内栽种。我国市场上这类矮生和迷你品种还很少，相信随着喜欢在家里种菜的人士越来越多，市面上的这类菜种也会越来越多。

2. 用什么容器种菜

几乎任何类型的容器都可用来种菜，只要它足够坚固、能提供足够的空间和排水通道。除了传统的花盆、花槽等专业容器外，许多生活中的器物经过改装都可利用，如塑料盆、提桶、花箱、花槽、木箱、铝皮箱、镀锌铁皮箱、塑料盒、坛子、食品罐，甚至浴盆、轮胎、麻袋、烧烤盘等都可加以利用。

盆、桶、箱、坛子、篮子、壶等生活器物都可用来种菜。块茎蔬菜如马铃薯可以在袋子中栽种，葱、韭菜、蒜苗等可在烤盘中栽种，轮胎、麻袋等也是栽种蔬菜的好容器。

无论选用什么容器，都要保证底部有排水孔，保证排水通畅。容器的排水十分关键。排水不良，植物根系窒息腐烂；排水过快，又会使植物缺水而枯死。市场上购买的花盆花槽等专业容器，底部都有排水孔。用生活器物改装的容器，就要自己钻几个排水孔，一般可在底部周围均衡地钻几个直径 0.5～1 cm 的排水孔。为避免浇水时泥土流失，可进行“垫盆”，即用碎的花盆片、瓦片或窗纱覆盖住排水孔。为促进排水，可在垫盆物之上放一些粗沙砾或小石子，保持排水通畅。栽培黄瓜、菜豆等蔓生植物时，可以给花盆安个“笼子”做支撑。

（1）容器材料　一般而言，陶制和木制容器比塑料容器排水快，需要多浇水。塑料容器不要放在窗边，因为塑料器皿重量轻，易被风吹倒。不要用经过高压处理的木制容器，高压处理过程中加入了化学防腐剂，虽然这一方式使得经处理的木材能够在很长一段时间内免遭白蚁、腐朽及其他有害因素的侵袭，但木材本身也含有了有毒物质，会毒害植物。如果自制木制容器，最好使用抗腐蚀木材，如松木、杉木等。容器慎用黑色，因为黑色吸热，有可能损害植物根系。如果选择了黑色容器，最好涂上一层颜色较浅的漆，或者把容器适当遮蔽起来，以免阳光直射。

（2）容器尺寸　容器的大小很重要。种菜容器的选择宁大勿小，大点的容器不仅有充裕的地方放肥料，而且蓄水量也大，夏季不会很快干涸。西红柿、辣椒、菜豆等需要较大的容器，一般 15～20 L 的容器足够。购买种子种苗的时候最好咨询一下卖主，需要多大容器及如何浇水施肥等。

【工作任务实施记录与评价】

1. 阳台光照条件调查记录

季节	春			夏			秋			冬		
月份	3	4	5	6	7	8	9	10	11	12	1	2
日照												

注：●代表非常强，○代表比较强，◎代表弱。

填写上表后，该阳台光照类型属于（在合适的类型前面打勾）：

（1）□全日照阳台　（2）□半日照阳台　（3）□ 少日照的阳台

2. 阳台用具、场地准备

师傅指导记录	用具准备种类	容器及支架摆放	阳台场地准备	评价成绩
				日期

3. 学徒关键职业能力及职业品质、工匠精神评价

项目	A	B	C	D
工作态度				
吃苦耐劳				
团队协作				
沟通交流				
学习钻研				
认真负责				
诚实守信				

子任务2　播种与移苗

在教师和企业师傅指导带领下，制订阳台栽培生产计划，掌握蔬菜优良品种及其生长习性，学会主要蔬菜苗期管理要点，培养优质蔬菜壮苗，掌握蔬菜的移栽技术要点。

【任务目标与质量要求】

根据阳台类型、栽培容器、栽培方式等制订阳台栽培生产计划和播种、育苗技术方案，确定茬口，选择合适的品种，做好育苗基质配制消毒工作，调控好育苗环境，加强苗期管理，培育壮苗。

【学习产出目标】

1. 熟知蔬菜需光特性，根据阳台类型和空间选择适合的蔬菜栽培品种。
2. 正确制订阳台蔬菜生产计划及播种、育苗工作方案。
3. 做好播种、育苗后的环境调控，适期育苗、及时分苗、调控肥水等，做好质量检查记录。

【工作程序与方法要求】

● **种子前处理**

将种子放在 60℃的热水中浸泡 10~15 min，然后将水温降至30℃，继续浸泡3~4 h，取出晾干。对于表面不洁、放置时间很长或已被污染的种子，可采用药液浸泡法。一般常用福尔马林 100 倍液，先用清水浸种 3~4 h，然后放入药液中浸泡 20 min，取出用清水冲净。

要求：明晰育苗期、苗龄及育苗方法。

● 催芽

育苗盘底垫几层纱布、滤纸或吸水的纸巾，用清水浸湿，把浸泡过的种子控去水，放在育苗盘中，置于 28~30℃的环境中 1~5 d，直至种子发芽露白，即可播种。催芽期间，如种子干燥，可加水到育苗盘中，以保持浸润纱布等铺垫物，保持种子湿润为宜。

要求：基质润湿以 60% 为宜，手握成团不滴水。各穴孔填充均一，压盘或打孔深度要一致。

● 播种

直接播种的，直接将种子播种到大小适当的栽植容器中就行了。需要移植的，先选用大小适中的塑料盘、玻璃盘等容器作为"育苗盘"。将菜种撒播到容器中，然后覆 0.5~1 cm 深的土。切记种子播种太深将不会发芽。

要求：点播，种子平放，覆盖 1~1.5 cm 厚土，浇透水。

● 移栽

秧苗到达一定大小，必须及时移到其他容器栽植，如番茄、茄子等，一般有4~5片真叶，瓜类不超过2~3片真叶，甘蓝类、白菜类在 4~6 片真叶时移植。移植时注意不要损伤秧苗幼嫩的根系，叶菜类栽植深度以不使最低的叶片埋没为宜，否则易引起腐烂。

要求：苗期温度"三高三低"；严格炼苗。

【工作任务实施记录与评价】

1. 种子处理及播种

<table>
<tr><td>蔬菜品种</td><td>育苗数量</td><td>穴盘消毒</td><td>基质配制消毒、装盘覆盘</td><td>种子处理</td><td>播种</td></tr>
<tr><td></td><td></td><td></td><td></td><td></td><td></td></tr>
<tr><td></td><td></td><td></td><td></td><td></td><td></td></tr>
<tr><td></td><td></td><td></td><td></td><td></td><td></td></tr>
<tr><td rowspan="2">播种检查质量评价</td><td rowspan="2" colspan="3"></td><td>评价成绩</td><td></td></tr>
<tr><td>日期</td><td></td></tr>
</table>

2. 苗期管理

<table>
<tr><td>蔬菜品种</td><td>分苗、囤苗、炼苗</td><td>环境调控（温度、光照、湿度等）</td><td>营养液管理</td><td>壮苗出圃</td><td>技术员复核签字</td></tr>
<tr><td></td><td></td><td></td><td></td><td></td><td></td></tr>
<tr><td></td><td></td><td></td><td></td><td></td><td></td></tr>
<tr><td></td><td></td><td></td><td></td><td></td><td></td></tr>
<tr><td rowspan="2">苗期环境调控效果评价</td><td rowspan="2" colspan="3"></td><td>评价成绩</td><td></td></tr>
<tr><td>日期</td><td></td></tr>
</table>

3. 学徒关键职业能力及职业品质、工匠精神评价

项目	A	B	C	D
工作态度				
吃苦耐劳				
团队协作				
沟通交流				
学习钻研				
认真负责				
诚实守信				

子任务3 田间管理与采收

在教师和企业师傅指导带领下，掌握阳台蔬菜栽培品种特点及其生长习性，学会不同蔬菜的田间管理措施，掌握常见蔬菜种类的产量及品质控制的关键技术。

【任务目标与质量要求】

能够根据阳台光照条件、栽培品种，合理调控好光照、温度湿度等环境条件，有效落实各项关键生产技术，熟练进行植株调整、灌溉、追肥等管理；正确识别和诊断阳台生产中常见病虫害，综合防治，及时采收。

【学习产出目标】

1. 能够根据栽培品种特性，合理调控阳台环境。
2. 根据不同蔬菜生长发育的需要，及时做好间苗、植株调整、肥水调控、病虫害控制等管理措施。
3. 掌握采收标准，完成产品质量检查记录。

【工作程序与方法要求】

●间苗	根据秧苗的生长情况，选择生长不良或株姿不佳的秧苗，用手轻轻拔除或用剪刀从根部剪掉，以秧苗叶片能够充分伸展为度；随着植株继续生长，应多次进行间苗作业。	要求：及时升温保湿，快速缓苗，以利蹲苗。

●浇水施肥	(1) 浇水　浇水是阳台蔬菜生长期间重要的管理措施之一。由于栽培容器较小，基质容易发干，因此必须经常浇水。浇水的原则是"见干见湿"，当基质发干时，必须浇水，浇水使用洒水壶，以容器底部排水孔有少量水渗出为宜。夏季浇水以清晨或傍晚为宜，冬季浇水以中午为宜。 (2) 施肥　对于果菜类等多次收获的阳台蔬菜，生长期间应适量追肥。一般阳台蔬菜每采收 1 次就需要施肥，使用可溶性肥料追肥的，将肥料溶于水后，浇入容器内；使用其他固体肥料追肥的，应将肥料埋入植株根部周围，并浇足水分。追肥用量忌大，一般按 1 L 基质加入 3 ～ 5 g 复合肥或 30 ～ 50 g 有机肥的用量进行追肥量。	要求：根据长势、长相及时判断，进行水肥管理。植株深绿、叶片有光泽、秧头舒展是水分均匀适宜的表现。
●支撑与绑蔓	果类蔬菜和蔓性蔬菜，生长期间应该设立支柱。对果类蔬菜而言，当开始挂果时即可设立支架，方法是用 2 ～ 3 根支架一头扎入基质、另一头用塑料带相互固定，支架设立以后，需用塑料带将植株与支架固定，固定时采用"8"字法。对于蔓性蔬菜，如豇豆、黄瓜等，当植株长至 20 cm 左右时开始设立支架，并及时将藤蔓缠绕至支架上绑好，缠绕时应该根据藤蔓原有的旋转方向进行。	要求：及时设立支架或绑蔓，辅助蔬菜向上生长，注意方法，注意操作的正确性。
●整枝疏花	对于茄果类、瓜类蔬菜而言，需要进行整枝作业。当植株长至支架顶部时，及时摘除顶芽，并经常性摘除腋芽，使养分集中。同时在生长期还需经常摘花疏果，如大番茄每穗保留 3~4 个果，其余摘除，樱桃番茄每穗保留 10~15 个果，其余摘除。	要求：针对不同种类蔬菜，及时摘除侧枝、侧蔓、卷须、老叶、病叶等。
●病虫害防治	由于阳台蔬菜环境的特殊性，一般不建议使用药剂防治病虫害。对于害虫的防治一般采用架设防虫网，或发现虫害时人工捕杀；当发现病害植株或叶片时，需及时清除。	要求：早发现、早治疗，使用低毒、低残留农药，或进行人工捕捉。
●采收	蔬菜生长至合适大小时，即可采收，根据采收产品的不同，选择不同的采收方法，如茄果类蔬菜可用剪刀收获、萝卜等可用手从根基部拔出收获、白菜等可用菜刀切割收获。	要求：及时采收，注意提前将病果、畸形果摘除。

【业务经验】

蔬菜虫害的诊断方法

蔬菜病虫的诊断，可通过各时期害虫的形态特征来鉴别，或通过害虫残遗留物诊断。害虫的残遗留物包括卵壳、蛹壳、脱皮、虫体残毛及死虫尸体等，以及害虫的排泄物如粪便、蜜露物质、丝网、泡沫状物质等。

（1）叶片被食，形成缺刻　多为咀嚼式口器的鳞翅目幼虫和鞘翅目害虫所害。

（2）叶片上有线状条纹或灰白、灰黄色斑点　此症状多是由刺吸式口器害虫，如潜叶蝇或椿象等害虫所害。

(3) 菜苗被咬断或切断　多为蟋蟀或叶蛾等所为。

(4) 分泌蜜露，引发霉病　此类害虫通过产生蜜露状排泄物覆于蔬菜表面造成黑色斑点，常以吸汁排液性的害虫为主，如各种蚜虫。

(5) 心叶缩小并变厚　甜椒和辣椒上多出现此类症状，这与螨类害虫有关。

(6) 蔬菜体内为害　这种害虫一般进入蔬菜的体内，从外部很难看到它们，若发现菜株上或周围有新鲜的害虫粪便且菜株上有新鲜的虫口，则可判断害虫在菜体内为害，有时虽然有粪便和虫口，但粪便和虫口已经干涸，则表明害虫已经转移到其他地方。此类害虫多为蛾类害虫和幼虫。

(7) 菜苗上部枯萎死亡　这表明蔬菜根部受到损害，此多为地下害虫所为，如蝼蛄、根螨、根线虫等。

(8) 块状果实被蛀食和腐烂　如马铃薯、洋葱、蒜等的地下块根在生长和储藏中腐烂或被蛀食，此类虫害多为鼻虫、根螨等引起的。

根据这些特征来判定害虫并采取相应的防治措施，首先要排除其他因素的影响，如肥料或水分过多造成蔬菜苗上部萎蔫死亡等。

【工作任务实施记录与评价】

1. 田间管理工作计划

<table>
<tr><td>师傅指导记录</td><td>田间管理工作计划质量评价</td><td>评价成绩</td></tr>
<tr><td rowspan="3"></td><td rowspan="3"></td><td></td></tr>
<tr><td>日期</td></tr>
<tr><td></td></tr>
</table>

2. 植株调整操作检查记录

<table>
<tr><td>蔬菜品种</td><td>种植株数</td><td>吊蔓绑蔓质量</td><td>整枝打杈</td><td>摘卷须（侧枝）</td><td>摘老叶、病叶</td></tr>
<tr><td></td><td></td><td></td><td></td><td></td><td></td></tr>
<tr><td></td><td></td><td></td><td></td><td></td><td></td></tr>
<tr><td></td><td></td><td></td><td></td><td></td><td></td></tr>
<tr><td></td><td></td><td></td><td></td><td></td><td></td></tr>
<tr><td></td><td></td><td></td><td></td><td></td><td></td></tr>
<tr><td rowspan="2">植株调整检查质量评价</td><td rowspan="2" colspan="3"></td><td>评价成绩</td><td></td></tr>
<tr><td>日期</td><td></td></tr>
</table>

3. 采收期记录

蔬菜品种	栽培面积	采收标准	不同时期 采收产量	一茬总产量	技术员复核 签字
产品质量评价				评价成绩	
				日期	

4. 学徒关键职业能力及职业品质、工匠精神评价

项目	A	B	C	D
工作态度				
吃苦耐劳				
团队协作				
沟通交流				
学习钻研				
认真负责				
诚实守信				

模块六
蔬菜的采收与商品化处理技术

项目　蔬菜的采收与商品化处理

质量是蔬菜产品的最重要指标。随着人们对蔬菜产品需求档次的日益提高，产品所具有的基本属性如口感及观感、营养价值、安全性与保健性等也应适应新的生活方式和消费习惯。蔬菜业应加快实施质量战略，实现从资源密集型向技术密集型转变，从原料型向成品型转变，在品种结构、技术措施、生产环境、产后分级、包装、初加工、保鲜贮藏上实现新突破。

【专业知识准备】

一、蔬菜的采收

蔬菜产品，不管是叶菜、根菜或果菜类，必须及时采收才能获得良好的外观品质、内在品质与风味。蔬菜种类繁多，食用器官（根、茎、叶、花、果实和种子）各不相同，采收方法和技术也比较复杂。若采收方法不当会引起蔬菜产品的损伤和腐烂，特别是对供鲜食的多次采收的蔬菜，不正确的采收也会给植株带来许多不良影响。

1. 人工采收

单纯使用人力进行手工采收，往往劳动强度较大，采收效率不高。

2. 机械采收

（1）振动法　用拖拉机附带一个器械夹住树干，用振动器将其振落，树下有收集架，将振落的果子接住，并用滚筒集中到箱子里。

（2）台式机械　采果者站在可升降的操作平台上采收果实。

(3) 地面拾果机　用机器将落在地面上的果实拾起来，适用于核桃、山核桃和榛子等有坚硬果壳的果实。

3. 化学辅助采收

为了便于机械采收，现在广泛研究用化学物质（如乙烯利）促使果柄产生离层，然后振动使果实脱落。如在一些地区番茄生产中试用乙烯利催熟后采收，效果良好。

二、蔬菜的商品化处理

蔬菜的商品化处理主要包括蔬菜产品的预冷、整理清洗和分级包装等，可保持或改进品质，提高商品价值，减少浪费，增加效益，提高市场竞争力。

1. 整理和清洗

蔬菜采收后，进入市场以前，还要经过产品的整理、修整和清洗，去掉产品上的尘垢、沙泥、肥料和农药污渍、病虫以及产品上有损伤、腐烂的部分，通过清洗、整修，可改善产品的外观。蔬菜采后处理作业中，清洗是最先采用机械的，随着蔬菜超级市场特别是加工小包装和方便型即食小包装的出现，已相继推出具有清理、洗涤、去皮、切断、包装等多功能的复合型清洗整理设备。通过整理和清洗后的“净菜”应符合无残留农药、茎叶类菜无菜根、无枯黄叶、无泥沙、无杂物等标准。

对各类蔬菜的“净菜”要求：

(1) 块根（茎）类　包括芋头、洋芋、姜、红白萝卜等，去掉茎叶，不带泥沙。红白萝卜可留少量叶柄。

(2) 瓜豆类　包括节瓜、白瓜、青瓜、冬瓜、南瓜、苦瓜、丝瓜、金瓜、豆角、荷兰豆等，不带茎叶。

(3) 叶菜类　包括白菜、卷心菜、芥菜、茼蒿、生菜、菠菜、苋菜、西生菜、西洋菜、芥蓝、落葵、小白菜等，不带黄叶、不带根、去菜头或根。

2. 预冷

蔬菜采收以后，从田间携带的热量（田间热）在贮运前必须迅速除去，使蔬菜组织温度降低到一定程度，以降低呼吸强度，延缓代谢速度，防止腐败，保持蔬菜的品质。同时，又能减少加工过程中的变质，有效地降低贮运中的机械制冷负荷。易腐产品如菜豆、叶菜类、蘑菇、豌豆、芦笋、花椰菜、甜玉米、甜瓜等贮藏期短，因此收获后的预冷时间短，必须在数小时内完成；不太容易腐败的蔬菜商品通常预冷时间较长，可在数日内完成。

目前，国际上通常采用的预冷方法有冷风预冷、真空预冷、水预冷和接触冰预冷等。预冷的目的是降低温度，但温度也不能降得过低，一般要求在0℃以上，否则结冰会使组织死亡。此外，有些蔬菜如黄瓜、甜椒等的预冷温度不能低于10℃。

常用的预冷方法有以下几种：

(1) 冰触法　利用碎冰放在包装的里面或外面，这种冷却方法可和运输同时进行，冷却时还能保持蔬菜的含水量。适合于花椰菜、甜玉米、芹菜、胡萝卜等蔬菜的预冷。

（2）水冷法　以冷水（通常为冰水）流过蔬菜使之直接冷却。能有效防止蔬菜萎蔫，有时还可加入消毒剂（50～100 mg/L 的次氯酸）杀菌。甜玉米、芹菜等可利用水冷法预冷。

（3）真空预冷法　用水在减压条件下的快速蒸发以吸收蔬菜组织中的热量并使产品迅速降温。适用于表面积与体积比较大的蔬菜，如莴苣、菠菜等叶菜。真空预冷效率高，但设备成本较高，大面积的蔬菜基地中设立真空预冷车间，可提高设备的利用率，降低预冷成本。

（4）冷库预冷法　新鲜蔬菜直接放入贮藏冷库中预冷。此法不需特殊设备，易于进行，但此法冷却速度慢。

（5）强制空气预冷法　冷库内用高速强制流动的空气，通过容器的气眼或堆码间隙，以迅速带走蔬菜中的热量。茄果类、豆类多用此法。

3. 涂被和催熟

涂被指通过涂蜡和形成液态膜，一定程度上阻碍了蔬菜产品与环境的接触，从而可以降低呼吸作用，抑制水分蒸发，减少腐烂，保持鲜度，延长供应时间，提高果品的商品价值。

催熟主要是针对某些季节栽培的少数蔬菜品种。如秋季栽培番茄，后期温度较低，要从生理成熟达到商品成熟，需要进行人工催熟。

4. 分级

蔬菜分级是发展蔬菜商品流通、提高市场竞争力的需要。上市前，蔬菜产品一般在产地进行分级，主要是根据产品的品质、色泽、大小、成熟度、清洁度和损伤程度来进行分级，通过挑选分级，可以剔除有病虫害的果品，减少病虫害的传播和贮运期间的腐烂损失。分级是使蔬菜商品化、标准化的重要手段，按照国家的有关标准和要求进行分级可以增加商品价值。

（1）按重量和大小分级　按重量分级的有莴苣、甘蓝；按最大直径或重量分级的有胡萝卜；按最大横截面积和长度分级的有黑婆罗门参和辣椒。

（2）按质量分级　常见的质量等级有：特级、Ⅰ级、Ⅱ级。

5. 蔬菜的包装

合理的包装，可减轻贮运过程中的机械损伤，减少病害蔓延和水分蒸发，保证商品质量。包装一般分两大类，即运输包装和商品包装。

（1）运输包装　目前，我国的运输包装种类很多，主要有板条箱、竹筐、塑料箱、纸箱、麻袋、草袋和尼龙网袋等。

（2）商品包装　按照产品的大小及体积进行包装，直接面向消费者的可包成小包装，适于超级市场的自动销售的需要。这种小包装的工具可用纸袋、纸盒或塑料包。

蔬菜商品包装一般应遵循以下几点：①蔬菜质量好，重量准确；②尽可能使顾客能看清包装内部蔬菜的新鲜或鲜嫩程度；③避免使用有色包装来混淆蔬菜本身的色泽；④对一些稀有蔬菜的营养价值和食用方法进行说明。

蔬菜包装方法：①直接使用收缩或伸展膜，主要用于包装大体积的单个蔬菜，例如温室黄瓜、莴苣、结球莴苣、圆头卷心菜。②托盘或箱外包一道薄膜，尤其适用于小体积的蔬菜。③托盘或箱薄膜密封包装，适于小体积的蔬菜。④网“筒”预包装，用于不易受机械伤影响的蔬菜。⑤网袋预包装。⑥普通薄膜袋、纸袋预包装。⑦便携式薄膜袋、纸袋或网“筒”预包装。⑧箱预包装。

6. 蔬菜的运输

运输是蔬菜产销过程中的重要环节。在发达国家，蔬菜的流通早已实现了“冷链”流通系统，新鲜蔬菜一直保持在低温状态下运输。我国的蔬菜运输条件还相当落后，低温运输量还相当小，大部分蔬菜仍使用普通卡车和货车运输。

三、提高蔬菜质量的技术措施

1. 选择优质品种

根据生产目的选择适宜蔬菜品种是确保产品品质的首要因素。

2. 优化栽培技术措施

通过优化管理技术提高产品质量，如合理施肥及土壤耕作，先进的温室温、光、气、湿调控，新兴结构材料、覆盖材料的应用，以及微滴灌溉技术和营养液施肥。另外，无土栽培、叶面追肥、综合防治病虫草害、生物防治以及化学农药综合防治等技术的有效利用，也将极大提高蔬菜品质。

3. 适时采收

适时采收，可以降低贮运损耗，保持和改进产品品质。过早采收，产品保持绿色的时间较长，但品质差，而延迟采收会增加产品对腐烂的敏感性，导致品质变劣。采收时如产品受到损伤常易感染病菌腐烂，由于损伤还会使呼吸作用显著增强，缩短贮藏期。因此，蔬菜采收要求及时和避免损伤。

4. 强化采后处理

为加强蔬菜采后处理，除正常的修剪、分级外，部分蔬菜在采后还要进行洗涤，以去掉产品上的尘垢、泥土、病虫和残留的药剂，改进产品的外观，随即进行分级。分级可按照品质、颜色、形状和大小进行。包装是使蔬菜标准化、商品化、保证安全运输和贮藏的重要措施。适当的包装，能保护产品的品质、减低损耗。因为它能在产品搬动、运输的过程中，减少因相互摩擦、碰撞、挤压而造成的机械损伤；可以减少病虫害蔓延；减少水分损失，防止萎蔫，延缓维生素C和胡萝卜素的损失和保持新鲜度；包装后的产品还可以减少污损，有利于保持清洁和便于出售。近来广泛应用的是用塑料薄膜袋或用上述的浅盘包上收缩薄膜作为蔬菜的小包装，兼有包装和气调贮藏的作用。每个包装的分量很少，如 4 个番茄、250 g 芹菜或菠菜等。每个包装都注明商品名称重量或数量、品种、产地等。预冷是除去田间热，降低产品温度，减少呼吸消耗，抑制微生物的侵袭，减少水分的损失，以防止鲜度和品质下降的重要手段。预冷方法有空气冷却、水冷和真空冷却 3 种。

【业务经验】

如何判断蔬菜的成熟度

采收的时期取决于产品的成熟度，蔬菜产品的成熟有 2 种不同的含义。

1. 商品成熟

产品器官生长到适于食用的成熟度，具有该品种的形状、大小、色泽及品质即为商品成熟。如茄子、黄瓜、菜豆等采收嫩果，而种子并未成熟。至于白菜、萝卜、花椰菜等，采收的是它们的叶子（叶球）、肉质根或花球。

2. 生理成熟

生理成熟是指产品器官是生理上成熟的果实，其种子也已成熟，如西瓜、甜瓜、番茄等。如果提早采收，产品产量低且品质差。对于一次性采收的蔬菜，如大白菜、结球甘蓝、马铃薯、萝卜等，只要气候适宜，采收的时间可以适当延迟。对于多次采收的种类，如番茄、辣椒、黄瓜、菜豆等，在结果前期，采收勤些有利于后期果实的生长。采收的迟早对品质也有很大的影响，有的产品在成熟过程中碳水化合物的变化主要是由糖转变为淀粉，干物质增加。如豆类的种子、薯芋类的块茎或块根，越到成熟，淀粉含量越多，也越耐贮藏。番茄等产品，在成熟过程中主要是由淀粉转变为糖，过于成熟以后，质地变软，就越不耐贮藏。有些产品，采收后温度高时，呼吸旺盛、容易变质，则宜在早晨或傍晚采收，利用早晚冷凉的气候，而避免中午的高温。

总之，采收的成熟度标准在实践中应根据蔬菜种类和品种的特性、生长状况、气候条件、栽培条件以及市场供求状况来综合考虑。同时，还要特别注意应在使用农药后，应在一定的安全间隔期后采收，防止产品污染。

【业务知识】

蔬菜的质量标准有哪些

蔬菜的产品质量由产品外观、基本特性、流通特性和加工特性等要素构成。

1. 产品外观

产品外观一般指产品器官的大小、形状、色泽、表面特征、鲜嫩程度、整齐度及果菜类产品成熟的一致性等。产品外观品质的具体指标，因蔬菜种类、产地不同、食用习惯、食用方法以及贮藏加工的不同要求而异。

2. 营养成分与品质

蔬菜主要营养成分包括维生素、碳水化合物、矿物质以及蛋白质、脂肪、有机酸及纤维素等。蔬菜是人体中维生素、矿物质和纤维素的主要来源。各种蔬菜的维生素和矿物质含量有明显差异。此外，同种蔬菜不同品种间营养成分含量也有差异。

3. 质地

所谓“质地”，包括硬度、坚韧度、多汁性、黏度（果汁）、有无胶状物质及苦味等。对于作酱菜原料的根菜及叶菜的品质还要求脆嫩。这些质地变化与产品的化学组成有关。果菜类、薯芋类及豆类的种子（如豌豆）的硬度或坚韧度可用硬度计来测定。硬度的大小，一方面取决于产品的细胞组织的结构；另一方面取决于化学组成的变化，尤其是淀粉及糖的转化及果胶物质的变化。

4. 风味品质

不同种类、品种的蔬菜具有不同的食用风味，如酸、甜、苦、辣、鲜、香、清凉、涩等。食用风味与蔬菜所含可溶性营养物质的数量、特有气味的挥发性化合物种类、数量及产品器官的组织结构等密切相关。如番茄的食用风味取决于果实的可溶性固形物含量、含酸量和糖酸比值。影响蔬菜香味的挥发性化合物有120多种，但含量甚微。芹菜的食用风味除受可溶性固形物含量和决定香味的甘露醇（$C_6H_{14}O_6$）含量影响外，还和叶柄的脆嫩程度有关。如有的瓜类蔬菜果实常因含葫芦苦味素（cucurbitacins）而严重损害食用风味。

5. 贮运及加工品质

产品采收后呼吸和衰老过程继续进行，水分和维生素含量不断减少，蛋白质等不断降解，风味质地均发生变化，产品质量不断下降。但在贮运过程中，品种间品质下降的速率差异极大。

蔬菜加工对产品的品质常有特殊要求。如供制果酱和罐装用的番茄品种，需要有较高的含酸量和番茄红素含量（>8 mg/100 g，FW）。制酱品种还要求有较高的出酱率，出酱率则取决于果实可溶性固形物和净干物质含量。整果罐装用品种要求果实形状和大小一致，果皮坚韧而易于整果剥离，果肉致密而经热处理后不易离散，果肉厚、色泽鲜红且均匀一致。

6. 安全性

安全性主要指蔬菜中有无自然产生的毒素、大气污染、重金属污染及影响人体健康微生物、异味等；农业生产中的农药、肥料及水对蔬菜造成的污染及施用人畜粪尿带来的虫卵、病菌等微生物，将严重影响人体健康。

新鲜蔬菜中的有害物质的允许限量应符合表 3-6-1 和表 3-6-2 规定的指标。

表 3-6-1　新鲜蔬菜重金属及有害物质限量

项目	指标/(mg/kg)
铬（以 Gr 计）	≤0.5
镉（以 Cd 计）	≤0.05
汞（以 Hg 计）	≤0.01
砷（以 As 计）	≤0.5
铅（以 Pb 计）	≤0.2

注：表中数据参考国家标准 GB 2762—2017。

表 3-6-2　农药最大残留限量　mg/kg

通用名称	毒性	作物	最高残留限量	通用名称	毒性	作物	最高残留限量
马拉硫磷	低	蔬菜	不得检出	二氯苯醚菊酯	低	蔬菜	1.0
对硫磷	高	蔬菜	不得检出	溴氰菊酯	中	叶类菜	0.5
甲拌磷	高	蔬菜	不得检出			果类菜	0.2
甲胺磷	高	蔬菜	不得检出	氯氰菊酯	中	叶类菜	1.0
久效磷	高	蔬菜	不得检出			番茄	0.5
氧化乐果	高	蔬菜	不得检出	氰戊菊酯	中	块根类	0.05
克百威	高	蔬菜	不得检出			果类菜	0.2
涕灭威	高	蔬菜	不得检出			叶类菜	0.5
六六六	中	蔬菜	0.2	氟氰戊菊酯	中	蔬菜	0.2
滴滴涕	中	蔬菜	0.1	顺式氯氰菊酯	中	黄瓜	0.2
敌敌畏	中	蔬菜	0.2			叶类菜	1.0
乐果	中	蔬菜	1.0	联苯菊酯	中	番茄	0.5
杀螟硫磷	中	蔬菜	0.5	三氟氯氰菊酯	中	叶类菜	0.2
倍硫磷	中	蔬菜	0.05	顺式氰戊菊酯	中	叶类菜	2.0
辛硫磷	低	蔬菜	0.05	甲氰菊酯	中	叶类菜	0.5
乙酰甲胺磷	低	蔬菜	0.2	氟胺氰菊酯	中	叶类菜	1.0
二嗪磷	中	蔬菜	0.5	三唑酮	低	蔬菜	0.2
喹硫磷	中	蔬菜	0.2	多菌灵	低	蔬菜	0.5
敌百虫	低	蔬菜	0.1	百菌清	低	蔬菜	1.0
亚胺硫磷	中	蔬菜	0.5	噻嗪酮	低	蔬菜	0.3
毒死蜱	中	叶类菜	1.0	五氯硝基苯	低	蔬菜	0.2
抗蚜威	中	蔬菜	1.0	除虫脲	低	叶类菜	20.0
甲萘威	中	蔬菜	2.0	灭幼脲	低	蔬菜	3.0

注：未列项目的农药残留限量标准各地区根据本地实际情况按有关规定执行。

模块七
无土栽培果菜类蔬菜

瓜类蔬菜属于葫芦科一年生或多年生攀缘草本植物，在我国栽培的种类包括西葫芦、南瓜、笋瓜、冬瓜、节瓜、丝瓜、西瓜、甜瓜、瓠瓜、苦瓜、佛手瓜和蛇瓜等。瓜类蔬菜栽培面积广、经济价值高，在蔬菜生产中占有重要的地位。

项目 1　桶培黄瓜

【专业知识准备】

一、黄瓜的类型与品种

1. 根据栽培品种的生态型分类

（1）华南型黄瓜　植株较繁茂，茎粗，叶厚，根系较发达，果实短粗，皮坚，无棱，瘤稀多黑刺，耐湿热。代表品种有昆明早黄瓜、广州二青、上海杨行等。

（2）华北型黄瓜　植株长势中等，茎节细长，叶薄，根群稀疏，果实长，皮薄，有刺。代表品种有长春密刺、新泰密刺、北京大刺瓜、唐山秋瓜等。

（3）南亚型黄瓜　果较大，短圆筒形或长圆筒形；果皮色浅，瘤稀，刺黑或白色，皮厚，味淡。喜湿热，严格要求短日照。地方品种群包括锡金黄瓜、版纳黄瓜和昭通黄瓜等。

（4）欧美型露地黄瓜　植株繁茂，果实圆筒形，中等大小，瘤稀，白刺，味清淡，老熟果浅黄或黄褐色，有东欧、北欧、北美等品种群。近年来我国有部分引进栽培。

（5）北欧型温室黄瓜　茎叶繁茂，耐弱光；果面光滑，浅绿色，果长达 50 cm 以上。代表品种有英国温室黄瓜、荷兰温室黄瓜。

(6) 小型黄瓜　植株较矮小，分枝性强；多花多果，果实小。代表品种有中国扬州乳黄瓜等。

2. 根据栽培季节分类

按照栽培季节可分为春黄瓜、夏黄瓜和秋黄瓜；按成熟期可分为早熟、中熟和晚熟黄瓜。

在北方栽培的春黄瓜，一般表现比较耐寒和早熟，常用品种有长春密刺、新泰密刺、纹上密刺、津研6号等。夏黄瓜长势强耐热抗病，多中熟品种如津研2号、津研7号等。秋黄瓜多为中晚熟品种，适应性较强，一般叶色深，品种有唐山秋瓜、天津秋黄瓜、汉中秋瓜。

(1) 早熟品种　第一雌花一般出现在主蔓的3～4节处，雌花密度大，节成性强，几乎节节有雌花。一般播种后55～60 d开始收获。该类品种的耐低温和弱光能力以及雌花的单性结实能力均比较强，适合于露地早熟栽培及设施栽培。较优良的品种有长春密刺、新泰密刺、中农5号、津春3号、津优3号、鲁黄瓜10号、碧绿、鼎峰1号、李氏21等。

(2) 中熟品种　第一雌花一般出现在主蔓的第5～6节处，雌花密度中等，一般播种后60 d左右开始收获。该类品种的耐热、耐寒能力中等，露地和设施栽培均可，多用于露地栽培。较优良的品种有津研4号、津优4号、中农2号、中农8号、湘黄瓜1号等。

(3) 晚熟品种　第一雌花一般出现在主蔓的第7～8节处，雌花密度小，空节多，一般每3～4节出现雌花。通常播种后65 d左右开始收获。该类品种的生长势比较强，较耐高温，瓜大，产量高，主要用于露地高产栽培以及塑料大棚越夏高产栽培。较优良的品种有津研2号、津研7号、宁阳刺瓜等。

3. 根据黄瓜果实特征分类

(1) 刺黄瓜类　果形大、较晚熟、果面具有稠密凸起的果瘤，果瘤上着生白色、黑色或棕黄色刺毛。果形指数在8以上，果肉厚，胎座小，在温室栽培能抗病害，在露地栽培能获高产，北方的黄瓜品种多属这一类型。

(2) 鞭黄瓜类　果型较小、早熟，果面表皮较光滑，没有或有稀疏的果瘤和刺。果形指数在8以上，果肉较薄，胎座较大。北方栽培较多，南方多引作秋黄瓜。

(3) 短黄瓜类　果型较小，早熟，果面没有果瘤或很稀少，但刺毛很稠密。果形指数在4～8之间，抗寒性和抗湿性较强。南方早春露地栽培。

(4) 小黄瓜类　果形小，早熟，果形指数在4以下。果肉薄，胎座大，主要用于酱腌。

二、黄瓜的生产季节

黄瓜连作病虫害发生加重，化学防治会增加产品中农药残留量，影响产品安全，应与非葫芦科作物实行 3 年以上的轮作。因露地生产多支架栽培，为提高土壤利用效率、增加单位面积产量、便于病虫害控制和土壤培肥等，可以考虑与矮生、耐阴作物如油菜、菠菜、韭菜、青蒜等进行间作套种。

北方地区无霜期短，黄瓜除夏季可在露地栽培，还应充分利用塑料大、中、小棚和日光温室进行提前、延后和越冬栽培，可实现黄瓜的周年生产和均衡供应。新疆北疆地区设施黄瓜栽培的基本茬次见表 3-7-1。

表 3-7-1　北方地区设施黄瓜栽培基本茬次　　月份/旬

茬次	播种期	定植期	产品供应期
塑料大棚春早熟	1/中下～2/上	3/中下	4/下～7/下
春季小拱棚短期覆盖	3/上	4/中下	5/中下
塑料大棚秋延后	7/上中	7/下～8/上	9/上～10/下
日光温室早春茬	12/下～1/上	2/中下	3/上中～6/上中
日光温室秋冬茬	8/中下～9/上	9/中下	10/中下～1/上
日光温室冬春茬	10/下～11/上	11/上～12/上	1/中下～6/下

注：栽培茬次适于北纬 32°～43°地区。

【典型人物案例】

侯锋——菜地走出“黄瓜王”

他研究了一辈子黄瓜，创造了我国黄瓜增产的神话；他改变了千万农民的生活，被农民们亲切地称为“黄瓜王”；他丰富了百姓的餐桌，使黄瓜由昔日的“细菜”变成今天老百姓离不开的“大路菜”。他就是中国工程院院士、天津市农科院名誉院长侯锋。

20 世纪 50 年代，作为新中国第一代大学生，侯锋从北京农业大学毕业，满怀激情地来到天津当上了一名农业科技人员。看到郊区大片大片的黄瓜因病害而绝收，侯锋率先在国内开展了黄瓜抗病育种的研究，采用杂交与回交相结合的方法，成功地将抗病、丰产和早熟性结合在一起，逐步攻克了黄瓜霜霉病、白粉病及枯萎病等病害。历经 40 多个春秋的拼搏，侯锋将我国黄瓜亩产由 2 500 kg 提高到 5 000 kg，并育成津研、津杂、津春三代黄瓜新品种 16 个，在国内 30 个省市大面积推广，覆盖了全国黄瓜栽培面积的 80%以上，累计创造社会经济效益 180 多亿元。

不仅如此，侯锋育成的品种先后被美、日等10余个国家引进，其抗病性和丰产性居国际领先水平。

五十年来，侯锋在农业科研、科技成果产业化和科技体制改革上取得显著成果。1980年，他带领科技人员冲破旧体制的束缚，先后在山东等地建成良种繁种基地近万亩，组建了上万人的良种繁育队伍，建立了遍及全国的良种经营网络和技术推广网络。1985年5月，他主持的黄瓜课题组从农科院蔬菜研究所分流，建立了我国第一个自负盈亏的黄瓜研究所并担任所长。以市场为导向，黄瓜研究所以技术合作的方式与全国各省市59个农业科研单位、种子部门以及经销商联合共建遍布各地的"天津市黄瓜研究所销售协作网"，确保黄瓜良种迅速售往各地农村。天津黄瓜开始走向全国，天津市黄瓜研究所从黄瓜科研、良种繁育、种子销售各个环节，均在全国占主导地位。建所20余年，共创技术性收入2亿余元。原中国工程院院长朱光亚同志视察天津市黄瓜研究所后题词，称其为"科研攻关与体制改革的典范"。

典型人物事迹感想：
典型人物工匠精神总结凝练：

任务1　温室黄瓜桶培

【任务目标与质量要求】

在师傅指导带领下，制订公司黄瓜桶培生产管理工作计划，确定黄瓜茬口的安排，选择合适的黄瓜品种，了解黄瓜的生长发育规律，调控好优质高产栽培的环境条件等，有效落实各项关键生产技术，包括培育壮苗，做好整地、做畦、地膜覆盖等，及时定植，定植后及时查苗、补苗；生长期间加强黄瓜的植株调整、灌溉、追肥等；掌握黄瓜生产中常见病虫害，与企业及时沟通，进行综合防治；分析解决生产中技术问题，保证黄瓜生产安全与黄瓜产品质量安全。

【学习产出目标】

1. 熟知新疆地区黄瓜生产茬口安排等基本情况，正确制订黄瓜生产育苗技术方案和生产技术方案。

2. 熟知黄瓜设施生产棚室检修及设施的消毒处理工作，安装储液储气式无土栽培桶，做好灌溉施肥系统安装、营养液管理等桶培定植前的准备。

3. 在品种选择、育苗、定植及桶培管理、黄瓜植株调整、及时采收等生产管理方面，及时采取技术措施，解决生产中常见问题，完成黄瓜桶培岗位任务。

4. 分组收集黄瓜育苗和生产关键技术的照片和视频，并能汇报总结；分组撰写黄瓜储气储液式桶培栽培技术规程。

【工作程序与方法要求】

1. 优选品种及培育壮苗

培育壮苗是早熟丰产的关键。

● 优选品种	温室桶培一般一年两茬，第一茬在 1 月初育苗，2 月中旬定植至 7 月底结束。第二茬 7 月底育苗，9 月上旬定植至次年1月底结束。选用早熟品种，主蔓结瓜，根瓜节位低，瓜码密，耐弱光，适应大温差的环境，并应具有抗多种病害的特点。根据当地条件和食用习惯，目前生产中选用较多的品种为长春密刺、新泰密刺、津优 2 号、津优 3 号、津绿 3 号、津春 3 号、中农 12 号等早熟品种。	要求：第一茬主要围绕“五一”节假日前后的市场需求。第二茬主要针对国庆节、元旦、春节及元宵期间的市场需求。
● 确定播种期	选日光温室育苗或者温床育苗。单层塑料温室覆盖栽培，可在 2 月上中旬播种育苗，有双层或多层覆盖可适当提前。	要求：播种期由定植期和日历苗龄决定。
● 配制育苗基质	基质配制，将栽培基质（草炭：蛭石 =1：1）混拌均匀，堆高 10~15 cm，喷施 50~100 倍甲醛溶液消毒，再用干净的塑料布盖在基质堆上，密闭 3~4 d，然后将塑料布掀开晾晒、散尽气味后装盘。	要求：采用 72 孔穴盘无土育苗。

● 种子处理及播种	温汤浸种，28~30℃温度下经 12 h 左右种子即可萌发。点播，先在营养钵内装土，钵上留高度 1~1.5 cm，浇透底水，每穴一粒，种子东西方向平放，覆基质 1~1.5 cm 厚。	要求：盖农膜或无纺布保温，温度保持 25~30℃。
● 苗期管理	(1) 播后当 80%苗出土后，适当降温防止徒长，白天 20~25℃，夜间 16~17℃。成苗期的管理：每天 8~10 h 的短日照条件下，能促进花芽分化，夜间 15~17℃低温条件下，有利于花芽向雌花转化。 (2) 子叶充分展平时，分苗 1 次为宜，也可将催芽的种子直播在育苗钵中，不必移苗，减少伤根。	要求：避免每天 10 h 以上长日照和夜间处于 20℃以上高温，防止花芽向雄花方向转化。
● 苗期营养液管理	一般用 0.5~1 个剂量的日本山崎黄瓜配方的营养液，水肥轮用，每 2~3 d 1 次(根据实际季节和天气情况进行调节)。	要求：缓苗期白天温度 25~28℃，夜间温度 20~25℃。
● 炼苗出圃	温室黄瓜定植前 7~10 d 降温控水炼苗，定植苗应有 4~5 片真叶，株高 15~20 cm，子叶呈匙形，下胚轴高 3 cm，75%以上出现雌花，叶色正常，根系发达，子叶肥厚。	要求：温室春茬黄瓜日历苗龄一般为 45~50 d。

2. 安装储液储气式栽培桶

储液储气式无土栽培装置具有易于移动、便于提早定植、节省基质和营养等优点，较好地调节了装置内固体、气体、液体三相的平衡，解决了无土栽培中根际供液和供氧的矛盾。

安装及使用储液储气式无土栽培装置，可按以下工作程序进行。

● 了解配套系统	新型储液储气式无土栽培系统由无土栽培装置、栽培基质、供液系统（包括灌溉施肥机、管道或者营养液池）等相关配套设施（配件）组合构成。该装置外型如桶状，分成基质、空间和营养液 3 部分，内部装配 1 个网芯。	要求：装置底部的营养液层维持在一定量，持续供给植株充足的营养和水分。
● 安装栽培桶	栽培桶主要由外桶和礼帽状带孔眼的网芯组成，网芯盘将外桶分成上下 2 部分，下部有营养液层和气室，上部及网芯筒内填放栽培基质。在网芯盘上镶有通气管，在外桶的最下边的相对两边设有进液口和出液口，并设有高低不同的 3 个出液口，可以用来调节装置中储存营养液的量。在网芯盘的表面覆盖一层 20 g/m^2 的无纺布，防止基质从网孔中漏掉。外桶底部进液口和出液口处接有 2 根承插式连通管。连接管可以将多个装置互相连接起来，实现营养液的流动和各装置间营养液量的平衡。	要求：基质装到距桶上端 2~3 cm 为宜，每 1 m^3 基质可以装 85~95 桶。

● 安装灌溉施肥系统	灌溉施肥机包括多台并联的吸肥器和动力混肥罐，控制器等。北方日光温室大多采用这种形式。 (1) 贮液池或储液罐　储液池（罐）大多用在面积比较小的栽培。地下式贮液池用砖砌成或混凝土现浇，要确保池不渗水。池的大小根据栽培面积而定，应保证 1.5 m^3/100 m^2，每单元建一座贮液池。贮液池最好建在设施的中央位置，使供液均匀。也可采用储液罐灌溉。储液罐的储水量在 0.5~1.0 m^3，底部高度高于地面 50 cm 以上，以保证有一定的压力。在混肥罐中充分混合后，配制营养液，再通过灌溉管道系统供给作物。 (2) 供液系统　包括动力（每 1 000 m^2 要用 1 kW 的离心泵或潜水泵）、进液主管道、支管和滴箭（滴头）。主管与回液沟（管）相伴或相平行，为黑色 PE 管或 PC 管，在每一行装置主管与支管连接处安装一个供液水阀控制该行装置营养液的供应量。整个系统通过灌溉机或水泵供水。小规模的也可安装高出地面的储液罐通过水的重力自行供水。 (3) 回液管道　目前大型现代化温室一般不采用回收液再利用，而通过栽培装置下部的波纹管收集通到室外排放或者集中处理。北方的日光温室中栽培，一般采用营养液循环利用的方式。在温室最前部用砖砌成沟槽，截面≥15×15 cm，加盖盖板防止日光直射生长青苔。回液沟应保证水平或向营养液池稍倾斜，并与营养液池相通，以利营养液尽快流回营养液池。也可以用 PVC 地埋回液管道，在正对每行专用装置排液管端焊接一个竖向接回流液小管，管的高度稍高于地面，防杂物掉入。 (4) 控制器　能够按照用户要求和根据植物的实际需求，精确地吸入不同种类的化学肥料和营养物质，在混肥罐中充分混合后，配制成作物生长所需的相应浓度的营养液。	要求：利用栽培装置栽培，由于底部可以储存 2 L 营养液，若能控制好灌溉量，排放的废液可以减少到供液量的 5%~8%。

3. 基质选用及营养液管理

● 基质选用	选用蘑菇渣或锯木屑等其他农副产品废料，添加20%～50%的草炭和生物菌肥发酵成的有机基质。大面积栽培时采用珍珠岩、蛭石或珍珠岩与蛭石的混合基质中添加 5%~10%的发酵或者膨化过的鸡粪。或者施用无土栽培有机缓释肥，按照体积比 20∶1 混合后，喷淋水分充分混匀，覆盖棚膜放置 5~7d，期间可以再喷淋水分 2~3 次，使基质充分吸水。基质准备好后，就可以装入装置栽培桶。	要求：基质容重在 0.5 kg/m^3 左右，总孔隙度在 60% 左右，大小孔隙比在 0.5 左右，化学稳定性强，酸碱度接近中性，不存在有毒物质。
● 栽培桶的使用	使用方式：将种子直播在装置的基质中，也可育苗后将幼苗直接移栽在基质中。定植后早期，小苗不需施肥水，基质中的水分和营养已足够。随着植株生长需水量增大，基质底部营养液可通过网芯内的基质向上部补充并被根系吸收。底部营养液即将被消耗完前，通过基质表面或从底部连接管补充新的营养液，多余的营养液可以通过兼作溢水孔的通气管溢出。	要求：采用有机基质或基质中加缓释肥，如肥效能满足栽培植物的需要，可以只加清水。

●营养液管理	定植后 3~5 d 需配合滴灌用人工浇营养液，每天上午、下午各浇 1 次，每次 100~250 mL/ 株。3~5 d 后再滴灌供液，每天 3 次，每次 3~8 min，单株供水量为 0.5~1.5 L，最多 2 L，具体随天气及苗的长势而定。营养液选用日本山崎黄瓜配方，pH 为 5.6~6.2。如果锯木屑是新的，则从定植到开花，营养液中应加硝酸铵 400 mg/L 以补充木屑被吸收的氮素；开花后，营养液的浓度应提高到 1.2~1.5 个剂量；坐果后，营养液剂量继续提高，并另加磷酸二氢钾 30 mg/L，EC 值在 2.4 mS/cm 左右，如果营养生长过旺可降低硝酸钾的用量，加进硫酸钾以补充减少的钾量，加入量不超过 100 mg/L；结果盛期，营养液浓度可继续提高到 3.0 mS/cm。	要求：根据生长情况调节营养液浓度，注意保持营养生长与生殖生长的平衡。

4. 定植

春季气温、地温均较低，为提高地温提早定植，最好在定植前 20 d 增温处理。

●定植时期及密度	早春温室内最低气温稳定在 10~12℃以上为安全定植期。黄瓜每亩保苗株数为 4 000 株左右。可按 60 cm×30 cm，或加大行距缩小株距的方法，有利于间套作。也有采用主副行栽培的，畦宽 100~120 cm，一畦双行。主行株距 18 cm，副行株距 30~35 cm。副行长到 12~14 片叶时摘心，结 2~4 个瓜后拔秧，副行提高前期产量，以主行栽培为主。	要求：选寒流之后、暖流之前，即“寒尾暖头”，晴天上午定植。
●及时定植	以锯木屑为生产用栽培基质。每亩温室用量为 20 m^3 左右，要求 80% 的木屑直径在 3~7 mm。 定植时间：每年 2 茬，第一茬在 3 月下旬到 4 月上旬，第二茬在 8 月下旬。 定植密度：株距 × 行距 =40 cm×100 cm。	要求：“黄瓜露坨，茄子没脖。”
●防寒保温	早春温室黄瓜抢早栽培，防止寒流的侵袭，采用多层覆盖，如温室内扣小棚、温室加小棚加微棚，以及用“不织布”或塑料薄膜夜间拉上二层幕，与温室膜间距 10~30 cm。夜间在温室四周围上草苫，防寒保温效果会更好。在寒流到来之前可采取用热风炉和炉子临时加温，可使棚温提高 2.4~3.6℃。	要求：早春温室黄瓜抢早栽培，气候寒冷，必须有完善的抗寒保温设施。

5. 田间管理及采收

●缓苗期管理	防寒保温为主，提高土壤温度，保湿，以促进缓苗。定植后 5~7 d 内，原则上不通风，白天棚内应保持在 30~35℃，以提高地温。同时要控制浇水，以防降低地温。要勤松土，以保墒增温，促进快缓苗。	要求：缓苗后，要浇 1 次缓苗水，进入蹲苗期。

● 结瓜前期管理	(1) 温湿度管理　白天温度为 30℃左右，夜间为 13~15℃，最低不能低于 10℃，适宜温度的持续时间越长越好。 (2) 吊蔓　当黄瓜长到 8~10 片叶时，要及时搭架，架形以立壁式为好，要引蔓上架，以后每隔 4~5 片叶要及时按“S”形绑蔓，为了改善室内光照，用聚丙烯细绳吊蔓。方法是将绳的一端固定在拱杆上，另一端绑在黄瓜 1~2 叶片的节间处或绑在小木棒上，固定在植株旁。 (3) 灌水施肥　此期夜温特别是地温较低，通风量不大，因此浇水不宜过多，否则不但会降低地温，影响根系生长，而且会造成高湿而引起霜霉病的发生或出现烂根现象。在管理中要适当控制浇水，在大部分植株根瓜长至 10 cm 已经坐住并开始生长时，结束蹲苗，开始浇水。根据植株长势、天气等因素调整浇水间隔时间，每次要浇小水，并在晴天上午进行。	要求：温度适宜，及时搭架、吊蔓引蔓等。瓜秧深绿、叶片有光泽、秧头舒展是水分均匀适宜的表现。
● 盛瓜期管理	(1) 加强通风换气和水肥管理—降温、排湿、促进同化作用，减少物质消耗，防病保秧，延长结瓜期。 (2) 温湿度管理—4 段变温管理，对黄瓜生长发育有利，对霜霉病有良好的防治效果。白天温度：上午温度为 28~32℃，下午将棚温降到 20~25℃，以减少呼吸作用的过多消耗。夜间温度：前半夜温度保持在 13~15℃，以利于养分的运输，下半夜温度要降至 11~13℃。白天空气相对湿度为 50%~60%，夜间为 80%~85%，以保持叶面不结水珠为宜。	要求：5~7 d 浇 1 次水，“二水一肥，一混一清”，交替进行。
● 病虫害防治	(1) 霜霉病　黄瓜霜霉病在空气相对湿度 83%以上、叶片上有水膜形成、温度在 20℃左右时容易发生。发现中心病株，选 70%乙膦铝·锰锌可湿性粉剂 500 倍液或 72.2% 普力克水剂 800 倍液、或 64%杀毒矾可湿性粉剂 400 倍液，每亩每次喷药液 60~70 kg，隔 7~10 d 喷 1 次，连续防治 2~3 次。霜霉病和角斑病混发时，为兼防两病，可喷 60% 琥·乙膦铝（DTM）或 50%琥胶肥酸铜（DT）可湿性粉剂 500 倍液加 25%甲霜灵可湿性粉剂 800 倍液。 (2) 细菌性角斑病　用 50% DT 或 60% DTM500 倍液，或硫酸链霉素 4 000 倍液防治。隔 7~10 d 喷 1 次，连防 3~4 次。 (3) 白粉病　初期用 15%粉锈宁 1 000 倍液喷雾，一般 2~3 次即可防除，也可用 27%高脂膜乳剂或 DT 防治。白粉病严重时，用 20%敌唑酮 400 倍液喷雾防除，最好用乙嘧酚，对黄瓜白粉病防效显著。 (4) 蚜虫　用 800 倍乐果防除，也可用 1 000 倍敌杀死防治。但在摘果前 3 d，不能使用任何杀虫剂、杀菌剂。	要求：黄瓜病虫害防治过程中，主要发病部位是叶片，以黄瓜霜霉病、黄瓜白粉病、黄瓜炭疽病、黄瓜灰霉病和蚜虫为防治重点。
● 采收	黄瓜从雌花开放到收瓜需要 15~20 d。采收时做到根瓜收的早、腰瓜摘的巧、梢瓜摘的好。一般是顶花带刺、瓜条显棱时既可收获。	要求：采收后要分级装箱，防止相互摩擦而影响商品质量。

【业务知识】

黄瓜苗常见病症诊断

（1）温度不适时黄瓜幼苗的症状　温度过低或降温快时，叶子边缘向上卷起并变成白色；低温时间过长，子叶尖端下垂，子叶小而平伸；温度过低或突然放大风而

"闪苗"，叶子开始出现水浸状，接着向上卷，叶色淡，发展下去叶片出现白斑或干尖；叶片发黄、萎蔫，但根系正常，表明温度过低；节间变长，早晨生长点黄嫩，表明高温、水大；子叶扁平，早晨生长点黄嫩，是因为白天光照不足，夜间温度过高。

（2）苗期水分不适时黄瓜幼苗症状　子叶下垂，叶色浓绿，茎矮化，生长缓慢，节间缩短，出现花打顶现象，这是由于水分不足所造成；严重水分不足时，叶子平伸或下垂，叶小而厚，颜色黑绿，叶子皱缩，傍晚萎蔫的叶子不能恢复；如果叶片和根部均发黄，叶脉、叶缘皱缩，并有烧根现象，是由于肥料浓度过高而缺水；子叶薄，茎细长，叶柄长，早晨叶缘有"吐水"现象，并且生长点发黄，是因为土壤水分过多。

应针对上述症状，及时查出原因，对症下药采取补救措施，使幼苗迅速恢复正常。

【业务经验】

1. 黄瓜落蔓操作要点

当瓜蔓爬到绳顶后开始落蔓。选择晴暖天下午开始落蔓。底部超过 30 d 以上的叶片，即为老化叶，已不具备功能叶片的作用，落蔓前，先将瓜蔓基部的老叶、病叶、黄叶和瓜采摘下来，然后将瓜蔓基部的绳松开，将瓜蔓轻轻下放，在地膜上左右盘绕，不要让嫁接部位与土壤接触。每次落蔓的高度以功能叶不落地为宜。调整好瓜蔓高度后，将绳重新系在直立蔓的基部，拉住瓜蔓。之后随着瓜蔓的不断生长，定期落蔓。一茬黄瓜一般落蔓 2～3 次。

2. 黄瓜化瓜的预防

化瓜是黄瓜冬春茬结瓜期常见现象，主要原因是结瓜期光照严重不足，光合效率低、生产物质少，雌花和幼果得不到充分营养供应，而造成幼果黄化脱落，叶片则表现为色淡、变薄。此外，生殖生长过旺，瓜码太密、坐瓜太多，果实间相互争夺养分，也会造成化瓜。为此可向叶片上喷施 1%葡萄糖水溶液，化瓜能有所缓解。控制灌水，适当降低夜温，加大昼夜温差，白天在保持一定温度条件下尽量延长光照时间，都会有一定效果。

【工作任务实施记录与评价】

1. 制订黄瓜育苗方案及黄瓜桶培生产计划

茬口名称	种植面积	育苗时间及育苗数量	定植时间	肥料农药等农资需求	上市时间	预计产量

续表

师傅指导记录 1	黄瓜育苗方案质量评价	评价成绩
		日期
师傅指导记录 2	黄瓜桶培生产计划质量评价	评价成绩
		日期

2. 黄瓜桶培栽培系统及滴灌设施的安装

师傅指导记录 1	储液储气式无土栽培桶系统安装工作质量评价	评价成绩
		日期
师傅指导记录 2	滴灌施肥系统的安装质量评价	
		日期

3. 温室等设施设备检修、消毒处理、基质填装等定植前准备工作

师傅指导记录 1	温室、栽培桶等设施检修、消毒处理	评价成绩
		日期
师傅指导记录 2	基质混拌及装桶质量评价	评价成绩
		日期

4. 定植成活率检查及查苗补苗记录

黄瓜品种	定植面积	成活率	补苗	补苗成活率
定植及补苗质量评价			评价成绩	
			日期	

5. 黄瓜桶培田间管理检查记录

黄瓜品种	植株调整措施	营养液管理	温湿度调控	病虫害防治	技术员复核签字
田间操作管理精确性评价				评价成绩	
				日期	

6. 黄瓜桶培采收期记录

黄瓜品种	栽培面积	采收标准	不同时期采收产量重量变化	一茬总产量	技术员复核签字
产品质量评价				评价成绩	
				日期	

7. 学徒关键职业能力及职业品质、工匠精神评价

项目	A	B	C	D
工作态度				
吃苦耐劳				
团队协作				
沟通交流				
学习钻研				
认真负责				
诚实守信				

项目2　袋培西葫芦

【专业知识准备】

一、西葫芦的类型

1. 西葫芦常见的类型

（1）无种皮西葫芦　无种皮西葫芦的种子无种皮，是以种子供食用的品种。植株蔓生，蔓长1.6 m，第1雌花着生于第7～9节，以后隔1～3节再出现一朵雌花。瓜短柱形，嫩瓜可做蔬菜。老熟瓜皮橘黄色，单瓜重4～5 kg。

（2）花叶西葫芦　花叶西葫芦又名阿尔及利亚西葫芦。中国北方地区普遍栽培。蔓较短，直立，分枝较少，株形紧凑，适于密植。叶片掌状深裂，狭长，近叶脉处有灰白色花斑。主蔓第5～6节着生第1雌花，单株结瓜3～5个。瓜长椭圆形，瓜皮深绿色，具有黄绿色不规则条纹，瓜肉绿白色，肉质致密，纤维少。

（3）长蔓西葫芦　长蔓西葫芦植物匍匐生长，茎蔓长2.5 m左右，分枝性中等。叶三角形，浅裂，绿色，叶背多茸毛。主蔓第9节以后开始结瓜，单株结瓜2～3个。瓜圆筒形，中部稍细。

（4）绿皮西葫芦　绿皮西葫芦的植株蔓长3 m，粗2.2 cm。叶心脏形，深绿色，叶缘有不规则锯齿。第1雌花着生于主蔓第4～6节。瓜长椭圆形，表皮光滑，绿白色，有棱6条。一般单瓜重2～3 kg。

2. 其他分类方式

（1）按照成熟期早晚来分　可以分为早熟类型、中熟类型、晚熟类型。

（2）按照果实大小来分　包括大西葫芦品种和小西葫芦品种。

（3）按照用途来分　包括食用品种、籽用品种、观赏品种等。

（4）根据茎蔓的生长习性来分　包括蔓生、矮生、半蔓生3种。

二、西葫芦的生产季节及对环境的适应性

北方地区无霜期短，西葫芦除夏季可在露地栽培外，须充分利用塑料大、中、小棚和日光温室进行提前、延后和越冬栽培，才能实现西葫芦的周年生产和均衡供应。新疆北疆地区西葫芦栽培的基本茬次见表3-7-2。

表3-7-2　新疆北疆地区西葫芦栽培基本茬次　　月份/旬

茬次	播种期	定植期	产品供应期
夏季露地栽培	4月底～5月初		6/上～6/下
塑料大棚春早熟	1/中下～2/上	3/下～4/上	4/下～7/下

续表 3-7-2

茬次	播种期	定植期	产品供应期
春季小拱棚短期覆盖	3/中	5/上	5/下～7/下
塑料大棚秋延后	7/上中	7/下～8/上	9/上～10/下
日光温室早春茬	12/下～1/上	2/中下	3/上中～6/上中
日光温室秋冬茬	8/中下～9/上	9/中下	10/中下～1/上
日光温室冬春茬	10/下～11/上	11/上～12/上	1/中下～6/下

任务 1　优选品种及培育壮苗

【任务目标与质量要求】

根据市场需求及西葫芦的生长发育规律，按照西葫芦种植面积和种植时期，制订西葫芦生产计划和育苗技术方案，确定西葫芦栽培茬口，选择合适的种植品种，做好育苗准备工作，加强苗期管理，培育壮苗。

【学习产出目标】

1. 正确制订西葫芦的生产计划及育苗工作方案。
2. 熟知当地的气候条件，选择适合当地种植的西葫芦品种。
3. 能辨别育苗基质质量的好坏，正确选用育苗基质。
4. 能正确进行种子处理。
5. 掌握西葫芦育苗苗期管理要点。
6. 正确识别苗期病害症状，提出防治措施。

【工作程序与方法要求】

● 选择优良品种

选用进口的耐低温、耐弱光、丰产、抗病型西葫芦品种，如法国冬玉、瑞雪、美国萨丽特等。

要求：对当前在国内应用面积比较大的西葫芦品种有所了解，同时选择的种植品种要符合市场消费习惯。

● 育苗设施

根据季节不同选用连栋温室、塑料大棚等育苗设施，夏秋季育苗应配有防虫遮阳设施，一般采用 50 孔穴盘。

要求：育苗设施保温性好。

● 育苗基质选择	(1) 自配育苗有机基质　因地制宜地选用无公害基地内无病虫源的田园土、腐熟农家肥、草炭、锯末、菇渣、蛭石、复合肥等，按一定比例配制基质，要求孔隙度约 60%，pH 6~7，速效磷 100 mg/kg 以上，速效钾 100 mg/kg 以上，速效氮 150 mg/kg，质地疏松、保肥、保水，营养完全。 (2) 商品基质　从基质生产厂家购买的穴盘育苗基质。	要求：能够正确配制育苗基质和选购基质。
● 播种床	(1) 播种的苗床　按照种植计划准备足够的播种床。每平方米播种床用福尔马林 30~50 mL，加水 3 L，喷洒床土，用塑料薄膜闷盖 3 d 后揭膜，待气体散尽后播种。 (2) 铺穴盘的苗床　畦床宽 115~120 cm，两个穴盘长 40~50 m，整平拍实床面，铺设穴盘，填充基质，每平方米播种床用福尔马林 30~50 mL，加水 3 L，喷洒床土，用塑料薄膜闷盖 3 d 后揭膜，待气体散尽后播种。	要求：掌握苗床消毒的方法和操作步骤。
● 种子处理	消毒处理：针对本地的主要病害可选用下述方法进行种子消毒。 (1) 药剂浸种　用 50% 多菌灵可湿性粉剂 500 倍液浸种 1 h，或用福尔马林 300 倍液浸种 1.5 h，捞出洗净催芽可防治枯萎病、黑星病。 (2) 温汤浸种　将种子用 55~60℃的温水浸种 20 min，用清水冲净黏液后晾干再催芽，防治黑星病、炭疽病、病毒病、菌核病。消毒后的种子温水浸泡 4 h 后捞出洗净，置于 28℃保温保湿催芽。包衣种子直播即可。	要求：掌握种子处理的方法和操作步骤。
● 播种	(1) 播种期　根据栽培季节、育苗手段和壮苗指标选择适宜的播种期。种子质量符合 GB/T 16715.1—2010 中 2 级以上要求。 (2) 播种量　按每亩大田用种量 140~160 g。 (3) 播种播种方法　当催芽种子 70% 以上“破嘴”（露白）即可播种，先将穴盘内有机基质浇足底水，水渗下后用有机基质薄撒一层，找平穴盘表面基质，而后将种子直播至穴盘孔穴中，播种后覆盖有机基质 0.8~1.0 cm。	要求：能够确定播种期，购买符合质量的种子，掌握播种方法。
● 苗期管理	(1) 温度　夏秋育苗主要靠遮阳降温。冬春育苗温度管理见表 3-7-3。 (2) 光照　冬春育苗采用反光幕或补光设施等增加光照，夏秋育苗蔓适当遮光降温。 (3) 水肥　播种和分苗后水要浇足，以后视育苗季节和境情适当浇水。苗期以控水控肥为主。在秧苗 3~4 叶时，可结合苗情追施叶面肥。	要求：有西葫芦苗期对环境条件的要求的基础知识，并通过环境调控进行苗期管理。
● 其他管理	(1) 分苗　当苗子叶展平，真叶显现，分苗至 50 孔穴的穴盘中。 (2) 炼苗　冬春育苗，定植前一周，白天 20~23℃，夜间 10~12℃。夏秋育苗逐渐撤去遮阳网，适当控制水分。 (3) 壮苗的标准　子叶完好，茎基粗，叶色浓绿，无病虫害。冬春育苗，株高 15 cm 左右，5~6 片叶；夏秋育苗，2~3 片叶，株高 15 cm 左右，苗龄 20 d 左右。长季节栽培应根据栽培季节选择适宜的秧苗。	要求：掌握分苗时的苗龄、炼苗时的环境调控措施和壮苗的标准。

● 苗期病虫害防治	主要病虫害：猝倒病，立枯病，蚜虫。 (1) 物理防治　连栋温室内运用黄板诱杀蚜虫。田间悬挂黄色粘虫板或黄色板条 25 cm×40 cm，其上涂上一层机油，30~40 块/亩。中、小棚覆盖银灰色地膜驱避蚜虫。 (2) 化学防治　使用药剂防治应符合绿色食品生产的相关要求，禁用高毒高残留农药。主要病虫害防治，猝倒病选用代森锰锌多菌灵 500 倍液喷雾；立枯病用 70% 敌克松 800 倍喷雾或 10% 立枯灵 500 倍喷雾；蚜虫防治用 2.5% 溴氰菊酯乳油 2 000~3 000 倍液或 10% 吡虫啉可湿性粉剂 2 000~3 000 倍液喷雾。	要求：能准确辨识病虫害的症状，同时提出防治措施。

表 3-7-3　苗期温度调节表　℃

时期	白天适宜温度	夜间适宜温度	最低夜温
播种至出土	25～30	16～18	15
出土至分苗	20～25	14～16	12
分苗或嫁接后至缓苗	28～30	16～18	13
缓苗后到炼苗	25～28	14～16	13
定植前	20～23	10～12	10

任务 2　西葫芦袋式栽培系统设置

【任务目标与质量要求】

在师傅的指导下，能选购适合西葫芦栽培的基质栽培袋，正确安装滴灌设施，同时因地制宜地选择当地来源方便、价格低廉的有机废弃物，采用高温消毒的方法对基质进行消毒，配制出优良的基质。

【学习产出目标】

1. 熟知西葫芦袋式栽培系统设置的过程。
2. 学习西葫芦袋栽过程中滴灌设施的铺设方法。
3. 掌握自配基质的方法及发酵的措施。
4. 掌握配制基质的比例及对基质理化性质的要求。

【工作程序与方法要求】

● 系统设置	包括基质栽培袋的选购，滴灌设施的安装，基质的选用、处理及配比。	要求：掌握系统设置的过程。

● 基质栽培袋	基质栽培袋由聚乙烯塑料制成，具有耐高温、抗老化、韧性好、无毒等优点，内层黑色、外层灰色，袋长 85cm、宽 45cm，每个栽培袋可装基质 42~44 L。	要求：正确选购适合西葫芦生产的栽培袋。
● 滴灌设施	以内径规格为 60.0 m×8.5 m 的日光温室为例，室内走道宽 0.7 m，种植行间距为 1.1 m，每行摆放 8 个纵向栽培袋，每袋 2 个定植孔。安装 1 套一拖四滴箭滴头进行滴灌，滴灌使用的毛管为直径 16 mm 的 PE 管，铺设长度 8 m；支管用直径 40 mm 的 PE 管，两侧布置，长度 30 m；干管为直径 40 mm 的 PVC 管，长度为 80~100 m。采用直径 40 mm 的网式过滤器和文丘里式施肥器。	要求：能正确安装滴灌设施。
● 基质发酵	在 5—7 月份的高温期，因地制宜地选择当地来源容易、价格低廉的有机废弃物，如棉秆、菌糠、甘草渣等，将其粉碎、混合后发酵。发酵前每立方米混合物中加入尿素 1.2 kg、过磷酸钙 2 kg、禽畜粪 50 kg 及秸秆发酵剂 1kg，调节含水量为 65%~70%，堆置发酵。当堆内温度达 65℃时翻堆，之后每隔 7~10 d 翻堆 1 次。当翻堆后基质温度不再升高、颜色转为深褐色、无异味时则发酵完成，发酵时间约 2 个月。	要求：基质发酵前添加的辅料的量及比例正确，发酵的温度符合标准。
● 基质配比	将发酵好的基质与蛭石按 4∶1 的体积比混合，每立方米混合基质再加入腐熟禽畜肥 20 kg 和氮磷钾复合肥 1.5 kg，混匀后装袋封口。此时，基质容重为 0.35~0.45 g/cm^3，总孔隙度为 65%~75%，pH 为 7.7，EC 值≤3.5 mS/cm。	要求：基质配比的比例正确，配制好的基质的理化性质符合要求。

任务 3　秧苗定植

【任务目标与质量要求】

在师傅指导带领下，能正确进行大棚温室的消毒处理，栽培袋的摆放，打孔，铺设滴箭和定植前的准备。

【学习产出目标】

1. 学会温室大棚消毒处理的方法。
2. 学会西葫芦袋栽过程中摆袋打孔的方法。
3. 学会滴箭铺设的方法。
4. 学会袋式栽培定植的方法。

【工作程序与方法要求】

● 秧苗定植准备	将栽培袋按西葫芦种植的行距摆好，按定植株距开好定植穴，同时铺设好滴箭，对温室大棚进行消毒处理，做好定植前的准备工作。	要求：做好定植前的准备工作。
● 摆袋打孔	在平坦的地面上按南北方向将栽培袋纵向摆成行，每行 8 袋，行间距 1.1 m。在袋上开 2 个孔，孔径均为 8 cm，纵向两孔相距 45~50 cm；同时，在栽培袋底部再开 4~6 个小孔，孔径约 1 cm，以便多余水分渗出，防止沤根发生。	要求：按要求进行摆袋打孔。
● 铺设滴箭	在栽培袋中间铺设直径为 16 mm 的毛管 1 条，将一拖四滴箭滴头装置铺设在栽培袋中间并连接到毛管上，每孔插入 1 个滴箭。	要求：正确铺设滴箭。
● 定植管理	定植前 15~20 d，用 45% 百菌清烟剂 15 kg/m^2 熏烟，严密封闭温室大棚进行高温闷棚消毒 10 d 左右。定植前 1~2 d 先将栽培袋中的基质全部浸润、浇透。选择阴天或晴天下午定植,若光线强，则采用遮阳网遮阳。定植时要将苗坨栽到基质中，深度低于袋孔，用基质覆盖苗坨后轻压，插上滴箭，浇 1 次透水。	要求：熟悉对温室大棚进行消毒处理和定植的方法。

任务 4　定植后管理及采收

【任务目标与质量要求】

按照西葫芦生长发育对环境条件的要求，进行西葫芦定植后的田间管理，要求温度管理、肥水管理措施得当，肥水管理及时，及时整枝，及时吊蔓，保花保果方法正确，采取正确的病虫害防治措施，采收及时。

【学习产出目标】

1. 正确制订西葫芦定植后的管理方案。
2. 学会西葫芦袋式栽培条件下温度管理、肥水管理的方法。
3. 学会西葫芦保花保果的方法。
4. 熟知西葫芦的病害和虫害的为害症状，正确采取病虫害的防治措施。
5. 掌握西葫芦商品果的采摘标准。

【工作程序与方法要求】

● 温度管理	定植后的缓苗期，每隔 2~3 d 浇 1 次小水，基质见干见湿，以促进根系生长。大棚白天维持在 25~30℃，夜间 15~17℃；深冬夜间，以保温为主，白天中午达到 30℃时短暂放小风，以白天的积温来提高夜间温度，夜间最低温度保持在 8~10℃。从 11 月中旬气温降到 8℃时开始加盖草帘，阴雪天草苫上加盖旧膜，以提高棚温。3 月份气温回升后，按白天适温 25~30℃、夜间 15~18℃管理。每天要通过开闭放风口来调节棚内温湿度，5 月份后光照过强、温度过高时，可以在棚上间隔加盖草帘或遮阳网来降温。	要求：熟悉西葫芦生长发育过程中对温度的要求，同时温度管理措施得当。
● 肥水管理	定植后 1 周开始灌水，保持根部基质湿润。当根瓜坐住后进行第 1 次追肥，施入无土栽培专用肥 10 g/ 株。在 1 月底前隔 15 d 追施 1 次专用肥，用量为 15 g/ 株；2 月份后，随着气温逐渐升高，植株进入结果盛期，追肥量可增加至 30 g 株，并加施复合肥等。施肥后浇水，深冬季节控制灌水，每 10 ~ 15 d 浇 1 次。从 2 月份初开始增施 CO_2 气肥，可有效提高产量。坐果后每 3 d 滴灌 1 次，每次滴水 1 ~ 2 h，始终保持基质湿润状态。浇水后在棚温上升到 28℃时，开通风口排湿。遇阴雨天或棚内湿度较大时，可用粉尘剂或烟雾剂防治病害。另外，西葫芦对氮、磷、钾的需求以钾最多，在生长盛期可追施硝酸钾等高钾肥料。	要求：了解西葫芦生长发育过程中对水肥的需求，同时采取相应的管理措施。
● 植株调整	西葫芦瓜蔓长到 20 cm 时，及时吊蔓。对半蔓性品种，在植株有 8 片叶以上时进行吊蔓与绑蔓。田间植株的生长往往高矮不一，要进行整蔓，扶弱抑强，使植株高矮一致，互不遮光。吊蔓、绑蔓时随时摘除主蔓上形成的侧芽。春季气温低，传粉昆虫少，西葫芦无单性结实习性，常因授粉不良而造成落花或化瓜。因此，必须进行人工授粉或用防落素等激素处理才能保证坐瓜。方法是在 9:00—10:00 摘取当日开放的雄花，去掉花冠，在雌花柱头上轻轻涂抹，还可用 30~40 mg/kg 的防落素或坐果灵、2,4-D 等溶液涂抹初开雌花花柄。为了提高西葫芦商品价值，应在坐果后及时去除畸形果、竞争果、多余果。	要求：熟悉西葫芦植株调整的种类及操作方法，会使用防落素或坐果灵、2,4-D 等保花保果剂。
● 病虫害防治	重点把握好防治的关键环节和时期：① 选择优良品种，培育无病虫的健康壮苗；② 定植前清洁田园、高温闷棚和熏蒸消毒，减少病虫初期侵染源；③ 温室通风口设置 250~420 μm 防虫网，阻隔害虫入侵；④ 每亩悬挂 30~40 块黄板诱杀粉虱、蚜虫、斑潜蝇等害虫；⑤ 改善光照、通风降湿，降低病害发生几率；⑥ 及时清理病花、病果、病虫叶，集中销毁；⑦ 注意防治白粉病、病毒病、灰霉病、蚜虫、粉虱、斑潜蝇等，优先采用杀虫、杀菌烟雾剂，如 45% 百菌清烟雾剂、10% 速克灵烟雾剂、20% 异丙威烟雾剂、1% 高效氯氰菊酯烟雾剂等，病虫害发生初期可结合叶面用药进行及时、有效地控制。灰霉病可用杀毒矾 1 000 倍液或 50% 的扑海因 1 500 倍液，5~6 d 喷 1 次；白粉病可用农抗 120 的 100~200 倍液，在苗期初发病时防治，效果显著。病毒病在播种前用 55℃温水浸种 40 min，或 10% 磷酸三钠浸种 20 min，清水冲洗催芽播种。蚜虫、蓟马、粉虱等是传播病毒病的媒介，除了设置黄板诱杀，也可释放丽蚜小蜂控制白粉虱。蚜虫主要用 10% 吡虫啉粉剂，或 20% 灭扫利乳剂，或 50% 辟蚜雾可湿性乳剂 2 000 倍液，隔 7~10 d 喷 1 次，交替使用，连喷 2~3 次；白粉虱可用 2.5% 功夫乳油 5 000 倍液，或 20% 灭扫利乳油 2 000 倍液等防治；蛞蝓可用蛞蝓一次净颗粒剂防治。	要求：把握好防治的关键环节和时期。对西葫芦常见的病虫害有所了解，并正确防治。

● 采收	西葫芦以食用嫩瓜为主，谢花后 10~12 d，单瓜重达 250~500 g 时即可采收，采收过晚会影响第二瓜的生长，有时还会造成化瓜。长势旺的植株适当多留瓜、留大瓜，徒长的植株适当晚采瓜；长势弱的植株应少留瓜、早采瓜。采摘时注意不要损伤主蔓，瓜柄尽量留在主蔓上。	要求：掌握西葫芦采摘标准和采收方法。

【业务知识】

1. 西葫芦化学防治安全用药注意事项

因西葫芦属持续采收蔬菜作物，为保证产品食用安全、无公害，在使用农药防治病虫害时应做到以下几条：①施药与采摘的顺序上，应先采摘、后施药。②采收前 7 d 严禁使用化学杀虫剂，应首选生物制剂或天敌控制。③交替轮换用药，要尽量交替使用不同类型的农药防治病虫害。④产品应经农药残留检测合格。

2. 如何了解基质的物理性质

基质的物理性质主要包括容重、总孔隙度、水气比等。

容重以基质干重与基质体积之比表示（g/cm^3），容重与基质粒径、总孔隙度有关。容重大者比重大，总孔隙度则小，这种基质操作不方便，透气性差，栽培效果不好。容重过小，基质太轻，也影响作物根系生长。一般认为，基质容重以 0.1～0.8 g/cm^3 效果较好。

总孔隙度是基质中通气孔隙和持水孔隙的总和，是园艺基质最重要的指标。总孔隙度的计算方法如下：总孔隙度＝(1－容重/比重)×100％。如某基质容重为0.1 g/cm^3，比重为 1.55 g/cm^3，则总孔隙度为：（1－0.1/1.55）×100％＝93.55％。孔隙度大，容纳空气与水的量大，反之则小。空气与水容量大的基质一般质轻，有利于植物根系的生长发育，如岩棉、蛭石的孔隙度均在 95％以上。沙的孔隙度小，只有 30.5％，水、气容纳量小。因此颗粒大小不同的基质混合使用，可以改善基质的物理性能。

气水比是指在一定时间内，基质中容纳气、水的相对比值，通常以大孔隙和小孔隙之比表示。在植物生长的根系周围，能提供多少空气和容易被利用的水分，这是园艺基质最重要的物理特性。最适宜的基质同时能提供 20％的空气和 20％～30％容易被利用的水。

大孔隙一般孔隙直径在 1 mm 以上，供液后因重力作用而使水很快流失，因此这种孔隙的作用是贮气。小孔隙是指直径为 0.001～0.1 mm 的孔隙，称为毛管孔隙，贮水称为毛管水，这种孔隙的主要作用是贮水。两者分别代表基质中的气、水状况，小孔隙的数值大，则基质的持水力强。反之，毛管孔隙的数值越小，贮气量越大，贮水力越弱。一般气水比保持在 1∶（2～4）为宜，这样作物生长良好，并且管理方便。

3. 基质栽培法及其优点

基质栽培法是将蔬菜栽种在固体基质上，用基质固定蔬菜并从基质中吸收营养和氧气。基质栽培的方法比较多，依基质的盛装方式不同主要分为槽培法、袋培法和岩棉培法 3 种。

基质栽培法培育的植株不易发生倒伏；根系生长于基质内，基质的通气性好，有利于根系生长；栽培过程中，营养液浇灌到基质内，并由基质保持，流失少，利用率高；基质本身对营养液的变化具有一定的缓冲作用，营养液轻微的浓度及酸碱度等的改变一般不会对蔬菜造成明显的不良影响。

【业务经验】

1. 西葫芦的采收标准

西葫芦以嫩瓜为采收对象，在冬季花谢后 12～15 d、春秋季节花谢后 7～10 d，瓜重 250 g 左右即可采收。西葫芦是在一条主蔓上连续结瓜，下部的瓜不采收将影响上部幼瓜的生长，严重的可能化瓜，因此要适时采收，以促进上部幼瓜生长，获得优质高产。

注意西葫芦在采收时不能完全看瓜的大小和重量，要根据植株的长势、季节、市场价格等多方面因素来确定采收时期。一般植株长势旺盛或市场价格好时可适当晚采收，长势弱的植株应尽量早采收。疏果时要保证植株营养生长和生殖生长均衡。春、秋季节温光条件好时可适当早采收。

2. 如何做好西葫芦不同生育期的水肥管理工作

（1）西葫芦定植时要浇足定植水。

（2）结瓜前适当控制水肥，此时主要是促根控秧，使根系向土壤深层扎，以抵抗不良环境条件。

（3）当根瓜长 6～10 cm 并开始膨大时，开始浇水，并随水追施硫酸铵 225 kg/hm²。以后每 10～15 d 浇水 1 次。

（4）进入盛果期后，植株和瓜条生长速度较快，叶片的蒸腾量加大，此时随着外温的升高，通风量加大，要加强肥水管理，每 5～7 d 浇 1 次水，浇水量为垄高的 2/3，隔水追 1 次肥，追肥注意氮磷钾搭配施用，每次施入硫酸钾复合肥300～375 kg/hm² 或尿素 150 kg/hm²。

【工作任务实施记录与评价】

1. 制订西葫芦定植后管理及采收计划

师傅指导记录	制种工作计划质量评价	评价成绩
		日期

2. 定植成活率检查及查苗补苗记录

西葫芦品种	定植面积	成活率	补苗	补苗管理措施	补苗成活率
检查质量评价				评价成绩	
				日期	

3. 田间管理检查记录

西葫芦品种	种植面积	水肥管理措施	植株调整措施	病虫害防治	技术员复核签字
田间操作管理精确性评价				评价成绩	
				日期	

4. 采收期记录

西葫芦品种	栽培面积	采收标准	不同时期采收产量变化	一茬总产量	技术员复核签字
产品质量评价				评价成绩	
				日期	

5. 学徒关键职业能力及职业品质、工匠精神评价

项目	A	B	C	D
工作态度				
吃苦耐劳				
团队协作				
沟通交流				
学习钻研				
认真负责				
诚实守信				

项目 3　槽培西瓜

西瓜起源于非洲热带草原，在我国栽培约有一千多年的历史。西瓜果实脆嫩多汁，味甜而营养丰富，具有清热利尿的作用，为夏季消暑主要水果型蔬菜，除了西藏高原外，全国各地均有栽培，西瓜的品种、类型多，设施栽培规模也比较大。

【专业知识准备】

一、西瓜的类型与品种

西瓜可分为果用和籽用 2 类，籽用西瓜称为打瓜；按种子的大小可分为大粒种和小粒种；根据成熟期的早晚可分为早熟品种、中熟品种和晚熟品种。

1. 早熟品种

苗期短的品种，如中育 1 号、金露、荆州 202 等。瓜发育快的品种，如早花、苏蜜 1 号、京欣 1 号、伊选等。

2. 中熟品种

高产品种，如新红宝、庆红宝、金钟冠龙、鲁瓜 1 号、中育 6 号、浙蜜 1 号、乐蜜 1 号、新澄等。高糖品种，如郑州 3 号、大民 3301、琼酥及无籽西瓜各品种。抗病品种如三倍体、四倍体西瓜对炭疽病、疫病毒病、枯萎病等抗性较强。

3. 晚熟品种

三白、核桃纹、黑油皮、巨宝王等品种，单果重 8～10 kg。

二、西瓜的栽培季节

西瓜由于受到自身的习性、产品属性和人们消费习惯等因素的影响，产品主要供应炎夏酷暑这一时节。在茬口安排上，具有明显的季节性特点。西瓜开花坐果，特别是果实生长发育需要比较高的温度条件，温度低于 15℃生长发育就要停滞，因此，在一般栽培设施条件下，西瓜就难以进行深冬生产，露地栽培有春茬、夏茬、秋茬。

在设施栽培中，有冬春茬、春提早、秋延迟等茬口。由于西瓜栽培期短，大面积生产主要用塑料大棚、中棚或小棚在春秋两季栽培。

西瓜忌连作，应与其他科蔬菜实行 7～8 年轮作。设施内重茬、迎茬时，应采用嫁接育苗措施，防止枯萎病的发生。

【典型人物案例】

西甜瓜育种专家林德佩

林德佩，教授，国内著名西甜瓜育种专家与学者。1960 年毕业于新疆农业大学（原新疆八一农学院）农学系，并留校任教，1984 组建园艺系并任主任，硕士导师。1960—1995 年在新疆农业大学为数百名本科生和硕士研究生开设“果树栽培”“西瓜甜瓜栽培”“高级瓜菜育种”等课程。多次出国考察、留学。1993 年 4 月调至四川省农业科学院园艺研究所继续从事瓜类研究。1995 年赴台湾地区参加“海峡两岸瓜类育种研讨会”，1997—1998 年在四川省攀枝花市从事网纹甜瓜和酿酒葡萄示范推广，1999 年退休，同年 11 月受聘担任新疆西域集团总农艺师，继续为西部大开发效力。

育成的代表品种：西瓜品种有红优 2 号、新红优、迷你型小西瓜；甜瓜品种有西域 1 号、西域 3 号、西域雪 1、西域雪 2、西域雪 3；无籽西瓜品种有翠宝 3 号、翠宝 5 号等。

代表著作：1985 年主编了我国西甜瓜行业第一部学术著作《新疆甜瓜西瓜志》（新疆人民出版社），2000 年作为副主编编著我国西甜瓜行业第二部学术著作《中国西瓜甜瓜》（中国农业出版社）。自《中国西瓜甜瓜》杂志创刊，林德佩教授一直担任编委。

获奖情况：1984 年“红优 2 号”西瓜选育获新疆科技进步二等奖；1985 年获国家科技进步三等奖；1986 年被国家人事部授予“有突出贡献的中青年专家”；1988 年《新疆甜瓜西瓜志》获农牧渔业部科技进步三等奖；同年被授予“新疆优秀专家”；1989 年“提高甜瓜品质研究”获新疆科技进步二等奖；1991 年获国务院政府特殊津贴；1998 年被授予四川省学术学科带头人。

典型人物事迹感想：
典型人物工匠精神总结凝练：

任务 西瓜槽培

【任务目标与质量要求】

熟练掌握西瓜槽培的生产管理技术，熟知西瓜的生长发育规律，调控好西瓜优质高产槽培的环境条件等，有效落实各项关键生产技术。能够及时发现和解决生产实践中出现的问题，保证西瓜产品的质量安全。

【学习产出目标】

1. 制订西瓜槽培生产计划，做好茬口安排，选择合适的品种，制订西瓜槽培生产管理技术方案。

2. 及时按照槽培技术指标要求落实和做好育苗、定植、植株调整、肥水管理等农事作业质量检查。

3. 根据西瓜生长发育指标进行预测和管理，有效收集生产信息，建立田间档案，分析解决西瓜槽培生产中的技术问题。

4. 分组收集西瓜育苗和生产关键技术的照片和视频，并能汇报总结；分组撰写完成西瓜槽培技术规程。

【工作程序与方法要求】

1. 建造栽培槽与准备栽培基质

● 建造栽培槽	(1) 修筑简易栽培槽　用砖砌成，长度依温室的具体情况而定，一般不超过 20 m，槽内宽 90 cm、高 18 cm，槽间走道 90 cm。槽底铺一层 0.1 mm 厚的聚乙烯薄膜与地面土壤隔离。 (2) 利用水培槽改为基质栽培　在无土栽培技术中，水培要求的技术较高，尤其是肥料的管理技术难度较大。因此，可直接利用水培的栽培槽进行有机基质栽培，只需把基质填入栽培槽，并铺上滴灌带即可。	要求：建议用砖砌栽培槽，建造简单，方便推广。
● 配制栽培基质	有机基质选椰糠，无机基质用河沙或海沙。海沙必须用清水多次冲洗方可使用。基质混合时，椰糠与河沙按体积比 1∶1 混合，河沙粒径 0.2~0.4 cm 为好。每立方米加入 12 kg 鸡粪商品有机肥，混匀后填于栽培槽中，基质厚度 15~18 cm。	要求：栽培基质中鸡粪含有机质 20%、全氮 8.8%、全磷 3.5%、全钾 7.2%，以及各种微量元素。
● 安装供水系统	每个栽培槽内平行铺上 2 条滴灌带，滴灌带直径为 15 mm，出水口间隔 50 cm。每个温室安装独立的供水系统、加压水泵，使每条滴灌带出水口出水均匀。	要求：供水系统中必须安装过滤装置，以防止出水口堵塞。

2. 西瓜栽培管理

● 品种选择及育苗	(1) 选择外观漂亮、口感好、有特色、糖分含量高、生育期短的小果型品种，如金美人、黑美人等。 (2) 播种时期可根据栽培目的、气候条件等具体情况而定，早春茬可选择在 12 月至翌年 1 月播种，秋冬茬可在 8—9 月份播种。 (3) 种子经热水烫种、浸种、催芽后待播。育苗基质配方与栽培基质相同，但肥料用量为每立方米 8 kg。把基质装于育苗盘淋水后即可播种，普通育苗盘播种间距为 10 cm×10 cm；如选用穴盘育苗，应选直径为 6 ～ 8 cm 的穴盘。 (4) 采用西瓜嫁接换根育苗栽培，嫁接常用砧木主要有黑籽南瓜、瓠瓜和冬瓜。嫁接方法插接和靠接均可。	要求：优选品种，当地销售为主时，选早熟品种；以外销为主时，应选择中熟品种。
● 定植	幼苗 3~4 片真叶时定植，定植前将基质浇透水，每槽定植 2 行，槽内行距 70 cm、株距 50 cm。植株定植的位置要靠近滴灌带出水口的位置，定植过程要避免伤根。	要求：温室内最低温度稳定在 10℃以上为安全定植期，选晴天上午进行定植。
● 肥水管理	(1) 定植后 7 d 进行追肥，每立方米加尿素和复合肥各 0.1 kg。定植后 20 d，每立方米加 4 kg 花生麸（含全氮 6.32%、全磷 1.17%、全钾 1.34%）。此有机肥料基本可满足西瓜整个生育期的需求，以后可根据瓜苗生长情况少量追施速效肥。另外，由于商品有机肥与花生麸均含有钙、镁、铁、锰、铜、锌、钼、硼等元素，因此不必补充上述元素的肥料。幼瓜鸡蛋大时应追肥 1 次，每立方米追施硫酸钾复合肥 0.3 kg，同时结合防病可喷施 0.1% 尿素和 0.2% 磷酸二氢钾，隔 5 d 喷 1 次，连喷 3 次。 (2) 植株较小时，气温低，可每 2~3 d 滴 1 次清水；植株生长旺盛时，气温高，特别是果实膨大期需水量较大，必须每天浇水；后期必须控水，采收前忌浇水，否则会降低果实糖分，影响品质。	要求：追肥和水分的管理中应根据植株长势、气候条件等决定施肥期、施肥量、灌水量和次数。

● 温度管理	定植后到伸蔓期保持高温，白天 30℃，夜间 15℃。瓜苗明显生长后降低温度进行大温差管理，白天 25~28℃，夜间 12℃左右。开花结瓜期提高温度，夜间温度保持在 15℃以上。坐瓜后，白天温度保持在 28~32℃，夜间温度保持在 20℃左右。	要求：不同生长时期温度要求不同，须分段管理。
● 植株调整、授粉和采收	当瓜苗 10 节左右时，可用尼龙绳或塑料绳固定西瓜主蔓，引蔓向上生长。双蔓整枝，植株高 30 cm 时，除主蔓外，还留 1 侧蔓，其余去掉，仅主蔓结 1 个瓜，另外 1 条侧蔓作为营养枝。在结瓜节位以上，留 4~5 片叶后摘心。小果型西瓜的授粉应选择在主蔓 16~25 节的雌花上进行，人工授粉应在上午 8 时至 12 时进行，1 株瓜秧可同时坐 2~3 个幼瓜，留瓜时，注意选留瓜柄粗长、幼瓜长大、瓜色明亮、刚毛粗长的幼瓜。当瓜长到 500 g 左右时，托瓜。及时采收。	要求：瓜秧长 30 cm 以上后抹杈，将多余的侧蔓留 1～2 cm 剪掉，要求在晴天上午进行，用瑞毒霉、多菌灵等涂抹伤口防病。

【业务知识】

1. 判断成熟瓜的标准

判断果实是否成熟，可从以下几个方面进行鉴别：

（1）卷须变化　一般情况下，留瓜节及前后 1～2 节上卷须变黄或枯萎，表明该节的瓜已成熟。

（2）果实变化　成熟瓜的瓜皮变亮、变硬，瓜皮的底色和花纹对比明显，花纹清晰，边缘明显，呈现出老化状；有条棱的瓜，条棱凹凸明显；瓜的花痕处和蒂部向内凹陷明显；瓜梗扭曲老化，基部茸毛脱净；西瓜贴地部分皮色呈橘黄色。

（3）日期判断　该法比较准确、误差小，最适合设施栽培西瓜。大棚早春栽培西瓜，从雌花开放到果实成熟，早中熟品种一般需 28～35 d，中晚熟品种需要 35～40 d。同一品种，头茬瓜额外需要 3～5 d。

当果实长到要求的天数后，从同一批瓜中选出具有代表性的瓜，切开检查，如实际成熟度与判断成熟度一致，即可将生长日期相同的瓜采收上市。

（4）声音变化　手敲瓜面，发出“砰砰”低沉声音的为成熟瓜，发“咚咚”清脆声音的为不熟瓜。

（5）手感鉴别　一手托瓜、另一手拍其上部，手心感到颤动，表示瓜已成熟。

（6）比重鉴别　成熟西瓜的比重为 0.95～1.0，重于此为未熟，轻于此为过熟。

2. 西瓜栽培易发生的生理障碍

西瓜栽培中若管理不善，易发生多种生理障碍，对产量和品质有很大影响，必须加以防范。

（1）化瓜　指授粉受精障碍产生的幼瓜黄化脱落现象。其产生原因包括温度低于 15℃，花粉生活力下降而不能授精，导致化瓜；雌花柱头上沾上雨水或露水，失去授粉机能；氮肥过多，秧蔓生长过量，互相重叠遮阴或光照过弱，花粉生活力弱而不能授精；开花前后干旱，受精不良；空气相对湿度达到50%时，花粉萌发力只有18.3%，从而影响受精；农药喷施过多，影响昆虫活动，不能正常进行授粉、受精。

（2）偏头瓜　果实发育处于横向发育而产生偏畸形。这主要是授粉不充分造成的，种子发育对瓜瓤发育有促进作用，授粉受精不良，使种子发育不均匀，种子多的一侧瓜发育快，种子少的一侧瓜发育慢，从而产生偏畸形瓜。果实局部温差大也会造成偏头瓜，地膜覆盖栽培中易发生，接触地膜或地面一侧温度低，发育差，而朝上一面温度高发育快。所以在果实迅速膨大期，要注意翻瓜或用草圈将瓜垫起。

（3）扁平瓜　瓜形扁而平，是由于瓜发育前期温度低、干燥、光照强度过弱，叶片过少或营养生长旺盛而徒长。

（4）葫芦瓜　瓜形似葫芦，多发生在椭圆形品种。瓜发育前期和中期干旱，或天旱突然降雨，植株凋萎，使果实肩部发育差。

（5）空心瓜　西瓜果实发育前期，遇低温或干旱、光照不足，瓜纵向生长过早停止，当后期温度偏高，雨水增多、光照增强，瓜横向生长迅速，使瓜瓤内部生长不均衡而空心。西瓜果实膨大，主要靠瓜皮和瓜瓤细胞充实和膨大，正常情况下，薄壁细胞的膨大程度比其他组织的细胞大，但细胞壁膨大后，由于水分供应不足细胞得不到充实，细胞壁破裂而形成空洞。

（6）裂瓜　多发生在瓜瓤变色的“泛瓤”阶段，瓜皮发育慢、变硬，而瓜瓤正在旺盛发育，遇到久旱后突然降雨，或长期干旱突然灌大水；前期水肥不足，后期肥水过多，均可产生裂瓜。

（7）小型瓜　瓜不发育并形成小型瓜与雌花开放时子房大小有关，雌花开放后22 d以内对瓜的大小影响最大。在这期间，低温、干旱、光照弱、叶片少、营养生长过旺或过弱，都会产生小型瓜。一般品种，留瓜节位在10节以内时，由于叶片少、光合产物低，而形成小瓜。在低温、干燥、弱光条件下，留瓜节位应高些，但超过23节后，植株生长弱，也会结小瓜。

3. 采瓜时间和方法

上午收瓜，瓜的温度低易保管，同时瓜中的含水量较高，汁多，味好，也有利于保鲜和提高产量。收瓜时，用剪刀将留瓜节前后1～2节的瓜蔓剪断，使瓜带一段茎蔓和1～2片叶子收下。将果柄留在瓜上，一方面利于通过果柄的干枯状态鉴别西瓜的新鲜程度，另一方面可减少因伤口感染直接引起的西瓜腐烂，从而延长贮存时间。避免雨天采收，雨天泥水易污染瓜面和伤口，导致炭疽病发生；且雨天果实吸水多，内压增加，易引起裂果。同时，随着吸水量增加，果实糖分被稀释，品质下降。若清晨田间露水过大，应待露水稍干时再采。高温季节采收应在温度较低的早晨或傍晚进行，因为高温时将瓜采下，瓜的温度高，呼吸作用强烈，不管是运输或贮存均易发生变质、腐烂。西瓜搬运过程中要轻拿轻放。有些皮薄且脆的品种，易因碰撞而裂开，损伤严重；有的瓜成熟度高，因内部瓜瓤变软，也经不起摔碰和挤压，所以必须要轻搬轻放。

【业务经验】

1. 温室西瓜如何留瓜

在一般情况下，1 株瓜秧只留 1 个西瓜，应选留第 2 雌花坐瓜。西瓜授粉以后，1 株瓜秧可同时坐 2～3 个幼瓜，在瓜坐住并长到鸡蛋大小时，选留果形端正的 1 个瓜，注意选留瓜柄粗长、幼果长大、瓜色明亮、刚毛粗长的幼瓜，选留下来的幼瓜发育快、长个大、瓜形正。多余的幼瓜，及早摘除。若留双瓜，应选留节位相同、同时间授粉、长势相同的 2 个幼瓜留下，其余幼瓜摘除。要严禁第 1 雌花留瓜，第 1 雌花留瓜即为根瓜，多表现畸形、瓜皮厚、瓜个小，不但品质差，还会引起大幅度减产。

不论主蔓或侧蔓，留瓜的蔓作为结果蔓，另一条作为营养蔓。结果蔓在瓜前留 5～6 片叶后摘心，使养分集中供应，促进果实生长；营养蔓始终不摘心，才能使营养生长和生殖生长保持平衡，充分供给果实生长发育的养分，使果实生长快、品质好。主蔓和侧蔓上各叶腋发生的侧蔓，应全部摘除。

2. 西瓜果期托瓜、吊瓜和落瓜

温室支架或吊蔓栽培的西瓜，进入膨瓜期时用吊绳固定草圈从下面托住瓜，防止坠秧和果实重量过大而产生的从果柄处断裂。也可用绳子吊瓜，可在瓜行间，南北方向拉钢丝，钢丝一定要系结牢固，钢丝部位可略高于坐瓜部位 15 cm 左右，然后用塑料绳系住幼瓜瓜柄，拉紧后系于钢丝上。吊瓜的时机要适宜，吊早了瓜较小，吊绳处果皮容易受影响，出现痕迹，吊晚了瓜已下坠，茎蔓容易受到伤害。吊蔓的西瓜，蔓长到架顶时，把瓜蔓从绳子上或架上解开放下，将瓜落地，下方的瓜蔓在地上盘绕，瓜前的瓜蔓继续上架。

3. 如何实现西瓜再生技术

温室春茬西瓜拉秧早，温室空闲时间比较长，适合进行再生栽培。当春茬生产结束后，从主蔓基部 50～60 cm 处剪断，将剪下的瓜秧清理出棚。浇水追肥促进新枝发生，待侧枝长到 20～30 cm，选留一个粗壮的作为结瓜蔓，其余的剪掉，栽培管理和植株调整按春季栽培方法进行。春茬后的再生瓜生长快、个大、产量高，并且在露地西瓜上市高峰后采收上市，价格高、效益也好。

4. 西瓜生产中植物生长调节剂的应用

温室早春栽培西瓜，棚内温度低，果实膨大比较缓慢。为提早上市，在留瓜后，可用 20～60 mg/L 的赤霉素喷洒果面，7～10 d 喷 1 次，另外在坐瓜前瓜秧生长过旺时，可用 200 mg/L 的矮壮素喷洒生长点，5～7 d 1 次。西瓜在定个后用 200～300 mg/L 的乙烯利喷洒果面，瓜瓤可提前转色。

5. 西瓜生产中叶面肥的施用

西瓜栽培期叶面施肥效果较好，一般在开花坐果后开始，每周1次，连喷3～4次。主要的叶面肥有西瓜素、丰产素、0.1%磷酸二氢钾、1%复合肥，以及1%红糖或白糖等。

【工作任务实施记录与评价】

1. 制订西瓜育苗方案及西瓜槽培生产计划

茬口名称	种植面积	育苗时间及育苗数量	定植时间	肥料农药等农资需求	上市时间	预计产量
师傅指导记录1			西瓜育苗方案质量评价			评价成绩
						日期
师傅指导记录2			西瓜槽培生产计划质量评价			评价成绩
						日期

2. 西瓜槽培栽培系统及滴灌设施的安装

师傅指导记录1	西瓜槽培系统建造工作质量评价	评价成绩
		日期
师傅指导记录2	滴灌供水系统的安装质量评价	评价成绩
		日期

3. 温室设施设备消毒处理、基质填装等定植前准备工作

师傅指导记录 1	温室等设施设备消毒处理	评价成绩
		日期
师傅指导记录 2	基质混拌填装质量评价	评价成绩
		日期

4. 西瓜槽培定植及补苗检查记录

西瓜品种	定植面积	成活率	补苗及补苗成活率	定植管理

定植成活率检查及查苗补苗质量评价	师傅检查指导记录	评价成绩	日期

5. 西瓜槽培田间管理及采收检查记录

西瓜品种	水肥管理措施	植株调整措施	病虫害防治	采收标准	产量
田间操作管理规范性评价				评价成绩	日期

6. 学徒关键职业能力及职业品质、工匠精神评价

项目	A	B	C	D
工作态度				
吃苦耐劳				
团队协作				
沟通交流				
学习钻研				
认真负责				
诚实守信				

项目4 槽培甜瓜

甜瓜，别名梨瓜、香瓜，属葫芦科，草本，一年生蔬菜。甜瓜起源于非洲中部，我国是薄皮甜瓜的次生起源中心。

【专业知识准备】

一、甜瓜的类型与品种

我国栽培的甜瓜可分为薄皮甜瓜和厚皮甜瓜两种类型。

1. 薄皮甜瓜

薄皮甜瓜生长势弱、植株较小，叶面有皱。瓜较小，单果重500 g左右。果皮较薄，光滑柔嫩，可带皮食用。果实有香气，故也名香瓜。不耐运输和贮藏，如进行运输可在八分熟时采收。甜瓜适应性强，较耐高湿和弱光，抗病性较强，我国南北各地栽培普遍，主要进行露地栽培。近年来采用塑料大棚栽培薄皮甜瓜，上市期提早，经济效益可观。主要代表品种有齐甜1号、齐甜2号、龙甜1号、龙甜2号、八里香、白沙蜜、白雪公主、甜宝、美国甜瓜王。

2. 厚皮甜瓜

厚皮甜瓜植株生长势较强，茎粗，叶大、色浅，叶面较平展。果实大，单果重1～5 kg。果皮较厚而硬，不堪食用。果面光滑或有网纹。果肉厚，质地松软或松嫩多汁，有浓郁的香味，含糖量11%～17%，口感甜蜜，属高档瓜果之一。种子较大，不耐高湿，生长需要较大的昼夜温差和充足的光照。新疆、甘肃等地是我国厚皮甜瓜的主要产区。自20世纪90年代以来，我国其他地区采用温室、大棚栽培也取得了较好的效果，栽培规模扩大较快。代表品种：网纹类甜瓜有大庆蜜瓜、天蜜、华冠；光皮类甜瓜有伊丽莎白、郑甜1号、状元、蜜世界、玉露、皇冠等。

二、栽培季节与茬口安排

甜瓜忌连作，应与非葫芦科蔬菜进行4～5年以上轮作，否则要进行嫁接育苗。

薄皮甜瓜以露地栽培为主，一般露地终霜期后播种或定植，夏季收获。近年来，也有地区采用塑料大棚春季早熟栽培。

厚皮甜瓜在北方主要采用设施栽培，栽培茬口主要有节能日光温室和大棚春、秋两茬栽培。

【典型人物案例】

吴明珠（戈壁滩上的阿依木汗）——让哈密瓜走向世界

吴明珠，女，中国工程院院士，新疆农科院哈密瓜研究中心研究员，瓜类育种专家，第一批献身中国边疆园艺事业的女科学家，主持选育经省级品种审定或认定的甜瓜、西瓜品种40个，推广面积占新疆商品瓜区的80%，创造经济效益数十亿元。吴明珠25岁即自愿投身戈壁滩，致力于西瓜、甜瓜育种的科学研究，为发展新疆的瓜类事业做出了重大贡献，是中国当代“甜瓜大王”“哈密瓜之母”，也是新疆甜瓜、西瓜育种事业的开创者之一。

吴明珠一生与瓜结缘、为瓜付出。1953年，23岁的吴明珠从西南农学院果蔬专业毕业，被分配到北京中共中央农村工作部。1955年，正逢新疆维吾尔自治区成立，找中央要干部，吴明珠主动要求支边，当年，她是一位娇弱的南方姑娘，身高只有1.55米，体重才30多千克。25岁的吴明珠软缠硬磨终于来到了新疆，自愿下到新疆最艰苦的吐鲁番盆地鄯善县农村工作。一到鄯善，就住进维吾尔族老乡家，学会了吃馕、吃羊肉，还学会了一口流利的维吾尔语，老乡们给她起了个美丽的名字——阿依木汗（月亮姑娘），夸她“像钢铁那样坚强，干活像公鸡羽毛那样漂亮”。新疆对于她，不是故乡却胜似故乡。她先后任农技站站长、吐鲁番市科委副主任、吐鲁番行署副专员。1985年，她辞去领导职务，调到新疆农科院园艺所专门从事甜瓜、西瓜育种工作。

吴明珠院士最早开始进行新疆甜瓜、西瓜地方农家品种资源的收集和整理，在20世纪50年代后期，她就在瓜熟季节用3年跑遍了周边3个县300多个生产队的瓜地进行观察，收集了农民手中的100多份材料，提纯复壮，整理出优良品种44个，挽救了一批濒临绝迹的品种资源，并从中系统选育出红心脆、香梨黄、小青皮等甜瓜品种。利用生态差异在国内率先采用远生态、远地域、多亲复合杂交、回交及辐射等育种技术，选育出著名的甜瓜品种“皇后”，西瓜品种早佳（8424）、伊选（抗线虫）等，所选育的甜西瓜亲本材料，无偿提供给全国瓜界的同行，广泛用作杂交亲本。在全国多地试点，完善大棚保护地栽培技术体系，早、中、晚熟品种配套，实现了甜瓜春、夏、秋一年三熟甚至四熟的梦想，填补了我国北瓜南移的空白。

为提高育种速度与效率，从1973年起，43岁的吴明珠开始了北瓜南育的“南繁”生涯，她负责的新疆农科院海南三亚科技示范园，创造了甜瓜一年三季高速育种法。当时与她先后同来“南繁”的还有中国工程院院士、“杂交水稻之父”袁隆平，中国工程院院士、中国农业大学教授、玉米育种专家戴景瑞，以及我国著名棉花专家郭三维等，利用海南三亚秋冬季节气温暖湿、光照充足的特点，进行杂交制种、新系加代扩繁、种植鉴定等方面科学实验。

她收集整理了新疆甜瓜地方品种，在原有资源的基础上，利用生态差异，长期在新疆和海南两地进行南北品种选育。她将现代育种技术与常规育种技术相结合，创造了一批新的种质资源，并选育出一批新品种，使新品种的适应性、整齐度、抗病性和耐运性较原品种大幅度提高，实现了新疆西瓜、甜瓜品种的第一次更新。

1999年，吴明珠被评为中国工程院院士，她的贡献不仅在于她的“北瓜南育”，将大陆性气候特产、原本产量稀少只能在新疆吐鲁番特有土质、气候条件下生长的哈密瓜南移东进，种植区域拓展到广东、海南、江浙、上海等地，进行商品性生产试验并获得成功，并建立了甜瓜育种和无土栽培的技术创新体系，使哈密瓜种植走出新疆，服务全国，让不是甜瓜初生起源中心的我国，成为全球甜瓜分类系统中占有重要位置的甜瓜次生起源中心之一，更重要的是，她在认真研究甜瓜单性花遗传规律的基础上，在世界上首先转育成功单性花率100%的脆肉型哈密瓜优质自交系，创造出一种新的种质资源，建立起完整的西甜瓜育种创新体系。她自觉地把发展农业先进生产力、为民造福作为使命，将中国特色的甜瓜系列和完整的育种创新体系推向世界。

典型人物事迹感想：
典型人物工匠精神总结凝练：

任务　甜瓜槽培

【任务目标与质量要求】

熟练地掌握甜瓜槽培的生产管理技术，熟知甜瓜主要品种类型及生长发育规律，调控好优质高产槽培的环境条件等，有效落实植株调整，人工授粉，果期留瓜、吊瓜等关键技术，了解甜瓜畸形瓜产生的原因及防治措施，保证瓜类蔬菜产品的质量安全。

【学习产出目标】

1. 熟知甜瓜的生物学特性及其与栽培的关系；正确制订甜瓜育苗技术方案和槽培生产技术方案。

2. 准备甜瓜品种及种子、农药、化肥等农资及生产用具，掌握甜瓜的品种选择、育苗、定植及槽培管理等技术操作要点。

3. 能够解决甜瓜生产中的常见问题，完成甜瓜槽培岗位任务。

4. 分组收集甜瓜育苗和生产关键技术的照片和视频，并能汇报总结；分组撰写完成甜瓜槽培技术规程。

【工作程序与方法要求】

1. 播前栽培设施准备

● 建筑栽培槽，安排排灌系统	栽培槽用 24 cm×12 cm×5 cm 的标准红砖筑成。槽长依日光温室规格而定。槽底中间开一条宽 20 cm、深 10 cm 的 U 形槽，槽底及四壁走道铺一层 0.1 ～ 0.5 mm 的聚乙烯薄膜，以隔开土壤，防止病虫害侵入。槽内的薄膜压在上层第一层砖下，先在槽内装厚 3 ～ 5cm 粗石英（需暴晒 1 d 消毒），以利排水，再在其上铺 1 ～ 2 层干净的编织袋，以阻止作物根系深入排水层中，建完槽后安装好排水和灌溉系统。供水系统由主干道、阀门和滴灌支管组成。一般每个栽培槽内设有 2 根滴灌管。	要求：栽培槽内径 48 cm、外径 72 cm、高 15~20 cm，南北向，南低北高，南北坡降控制在 3°~5°。
● 混拌填装栽培基质	有机基质可供选用的有菇渣、棉籽壳、锯末等，无机基质有河沙、炉渣、珍珠岩等。甜瓜基质配方为河沙：羊粪：珍珠岩 =3：5：2，用硫黄 0.22 kg/m³ 调节 pH，pH 控制在 7.8。基质的预处理：将河沙、珍珠岩搅拌在一起，先用清水冲洗，然后用 2%高锰酸钾喷洒，拌匀后覆盖，然后再用清水冲洗，每立方米羊粪加入黑矾（$FeSO_4$）0.6 kg 以杀菌、杀虫卵，进行消毒。	要求：配好的基质要求疏松透气，保水性好，富含多种营养成分，并能固定甜瓜的根系。

2. 穴盘育苗

● 选择品种	甜瓜一般分为薄皮甜瓜和厚皮甜瓜两种类型。北方地区选用耐低温、耐弱光、耐高湿、成熟期较集中、早熟丰产、抗病性强的厚皮甜瓜品种，如伊丽莎白、状元、华冠等品种。嫁接育苗栽培一般用野生甜瓜和黑籽南瓜做砧木，用插接法嫁接育苗。	要求：适宜苗龄为 30 ～ 35 d，3 ～ 4 片真叶时定植，护根育苗。

● 浸种催芽	先晒种 1~2d，将相当于种子体积 3 倍的 52~55℃温水倒入盛种子的容器中，边倒边搅拌，保持 10~15min 待水温降至 30℃后静置浸泡 6~8 h，然后淘洗干净，沥去水，于恒温 28~30℃的环境催芽，一昼夜出芽；或用福尔马林 100 倍液浸种 15 min，取出后用清水漂净，即可避免因种子带菌引起的苗期病害；或放入 0.5% ~1% KMnO4 溶液中浸泡 10~15 min，再用清水洗净，后在温室下浸种 6 h，待种子露白后即	要求：甜瓜种子容易携带病毒，播种前要对种子进行消毒处理，浸种催芽后播种。
● 装盘播种	有机生态型无土栽培必须无土育苗，使用无土基质和 72 孔标准育苗盘，或播于装有育苗基质的营养钵内。播前先将基质浇透，每穴播一粒种子。播后覆蛭石 0.5 cm。盘下用塑料薄膜与土壤隔开。出苗期温度保持在 25~30℃，白天保持在 20~30℃，夜间保持在 10~15℃。出苗后保持湿润。	要求：发芽期保持高温，一般播种后 3 d 出苗。
● 分苗及苗期管理	当瓜苗子叶平展时，移植于装有育苗基质的营养钵内。育苗期间随着苗的生长，及时移稀，防止徒长。出真叶后，适当提高温度，白天保持在 28~30℃，晚上保持在 20℃。春季苗期管理主要是大棚内小拱棚覆盖物要早上揭、晚上盖，中午温度过高，要适当掀起以通风换气；秋季苗期管理主要是遮光降温。营养钵内水分要促控结合，表土略发白时，春季在晴天上午浇水，秋季在早上或傍晚浇水，如苗期营养不够，可结合喷药，浇 EC 值为 1.5 mS/cm 的营养液或 0.2%~0.3%的复合肥水。	要求：育苗期间控制浇水，防止瓜苗徒长。

3. 定植、植株调整及田间肥水管理

● 定植	选用无病虫害及大小一致的瓜苗。采用双行错位定植，同行株距 40~50 cm，保持株距，基部距同部位栽培槽内径 10 cm 左右。基质略高于苗坨为宜，距滴灌管 10 cm。	要求：瓜苗成活后，适当降低温度，白天 25℃左右，夜间 12~15℃。
● 水分管理	定植后随即浇水，以后遵循植株各生育期的需水、基质干湿度和天气情况而定，掌握前促后控、少浇勤浇的原则。一般在晴天浇水，阴天不浇或少浇，水温保持在 13℃以上，每隔 1~2 d 滴水 1 次，每次 30~40 min，基本可满足每株甜瓜每天 1~1.5 L 的需水量。苗期、伸蔓期、坐瓜期、果实膨大期要给足水分，果实转色后逐渐控水，防止裂瓜，采收前几天严格控水。使叶片萎蔫。	要求：开花期和坐瓜期要严格控制浇水量，防止瓜秧徒长，引起落花。坐瓜后开始浇水，始终保持地面湿润。
● 施肥管理	第 1 次追肥最好于定植后 7~10 d 进行，此后追肥量不宜过大，按植株生长势及需肥情况，每隔 10 d 追肥 1 次。每次基质追肥用量：氮肥 80~150 g/m^3、五氧化二磷 30~50 g/m^3, 氧化钾 50~80 g/m^3，采收前 1 个月停止追肥。肥料应均匀掺入基质，不可与根系直接接触，以免发生肥害。	要求：定植后配合追施叶面肥，以叶背为宜。
● 植株调整	(1) 吊蔓　温室甜瓜栽培一般采用吊蔓，单蔓整枝，在幼苗开始倒蔓时，随时缠绑吊蔓。 (2) 整枝　单蔓整枝时，主茎 5 节以下的侧蔓全部摘除，5 节以上留 3~5 蔓，各条坐果侧蔓留 2 片叶摘心，株高 1.8~2.0 m(叶片数达 28~30 片) 时打顶。	要求：也可混蔓整枝，选留瓜节前后 2~3 个基部有雌花的子蔓作为预备结果蔓，在第一雌花前留 1~2 片叶摘心，其他的侧蔓一律摘掉。

4. 花果期管理及采收

●定植初期至伸蔓期管理	定植后 3~5 d 应保持较高温度。5~6 片叶出现前，地上部生长缓慢，地下部发育快，此后茎叶迅速生长。伸蔓期应使植株生长壮而不旺，既要促长，又要防旺，浇水量适当。白天温度保持在 25~30℃，夜间在 20℃左右。一般春茬要防止生长过旺而采取抑制栽培措施（特早栽培除外），秋茬栽培则应尽可能促进茎叶肥大。从茎叶的生长态势就可判断坐果节位（11~13 节）的雌花开花时子房的大小。	要求：温室内的最低温度稳定在 5℃以上后开始定植。为加速缓苗，定植后最初几天应保持较高温度，一般要求白天温度保持在 25~32℃，夜间温度不低于 25℃，缓苗后及时降温。
●花果期管理	(1) 开花坐果期—在温室内，甜瓜及时进行人工授粉，在上午 12 点前完成授粉。如有条件可采用蜜蜂授粉。甜瓜授粉受精的最适温度为 20~30℃，超过 35℃或低于 15℃，则授粉受精不良。 (2) 果实膨大期—开花后 6 d 左右进入果实迅速膨大期。膨大前期应保持较高温度，加速膨大，一般白天温度保持在 27~35℃，夜间温度为 19~22℃。如是网纹甜瓜，当网纹出现后适当降温，白天温度保持在 25~30℃，夜间温度以 17~20℃为宜。小果型品种每株留 2 个瓜，适宜的留瓜节位为 12~15 节；大果型品种每株留 1 个瓜，适宜的留瓜节位为 15~18 节。顶留 2~4 个果，瓜径 2~3 cm 时，选择无伤对称的一个留下，多余果及侧蔓全部摘除。当瓜长到小碗大小时，进行吊瓜，用网袋或塑料绳直接吊至瓜柄呈水平位。	要求：果实发育期间应尽量提高光照强度，同时，甜瓜喜干燥环境，应尽量降低空气湿度，防止病害发生。尤其是果实膨大期过后，要防止因灌大水和连续阴雨天引起高湿造成的裂果。
●病虫害防治	秋季病虫害发生率高于春季，主要病害有白粉病、蔓枯病、病毒病等，虫害主要有蚜虫、红蜘蛛、白粉虱、潜叶蝇等。	要求：温室甜瓜栽培中病虫害防治以预防为主，综合防治。
●采收	不同的甜瓜需根据品种、花后成熟需要的天数和果实成熟时呈现的固有色泽、散发的香气适时采收。一般在开花授粉后 40~45 d 采收。	要求：采收时，需保留果柄前后的侧蔓，形成“T”形的果柄。

【业务知识】

1. 甜瓜保护地栽培生理障碍与防除

(1) 定植后死秧　定植后数日，植株不生长，子叶黄化，早晨新叶先向内卷曲，之后 9 点至 10 点所有叶向内卷，3～5 d 内死秧。

防治措施：定植时浇透定植水，最初 3～5 d 内保湿，最好盖上无纺布，缓苗后取下。

(2) 叶烧及黄化　叶边缘呈黄色叶烧状，或叶中出现失绿、黄化，叶向内卷。

原因：高温高湿条件下，形成徒长苗，叶较幼嫩，温度骤然上升及光线极强条件下形成边缘日烧；大通风时，通风口处的植株叶片失绿、黄化。植株缺镁时也有此现象发生。

防治措施：通风要循序渐进，开花前除缓苗水外应适当控制灌水量，防止徒长。

喷0.2%～0.3%的磷酸二氢钾。

（3）发酵果　果肉水浸状、糖度很低、食味不良，果面上有浓绿色水浸状斑点，严重情况下，收获前果实破裂并有腐败的气味散出。

原因：日照不足，低节位瓜，长期低温条件下生育期延迟，果实内糖代谢紊乱，生育后期过度追肥，果皮硬化，果内部与外界通气不良等。防治措施：追肥量不要过大，避免收获时有大量肥力残存土壤中，收获前控制灌水，不要选择吸肥力强的砧木。

（4）果肉空洞　果内呈海绵状，口感不佳，果肉间有小空洞且果肉发白，果实较轻。

原因：果实发育过程中干燥易引起空洞果肉。果实膨大期土壤水分不足，果肉脱水，夏季栽培时易发生。

防治措施：开花后果实膨大期注意灌水，防止植株萎蔫并预防枯萎病。

2. 花果期其他管理

（1）转瓜　当瓜定个后，在午后13点至14点定期转瓜2～3次，使瓜均匀见光着色。

（2）摘叶与摘心　瓜身下部的老叶、病叶、黄叶要及早摘除，有利于植株通风透光，减少发病。小果型品种主蔓展开20～25片叶、大果型品种展开25～30片叶时摘心，促进甜瓜提早成熟。

（3）预防畸形瓜　人工授粉时授粉量要足，并且要均匀授粉，避免形成偏头瓜等。

【业务经验】

1. 如何防止甜瓜裂果

一般甜瓜的裂果多发生在收获前。网纹甜瓜在网纹形成前果实硬化期也易裂果。

（1）前期裂果　网纹甜瓜在纵网形成前及开裂时，发生纵向深度开裂，不愈合。随着甜瓜的长大形成长裂。光皮甜瓜在果实膨大期，花痕处呈放射状开裂。

防治措施：以上裂果均是由于水分管理不当造成的。应避免土壤忽干忽湿而引起裂果。空气湿度过大也容易发生裂果，因此结果期应加大通风，避免空气湿度过高，一次性灌水不要过多，宜少浇、勤浇，有利于降低空气湿度。网纹甜瓜的网纹形成期，如果空气湿度过高，不仅影响网纹的质量，也容易导致果面裂果处发病。

（2）收获期裂果　收获期裂果主要是果实已完全长大、没有控制灌水量、养分过剩及植株生长势过强造成的。夏季栽培时延长收获时期及糖度上升过高也是裂果原因之一。秋延后栽培的甜瓜，夜温急剧下降也容易发生裂果。

2. 如何判断甜瓜的成熟期

甜瓜果实达到生理成熟时，应及时采收和销售，采收过早含糖量低、品质差。采收过晚，果实过熟变软，影响商品价值。收获时，宜选早晨露水消退后进行，远运时宜在下午采收，长途运输应在 8 分熟时收获，在搬运过程中要防止损伤。

甜瓜成熟期可以通过坐果天数判断。雌花开放到果实成熟，一般早熟品种需 30 d，中熟品种 35 d，晚熟品种 40 d 以上。也可以通过瓜的外观判断，果皮显现出该品种固有的颜色，光滑发亮，并有较浓郁的香味；指弹发浑浊的“扑扑”声；用手轻捏或轻压感到有弹性或较软；果实较轻，放在水中能漂起来；有的品种瓜蒂脱落，或果柄与果实连接处四周有裂痕。

【工作任务实施记录与评价】

1. 制订甜瓜育苗方案及甜瓜槽培生产计划

茬口名称	种植面积	育苗时间及育苗数量	定植时间	肥料农药等农资需求	上市时间	预计产量

师傅指导记录 1	甜瓜育苗方案质量评价	评价成绩
		日期
师傅指导记录 2	**甜瓜槽培生产计划质量评价**	**评价成绩**
		日期

2. 甜瓜槽培栽培系统及滴灌设施的安装

师傅指导记录 1	甜瓜槽培系统建造工作质量评价	评价成绩
		日期
师傅指导记录 2	**滴灌供水系统的安装质量评价**	
		日期

3. 温室等设施设备消毒处理、基质填装等定植前准备工作

<table>
<tr><td>师傅指导记录 1</td><td>温室等设施设备消毒处理</td><td>评价成绩</td></tr>
<tr><td rowspan="3"></td><td rowspan="3"></td><td></td></tr>
<tr><td>日期</td></tr>
<tr><td></td></tr>
<tr><td>师傅指导记录 2</td><td>基质混拌填装质量评价</td><td>评价成绩</td></tr>
<tr><td rowspan="3"></td><td rowspan="3"></td><td></td></tr>
<tr><td>日期</td></tr>
<tr><td></td></tr>
</table>

4. 甜瓜槽培定植及补苗检查记录

<table>
<tr><td>甜瓜品种</td><td>定植面积</td><td>成活率</td><td>补苗及补苗成活率</td><td colspan="2">定植管理</td></tr>
<tr><td></td><td></td><td></td><td></td><td colspan="2"></td></tr>
<tr><td></td><td></td><td></td><td></td><td colspan="2"></td></tr>
<tr><td colspan="2">定植成活率检查及查苗补苗质量评价</td><td colspan="2">师傅检查指导记录</td><td>评价成绩</td><td>日期</td></tr>
<tr><td colspan="2"></td><td colspan="2"></td><td></td><td></td></tr>
</table>

5. 甜瓜槽培田间管理及采收检查记录

<table>
<tr><td>甜瓜品种</td><td>水肥管理措施</td><td>植株调整措施</td><td>病虫害防治</td><td>采收标准</td><td>产量</td></tr>
<tr><td></td><td></td><td></td><td></td><td></td><td></td></tr>
<tr><td></td><td></td><td></td><td></td><td></td><td></td></tr>
<tr><td rowspan="2">田间操作管理规范性评价</td><td rowspan="2" colspan="3"></td><td>评价成绩</td><td>日期</td></tr>
<tr><td></td><td></td></tr>
</table>

6. 学徒关键职业能力及职业品质、工匠精神评价

项目	A	B	C	D
工作态度				
吃苦耐劳				
团队协作				
沟通交流				
学习钻研				
认真负责				
诚实守信				

项目 5　槽培樱桃番茄

樱桃番茄是番茄栽培亚种的一个变种，果实小巧玲珑，色泽鲜艳，品质好，果味浓厚，味甜爽口，糖度及维生素 C 含量远远高于普通番茄，且抗病、耐运输。其在国际市场极为风靡，是西餐凉拌菜中的主要食材，也是餐后的高档水果，深受广大消费者的欢迎，且产量高、经济价值好，市场前景广阔。

【专业知识准备】

樱桃番茄对环境条件的要求

1. 温度

樱桃番茄比一般番茄耐热。种子发芽的适宜温度为 28～30℃，最低发芽温度为 12℃左右；幼苗期白天适宜温度为 20～25℃，夜间适宜温度为 10～15℃；开花期对温度反应比较敏感，尤其在开花前 5～9 d、开花当天及开花后 2～3 d 的时间内要求更为严格。白天适宜温度为 20～30℃，夜间适宜温度为 15～20℃，温度过低（15℃以下）或过高（35℃以上），都不利于花器的正常发育及开花。结果期白天适宜温度为 25～28℃，夜间适宜温度为 16～20℃。

2. 光照

樱桃番茄是喜光作物，因此在栽培中必须保证良好的光照条件才能维持其正常的生长发育。在由营养生长转向生殖生长，即花芽分化转变过程中基本要求短日照，多数品种在 11～13 h 日照下开花较早，但 16 h 光照条件下生长最好。

3. 水分

樱桃番茄对水分的要求属于半旱的特点。适宜的空气相对湿度为 45%～50%，幼苗期生长较快，为避免徒长和发生病害，应适当控制浇水。第一花序着果前，土壤水分过多易引起植株徒长，根系发育不良造成落花。第一花序果实膨大生长后，枝叶迅速生长，需要增加水分供应，尤其在盛果期需要大量的水分供给。

4. 土壤及养分

樱桃番茄对土壤的要求不太严格，但以土层深厚、肥沃、通气性好、排水方便而又有相当的水分保持力、pH 为 5.6～6.7 的砂壤土或黏质土最好，生长过程中吸收大量的氮、磷，为此必须施足基肥。

任务　樱桃番茄有机生态型基质槽培

掌握有机生态型基质槽培中基质配比，有机材料要求品种尽可能多，有机生态型无土栽培基质配方总原则是有机材料占70%，无机材料占30%。在生产中，无机材料可选炉渣，有机材料就地取材，以炉渣：作物秸秆（玉米为主，配以油菜、小麦）：废菌棒（生产平菇后的废料）：纯粪（牛、鸡、猪粪）=3：3：3：1为基础，配方也可根据不同材料适当调整。基质发酵彻底，是有机生态型无土栽培成功的关键。

【任务目标与质量要求】

1. 了解樱桃番茄的生物学特性及其与栽培的关系。
2. 掌握樱桃番茄品种选择、茬口安排、育苗、定植、有机基质和营养液管理及主要病虫害防治技术，学会适时采收。
3. 掌握樱桃番茄的有机生态型基质槽培高产高效栽培技术。

【学习产出目标】

1. 熟知樱桃番茄的生产特性，正确制订樱桃番茄育苗技术方案和有机生态型基质槽培生产技术方案。
2. 熟知温室等设施的消毒处理工作，做好建造种植槽、有机基质的发酵处理、营养液管理等有机生态型槽培定植前的准备。
3. 准备樱桃番茄品种及种子、有机基质、农药、营养液等农资及生产用具，掌握樱桃番茄的育苗、定植、土肥水管理技术，以及植株调整、疏花疏果和保花保果技能。
4. 能够解决樱桃番茄生产中的常见问题，完成有机生态基质槽培岗位任务。
5. 分组收集樱桃番茄育苗和生产关键技术的照片和视频，并能汇报总结；分组撰写樱桃番茄槽培技术规程。

【工作程序与方法要求】

1. 栽培设施系统建造

樱桃番茄有机生态型无土栽培系统采用基质槽培的方式。槽培所用的栽培槽可分为永久性的水泥槽，半永久性的木板槽、砖槽、竹板槽等，以固定基质栽培作物。

● 砖垒栽培槽	在温室地面上直接用砖垒成栽培槽，而不用水泥砌，用 24 cm×12 cm×5 cm 的标准红砖筑成。垒第 1 块砖后，槽底铺 1 层塑料薄膜与地面隔离。膜上填 1 层 3~4 cm 厚的炉渣，再铺上 1 层塑编织布，有透气透水之功效。上面再垒 4 块砖（深度 24 cm）。	要求：栽培槽规格为长 × 宽 × 高 =29 m×0.6 m×0.24 m。
● 安装供水系统	供水系统主要利用自来水，由滴灌软管组成。用具备自来水的设施建水位差 1.50 m 高的蓄水池，安装滴灌管系统，每个栽培槽的一端应设置 1 个供水阀门与温室内的水管相接，基质添加到栽培槽后铺设 2 根滴灌软管，软管采用一次性双上孔滴灌管，软管距两边砖各 10 cm。其一端与供水阀门相连，另一端系紧。	要求：利用供水阀门控制栽培槽中滴灌软管的流水量，在供水源头安装过滤器以防滴灌孔堵塞。
● 基质配制	(1) 基质配制—草炭:菇渣:松针（腐熟）:炉渣:珍珠岩比例为 4:2:2:1.5:0.5，也可用草炭:菇渣:炉渣:珍珠岩的比例为 5:3:1.5:0.5。 (2) 固态肥料的配方—在基质中加入消毒干鸡粪 10 kg/m^3、有机复合肥 1.5 kg/m^3、过磷酸钙 1 kg/m^2、生石灰 2 kg/m^3。作物换茬时应在基质内加入肥料，以满足作物生长的需要。	要求：基质就地取材，草炭和蛭石混合的基质栽培番茄效果很好。
● 基质的堆制发酵	将基质材料粉碎，按不同比例配制，搅拌均匀，边洒水边堆，水量以基质用手捏不易散为宜。堆完后用塑料薄膜盖好，保持水分和温度。10 d 后进行第 1 次翻堆，再每隔 7 d 进行第 2 次及第 3 次翻堆。将堆制好的基质消毒，用 40% 甲醛原液稀释 50 倍用喷雾器均匀喷洒在基质上，用塑料薄膜覆盖 24 h 后揭膜，再晾 2 周后即可使用。温度低时在温室内发酵，温度高时在开阔的场地发酵。	要求：各类基质提前两个月准备好，最好使用发酵菌剂，集中发酵。

2. 栽培管理

● 育苗定植	种子温汤浸种后，置于 20~25℃下催芽，发芽后播种于穴盘中。品种选串珠番茄、红帝、圣女果、台湾女红、黄樱桃等。植株长到 4~5 片真叶时定植。将基质浇足水分，每槽栽种 2 行，株行距为 30 cm×40 cm，单株定植，浇透定根水，用地膜覆盖，保持温度及湿度。	要求：优选品种，穴盘基质育苗。
● 营养液配制及管理	定植成活后，视植株大小和天气情况浇水。在结果盛期，每株浇营养液 1~1.5 kg，隔 7~10 d 1 次。共 3 次。营养液的配制，选用腐熟的消毒干鸡粪和有机复合肥，按干鸡粪：有机复合肥：水 =1:0.5:100 的比例配制，浸泡后取上清液施用。也可用有机生态无土栽培专用肥，只浇清水即可。	要求：营养液配制后浸泡 3 d 方可使用。
● 植株管理及采收	开花结果后及时吊蔓，绳子下端系在番茄植株基部的茎基上，定时将绳绕在植株上。整枝采用单干整枝法，只留主枝，其余侧枝全部去掉。及时摘除生长势极强的密集叶及老叶、病叶。开花后每天上午 10 点—11 点时进行人工辅助授粉，有利于提高坐果率。摘除的老叶、病叶集中收集处理。用代森锰锌 500 倍液预防晚疫病，用多菌灵、代森锰锌、雷多米尔预防早疫病。当果实不再膨大，果色变为橙黄或红色等时采收。	要求：植株调整选晴天上午进行，人工辅助授粉在上午 12 点前完成。

【业务知识】

樱桃番茄裂果原因及预防

1. 裂果类型

（1）纵裂　以果蒂为中心，向果肩部延伸，呈放射状，在果实绿熟期出现。

（2）环裂　在果肩部呈环状裂开，多在果实成熟前出现。

（3）条纹裂果　在果顶花痕部，呈不规则条状开裂。

2. 裂果原因

首先，番茄裂果和水分有很大关系；其次阳光直射或温度过高时，导致叶片气孔关闭影响植株蒸腾作用，也会裂果。除此以外，过量去除老叶，叶片量减少以后没有足够的叶片来蒸腾水分，果实同样会因承受不断增加的压力而裂果。

（1）品种的影响　日本樱桃番茄、荷兰樱桃红、美国绿番茄为圆形果，皮薄、汁浓、含糖量高、果味甜纯，易裂果、不耐储藏；台湾圣女番茄为椭圆形果，皮较厚、口感略差，耐储运；绿宝石、紫宝石番茄果实圆形，成熟期脐部易裂口。从番茄类型上来讲，一般大果型的品种和樱桃番茄品种相对易裂果。

（2）湿度调控不当　棚内湿度大，无规律的浇水，植株生长过快，果实膨大过快也会造成裂果。温室中空气、土壤湿度不适宜都会引起裂果，主要有 3 种情况：①表层土壤见干，室内温度 30℃以上，大水漫灌易引起裂果，温室冬春茬樱桃番茄表现尤为明显。②冬季温室空气湿度大，果蒂处易结露，连续阴天不通风，果蒂处水分得不到及时风干，造成脐部裂口。③土壤干旱，植株缺乏水分供应，或冬季空气湿度极大，抑制了植株蒸腾作用，致使根系不能正常吸收钙元素，导致缺钙而裂果。

（3）氮肥施用过量　氮肥施用过量引起裂果的机理：①细胞组织改变。大量施入氮素会使细胞增长，细胞壁变薄，细胞多汁，果实品质下降，略带苦味，易裂，不耐储运。②胁迫作用。过量施入氮肥会影响钙、硼肥吸收，导致果皮脆薄、易破裂。③单盐毒害。在氮肥过量、钾肥施入不足的情况下，果实中纤维素合成受阻，且长期在 30℃高温作用下，造成脐部裂果。

（4）钙肥严重缺乏　主要指因施肥不平衡、温室连作等造成土壤缺乏钙肥，植物根系吸收钙少，满足不了植株生长需求，果皮变脆，发生裂果。缺镁（Mg）、氮钾比例不适当（钾不足，氮过量）都可以导致果皮裂开。

（5）生长素使用不当　冬季光照时间短、光照强度弱，植株体内物质积累少，使大部分花形成中柱花、短柱花，只有少部分形成长柱花，短柱花和中柱花是弱质花，几乎不结果。樱桃番茄同一花序有许多小花，前后开花时间间隔长（5～10 d），果实大小差异大，为了提高挂果率，必须用生长素处理番茄花，若长生素浓度偏高，遇土壤干燥，植株吸收水分有限，会产生生长障碍，造成裂果。

此外，延迟采摘，也可导致裂果。

3. 预防裂果的方法

（1）加强温度管理，增强植株抗逆性　樱桃番茄育苗，高温期中午前后可覆盖遮阳网或放花帘降温；低温期育苗通过搭小拱棚、加温等提高室温。育苗时还要掌握“两高两低”的原则，即播种到出苗温度要高，出苗到分苗温度要低，分苗后缓苗期温度要高，缓苗到定植前降温炼苗。结果期温度控制在白天 20～30℃、夜间 8～13℃，地温最高不能超过 25℃、最低为 10℃。

（2）适时适量浇水，加强通风　有效控制湿度变化，降低棚内的湿度，加强叶片蒸腾作用。要浇水均匀，小水勤浇。盛果期后，空气相对湿度保持在 55%～65%，基质表层见干见湿。越冬茬 7～10 d 浇 1 次水，冬春茬 5～7 d 浇 1 次水。

（3）配方平衡施肥，促进植株营养结构合理化　施肥原则是“三多三少”，即多基肥少追肥，多有机肥少化肥，多微量元素少大量元素。成熟果实含钙量较高，可有效地防止采收后储藏过程中出现的腐烂现象，延长储藏期。因此，温室栽培樱桃番茄第 1 穗果挂果后开始追施含微量元素的复合肥，或叶面可适当交替喷施 0.05%磷酸二氢钾、0.02%硼砂、0.02%氯化钙等微量元素，同时多施钾肥，增加植株、果实的抗逆性，适当补充一些含镁（Mg）的微肥，以提高果实品质。

（4）合理使用生长素，提高果穗成熟的整齐度　一般使用 2，4-D、防落素处理番茄花序，使用浓度要根据室内温度、涂抹部位确定，温度高时浓度相对低一些，温度低时浓度相对高一些；涂抹花柄浓度相对高一些，涂抹花柱浓度相对低一些。樱桃番茄每个花序有 30～100 个小花（品种间差异较大），而同一花序的小花陆续开放，涂抹花柄时尽量涂在小花的花柄上，以免影响未开放的小花。当花序结果量适当（因品种而异）时，要及时去掉即将出现的小花，提高果穗成熟的整齐度。有些农户使用一种叫防裂素的药，主要成分是比九（B9），据说有一定效果，但未经实验验证。

（5）精细栽培管理，促进植株养分平衡吸收　多施有机肥，促进根系深扎，以缓冲基质中水分的剧烈变化；去除叶片时一定要小心，在决定掐尖打顶时，最上部的叶片应尽可能多留，避免太阳光直射上部果实。一般摘心时应在花穗上部保留 2～3 片功能叶，打底叶不宜过度，果穗下也应留至少 2 片功能叶，保证植株养分正常供给；合理密植，及时通风，降低室内湿度。

（6）规范采收方法，延长果实储运期　樱桃番茄品种不同，采收时成熟度也不同。绿色、紫色圆形樱桃番茄 8 成熟即可采收，裂果少，储存期长；而圣女番茄则待完全成熟后采收，果实口感较佳。采收时必须带果柄，以利于储藏运输。包装时应保持果皮洁净、无水分，分级包装，包装箱高度不超过 30 cm，超过 30 cm 时应在中间加上隔板。

【业务经验】

加强田间管理，提高樱桃番茄产量和品质

为了保证樱桃番茄的品质，要重视有机肥的施用而控制氮肥的用量。如果留 6～7 花序摘心，以基肥为主，少施追肥或不施追肥，通过水分管理来调节生长势。长期栽培的，则每采收 2～3 穗果实，依生长势强弱，追施液肥 2～3 次。在第 3 花穗果实膨大期要追施偏重磷钾的复合肥。除施肥外，还应注意以下几点：

（1）浇水　多肥多水会降低樱桃番茄的含糖量，控水控肥栽培能提高糖度，减少裂果。

（2）整枝　樱桃番茄栽培中，整枝方式可用双干或单干整枝，但一般采用单干整枝，只保留主轴，摘除全部叶腋内长出的侧枝。腑芽在 3 cm 内及时摘芽，以减少养分的消耗。有限生长类型的可尽量促其长势，一直在上部留 2 个强侧枝，使其向上生长，注意叶数和果数的平衡，如叶过细弱，可摘除部分花蕾；无限生长类型的，不以早熟为目标，可进行双干整枝，延长生育期及供应期，获得较高的产量。

（3）摘叶　可提高品质，增强光照，促进通气，防治病害，因此应摘除采收完的果穗以下的老叶。

（4）促进坐果　可采用电动振荡器材授粉或喷防落素防止落花落果。

（5）温度管理　在设施条件下，夜温宜比栽培普通番茄要高，才能提高品质，以不能低于 9℃为管理目标。温度过低，果色、肉质都会劣变，棚温（室温）超过 25℃时，白天通风换气，以不超过 35℃为宜，下午气温降到 20℃以下要及时盖膜，关窗。

【工作任务实施记录与评价】

1. 制订樱桃番茄育苗方案及生产计划

<table>
<tr><td>茬口名称</td><td>种植面积</td><td>育苗时间及育苗数量</td><td>定植时间</td><td>肥料农药等辅料需求</td><td>上市时间</td><td>预计产量</td></tr>
<tr><td></td><td></td><td></td><td></td><td></td><td></td><td></td></tr>
<tr><td></td><td></td><td></td><td></td><td></td><td></td><td></td></tr>
<tr><td colspan="3">师傅指导记录 1</td><td colspan="3">育苗方案质量评价</td><td>评价成绩</td></tr>
<tr><td colspan="3" rowspan="3"></td><td colspan="3" rowspan="3"></td><td></td></tr>
<tr><td>日期</td></tr>
<tr><td></td></tr>
<tr><td colspan="3">师傅指导记录 2</td><td colspan="3">樱桃番茄槽培生产计划质量评价</td><td>评价成绩</td></tr>
<tr><td colspan="3" rowspan="3"></td><td colspan="3" rowspan="3"></td><td></td></tr>
<tr><td>日期</td></tr>
<tr><td></td></tr>
</table>

2. 樱桃番茄槽培系统及滴灌设施的安装

师傅指导记录 1	樱桃番茄槽培系统建造工作质量评价	评价成绩
		日期
师傅指导记录 2	滴灌供液设施的安装质量评价	评价成绩
		日期

3. 基质发酵操作记录

基质种类及配比	发酵堆规格（长×宽×高）	温度记录	含水量记录	翻堆时间记录	基质质量判断
检查质量评价				评价成绩	
				日期	

4. 温室消毒处理、基质混配填装、营养液管理等定植前准备工作

师傅指导记录 1	温室消毒处理	评价成绩
		日期
师傅指导记录 2	基质混配填装质量评价	评价成绩
		日期
师傅指导记录 3	营养液配制管理评价	评价成绩
		日期

5. **樱桃番茄定植及补苗检查记录**

樱桃番茄品种	定植面积	成活率	补苗及补苗成活率	定植管理
定植成活率检查及查苗补苗质量评价		师傅检查指导记录		评价成绩
				日期

6. **田间管理及采收检查记录**

樱桃番茄品种	水肥管理措施	植株调整措施	病虫害防治	采收标准	产量
田间操作管理规范性评价				评价成绩	
				日期	
一茬总产量及不同时期采收产量变化				评价成绩	
				日期	

7. **学徒关键职业能力及职业品质、工匠精神评价**

项目	A	B	C	D
工作态度				
吃苦耐劳				
团队协作				
沟通交流				
学习钻研				
认真负责				
诚实守信				

项目6 袋培辣椒

辣椒属一年生或多年生草本植物，起源于中南美洲热带地区的墨西哥、秘鲁等地。1493年传到欧洲，16世纪末传入日本，17世纪传入东南亚各国。中国的辣椒，一是经丝绸之路传入，在甘肃、陕西等地栽培，故有“秦椒”之称；二是经东南亚海路传入，在广东、广西、云南等地栽培。

【专业知识准备】

辣椒的类型、品种较多，除鲜食外，还可进行腌渍和干制，加工成辣椒干、辣椒粉、辣椒油和辣椒酱等，是我国栽培最普遍的蔬菜之一。

一、类型与品种

根据食用特点可分为菜椒和干椒两种类型。

（1）菜椒　又名青椒、甜椒，以食用绿熟果实为主。果实含辣椒素较少，植株健壮、高大，叶片厚，果实个大肉厚。按果实形状分为灯笼椒、长角椒和圆锥椒等。灯笼椒一般无辣味或微辣，主要品种有双丰、农大 8 号、湘研 8 号、湘研 17 号、豫艺农研 25 号等。长角椒品种主要有湘研 6 号、新丰 5 号、农大 21 等。

（2）干椒　又名辛辣椒、小辣椒，以食用干制的红熟果为主。果实长角形，辣椒素含量高。植物矮小，分枝性强，叶片较小或中等，果肉薄，果色深红。主要品种有湘辣 3 号、枥木三鹰椒、日本三鹰椒、柘椒 1 号等。

二、生产季节

辣椒同茄子一样生育期长，在北方露地多为一茬栽培。早春育苗，晚霜过后露地定植，夏秋季收获。其前茬可以是越冬菜或冬闲地，也可与早甘蓝、大蒜等套种，后期可与秋白菜、萝卜或越冬菜套种。设施栽培茬口主要有秋冬茬、冬春茬和早春茬。

任务　袋培辣椒

【任务目标与质量要求】

在师傅指导带领下，正确制订辣椒袋培生产技术方案，做好茬口安排、品种选择、育苗、定植、袋培管理、采收等技术。识别与诊断辣椒病虫害，做好综合防治；及时采收，保证辣椒产品质量安全，达到合格蔬菜品质要求。

【学习产出目标】

1. 熟知辣椒的生产特性，正确制订辣椒育苗技术方案和袋培技术方案。

2. 学会温室等设施的消毒处理工作，做好栽培袋的摆放、打孔、铺设滴箭等定植前的准备工作。

3. 准备辣椒品种及种子、农药、化肥等农资及生产用具，及时按照技术指标要求落实和做好育苗、定植、植株调整、肥水管理等农事作业质量检查。

4. 能够解决辣椒袋培生产中的常见问题，完成辣椒袋培岗位任务。

5. 分组收集辣椒育苗和袋培生产关键技术的照片和视频，并能汇报总结；分组撰写完成辣椒袋培技术规程。

【工作程序与方法要求】

1. 栽培袋填装准备

● 选择栽培袋和摆袋打孔	以内径规格为 60.0 m×8.5 m 的日光温室为例，室内走道宽 0.7 m。栽培袋由聚乙烯塑料制成，袋长 85 cm、宽 45 cm，每个栽培袋可装基质 42~44 L。在平坦的地面上按南北方向将栽培袋纵向摆成行，每行 9 袋，行间距 1.1 m。在袋上开 4 个孔，孔径均为 8 cm，横向两孔相距 20 cm，纵向两孔相距 35 cm；同时，在栽培袋底部再开 4~6 个小孔，孔径约 1 cm，以便多余水分渗出，防止发生沤根。	要求：栽培袋由聚乙烯塑料制成，具有耐高温、抗老化、韧性好、无毒等优点，内层黑色、外层灰色。
● 安装滴灌设施	日光温室种植行间距为 1.1 m，每行摆放 9 个纵向栽培袋，在栽培袋中间铺设直径为 16 mm 的毛管 1 条，每袋 4 个定植孔，需安装 1 套一拖四滴箭，滴头装置铺设在栽培袋中间并连接到毛管上，每孔插入 1 个滴箭。滴灌使用的毛管为直径 16 mm 的 PE 管，铺设长度 8 m；支管用直径 40 mm 的 PE 管，两侧布置，长度 30 m；干管为直径 40 mm 的 PVC 管，长度为 80~100 m。	要求：采用直径 40 mm 的网式过滤器和文丘里式施肥器。
● 基质发酵	基质选用可就地取材，如棉秆、菌糠、甘草渣等，将其粉碎、混合后发酵。发酵前每立方米混合物中加入尿素 1.2 kg、过磷酸钙 2 kg、禽畜粪 50 kg 及秸秆发酵剂 1 kg，调节含水量为 65% ～ 70%，堆置发酵。当堆内温度达 65℃时翻堆，之后每隔 7 ～ 10 d 翻堆 1 次。当翻堆后基质温度不再升高、颜色转为深褐色、无异味时则发酵完成，发酵时间约 2 个月。	要求：基质的选用，因地制宜地选择当地来源容易、价格低廉的有机废弃物。
● 基质配比	将发酵好的基质与蛭石按 4∶1 的体积比混合，每立方米混合基质再加入腐熟禽畜肥 20 kg 和氮磷钾复合肥 1.5 kg，混匀后装袋封口。	要求：基质容重为 0.35~0.45 g/cm^3，总孔隙度为 65%~75%，pH 为 7.7，EC 值≤3.5 mS/cm。

2. 育苗及定植

● 壮苗培育	选用抗病、耐低温弱光、生长旺盛、坐果性强、商品性好的品种，如金禾辣椒王、改良猪大肠等。6 月底至 7 月上旬开始育苗，种子经过温汤浸种和高锰酸钾消毒处理后，播入 50 孔穴盘中，每穴播 3 粒，4 片真叶前分苗，定植前 7~10 d 炼苗，适当降低温度、控制水分。	要求：出苗后，每穴留双苗，当幼苗长到 5~6 片真叶时即可定植。
● 秧苗定植	选择阴天或晴天下午定植，若光线强，则采用遮阳网遮阳。定植时要将苗坨栽到基质中，深度低于袋孔，用基质覆盖苗坨后轻压，插上滴箭，浇 1 次透水。	要求：定植前 1~2 d 先将栽培袋中的基质全部浸润、浇透。

3. 田间管理

● 水分管理	定植后的缓苗期，每隔 2~3 d 浇 1 次小水，基质见干见湿，以促进根系生长。门椒坐住后，隔天浇水，延长浇水时间，增加浇水量。进入结果盛期后，每天浇水 1~2 次，保持基质湿润；阴天不浇水，低温天气控制浇水量，且于上午浇水。结果后期减少浇水量。	要求：夏秋季直接用井水，冬春季则用黑色水袋蓄水，以提高水温。
● 施肥管理	苗期叶面喷施 2~3 次叶面肥，以促进开花坐果。门椒坐住后，开始追肥，采用可溶性好的氮磷钾复合肥（20-10-20 或 15-15-15）作追肥，每隔 5~7 d 追施 1 次，每次 2~3 g/ 株，大量挂果时则逐渐提高追肥量到 4~5 g/ 株，结果后期减少施肥量。也可以用供液系统进行营养液浇灌。	要求：坐果期间叶面喷施保花保果肥和钙镁肥 4~6 次，防止早衰，提高产量。
● 光温调控	缓苗期控制室内白天温度为 27~30℃，夜间温度为 18~20℃，基质袋内温度在 16℃以上，开花坐果后适当降低夜温，但不宜低于 12℃。冬春季注意防寒保温，增加光照，夏秋中午光照过强时最好用遮阳网。	要求：当棚内夜间温度过低时进行人工补温；经常清洁棚膜；连续阴霾天气时，人工补光。
● 植株调整	每株留 2 个主干，每个主干再保留 2 个生长枝，使植株保持 4 个生长枝结果。及时整枝摘心，剪除摘完果的空枝和细弱枝，以利于通风透光。门椒开花前吊秧，或在顺行方向的植株两侧拉 2 道铁丝固定植株，以防倒伏。每株结椒 15~20 个。为减少落花落果，可在上午 10 点前用 15~20 mg/L 的 2，4-D 溶液涂抹花柄，或用番茄灵蘸花。	要求：植株调整选晴天上午进行。及时摘除门椒以下的侧枝、老叶、病叶。
● 适时采收	门椒适当早采，防止坠秧；延迟栽培则在生长中后期尽量延迟采收，以提高效益。采收标准以花谢 18~25 d 后，果皮转深绿色、有光泽时为好。采收时用剪刀从果柄与植株连接处剪切，不可用手扭断，以免损伤植株，感染病害。果实采收后轻拿轻放，按大小分类包装出售。	要求：采收应在中午前进行，以利于伤口愈合。

【业务知识】

辣椒病虫害防治

重点把握好防治的关键环节和时期：①选择优良品种，培育无病虫的健康壮苗；②定植前清洁田园、高温闷棚和熏蒸消毒，减少病虫初期侵染源；③温室通风口设置 250～420 μm 防虫网，阻隔害虫入侵；④每亩悬挂 30～40 块黄板诱杀粉虱、蚜虫、斑潜蝇等害虫；⑤改善光照、通风降湿，降低病害发生概率；⑥及时清理病花、病果、病虫叶，集中销毁；⑦注意防治辣椒白粉病、病毒病、灰霉病、蚜虫、粉虱、斑潜蝇等，优先采用杀虫、杀菌烟雾剂，如 45%百菌清烟雾剂、10%速克灵烟雾剂、20%异丙威烟雾剂、1%高效氯氰菊酯烟雾剂等，病虫害发生初期可结合叶面用药进行及时、有效地控制。

【业务经验】

1. 简单实用的无土栽培袋制作方法

在大型连栋温室内，将 0.1～0.2 mm 厚聚乙烯白色塑料薄膜裁剪成长 10～20 m（如是普通日光温室可裁成长 6.0～6.5 m）、宽 100 cm 规格，沿南北跨度铺放在整平压实的地面上，然后装填复合基质（珍珠岩：草炭：蛭石＝1：1：1），稍加按压，使基质截面呈梯形，下底宽为 35～40 cm、高为 15～20 cm、坡降为 1/80，每袋内基质上方铺 1 条滴灌软管。取市售 40％甲醛水剂稀释 50～100 倍，均匀喷透基质。最后把薄膜沿宽幅两侧合起来，用玻璃丝绳每隔 1 m 左右扎 1 道，使其整体呈长袋状，袋与袋间隔 70～80 cm，密闭消毒 2～3 d。消毒结束后打开栽培袋风干基质 10～15 d 后备用。

2. 如何进行彩色辣椒营养液管理

（1）配方　以日本山崎甜椒营养液标准配方为基础，根据本地水质特点及五彩椒生长特性改良而成，具体配方见表 3-7-4。pH 控制在 6.0～6.3。

表 3-7-4　五彩椒基质袋培营养液配方　mg/L

化合物名称	用量
四水硝酸钙	236
磷酸二氢铵	70
硝酸钾	410
七水硫酸镁	114

注：复合基质蛭石和草炭中，已含有足够的可用微量元素，故营养液配方中一般只加大量元素肥料即可。

（2）浓度调整　门椒开花后，营养液浓度应增加到 1.2～1.5 个剂量；对椒坐住后，营养液浓度可提高至 2.0 个剂量，并加入磷酸二氢钾 30 mg/L。注意调节营养生长与生殖生长平衡，如果营养生长过旺可降低硝酸钾用量，营养液加硫酸钾以补充减少的钾量，调整用量时不宜超过 100 mg/L。到收获中后期，可叶面喷施营养液标准浓度的铁和微量元素，以补充铁和其他微量元素的量，每 15 d 喷 1 次。

【工作任务实施记录与评价】

1. 制订辣椒育苗方案及辣椒袋培生产计划

茬口名称	种植面积	育苗时间及育苗数量	定植时间	肥料农药等辅料需求	上市时间	预计产量

续表

师傅指导记录 1	育苗方案质量评价	评价成绩
		日期
师傅指导记录 2	辣椒袋培生产计划质量评价	评价成绩
		日期

2. 辣椒袋培系统及滴灌设施的安装

师傅指导记录 1	辣椒袋培系统建造工作质量评价	评价成绩
		日期
师傅指导记录 2	滴灌供水设施的安装质量评价	评价成绩
		日期

3. 基质发酵操作记录

基质种类及配比	发酵堆规格（长×宽×高）	温度记录	含水量记录	翻堆时间记录	基质质量判断
发酵检查质量评价				评价成绩	
				日期	

4. 温室消毒处理、摆袋打孔等定植前准备工作

师傅指导记录 1	温室消毒处理	评价成绩
		日期

续表

师傅指导记录 2	摆袋打孔质量评价	评价成绩
		日期

5. 辣椒定植及补苗检查记录

辣椒品种	定植面积	成活率	补苗及补苗成活率	定植管理
定植成活率检查及查苗补苗质量评价		师傅检查指导记录		评价成绩
				日期

6. 辣椒袋培田间管理及采收检查记录

辣椒品种	水肥管理措施	植株调整措施	病虫害防治	采收标准	产量
田间操作管理规范性评价				评价成绩	
				日期	
一茬总产量及不同时期采收产量变化				评价成绩	
				日期	

7. 学徒关键职业能力及职业品质、工匠精神评价

项目	A	B	C	D
工作态度				
吃苦耐劳				
团队协作				
沟通交流				
学习钻研				
认真负责				
诚实守信				

模块八
生产叶菜类及其他蔬菜

项目1 生产绿叶菜类

【专业知识准备】

绿叶菜类蔬菜是以柔嫩的绿叶、叶柄和嫩茎为食用器官的速生蔬菜，种类较多。栽培比较普遍的绿叶蔬菜主要有伞形科的芹菜、芫荽和茴香等，藜科的菠菜，菊科的莴苣、莴笋和茼蒿，十字花科的小白菜、荠菜和上海青，苋科的苋菜，旋花科的蕹菜，落葵科的落葵等。

绿叶菜类虽种类繁多，生物学特性及栽培上各有特点，但也有许多共同之处。

(1) 绿叶菜类蔬菜一般个体小，生长迅速，以叶片、叶柄或嫩茎为产品，没有严格的采收标准，适于排开播种，分期供应市场。也适于与其他高秆作物间作套种。

(2) 绿叶菜种类很多，对环境条件要求各不相同，但基本可分为2大类。一类原产温带，喜温和气候，耐寒性较强，对温度的适应范围广，生长适温15～20℃，能耐短期霜冻；另一类原产热带，喜温怕寒，生长适温20～25℃，10℃以下停止生长，遇霜冻死亡，但较耐高温，适春播夏秋收。

(3) 喜冷凉的绿叶菜类蔬菜多属低温长日照作物，发育阶段对低温要求不严格。如果苗期过早分化花芽，叶片数量不再增加，产量受限。况且在花芽分化后，生殖器官消耗相当多的光合产物，造成营养器官发育不良，产品品质明显降低，所以促进营养生长，防止未熟抽薹是栽培绿叶菜类蔬菜的关键环节。

(4) 绿叶菜类蔬菜虽根系浅，个体小，但栽培密度大，生长和产量形成快，短时间内单位栽培面积吸收肥水数量大，因此对土壤及肥水供应要求严格，尤其是氮肥要充足供应。

（5）为了减少绿叶菜类蔬菜中硝酸盐的积累，应尽量施用有机态氮和铵态氮，并注意与磷钾肥配合施用。

任务1　芹菜叠盆式栽培

芹菜，别名芹、旱芹、药芹等，为伞形科芹属中形成肥嫩叶柄的二年生草本植物。芹菜起源于地中海沿岸地区，古希腊人早在2 000年前已种植芹菜。起初仅作药用，后作辛香蔬菜。芹菜在欧洲驯化成肥大叶柄类型，经高加索传入我国后逐渐产生出细长叶柄类型。我国芹菜栽培广泛，历史悠久，芹菜名产区很多，河北宣化、河南商丘、山东潍坊及新泰等地都是著名芹菜产区。芹菜适应性广，结合保护地生产，可做到周年供应，是春、秋、冬的主要蔬菜之一。

【专业知识准备】

一、类型与品种

栽培上按叶柄形态将芹菜分为中国芹菜与西芹两类。

（1）本芹　又叫中国芹菜，其特点是生育期较短，叶柄细长，纤维较多、香味浓，主要供炒食或调味用。依叶柄颜色分为青芹、白芹和紫柄芹菜3类。依叶柄是否充实分为实心芹和空心芹。主要优良品种有青梗芹、铁杆芹菜、津南实芹、天津白芹、广州白芹、北京细皮白等。

（2）西芹　又叫洋芹，从欧美等国引进。其特点是生育期较长，叶柄肥厚，多为实心，纤维少，肉质脆，香味淡，耐热性不及本芹。可炒食制汁或加工成罐头。依叶柄色泽分为绿色、黄色、白色及杂型4类。主要优良品种有犹他52-70、意大利冬芹、荷兰西芹、美国西芹、佛罗里达683、康乃尔19等。

此外，还有由西芹和本芹杂交选育的品种，如“开封玻璃脆”是从西芹与“实秆青芹”天然杂交后代中选育的。因其叶柄不易老化、色如碧玉、透明发亮，故而得名。

二、栽培季节

芹菜在凉爽和短日照的环境条件下，营养生长旺盛，产量高，品质好，所以多数地区以秋季栽培为主。芹菜对光照要求不严，较耐弱光，适宜在设施内进行越夏或越冬栽培。生产上露地与设施栽培相结合，基本上可实现周年生产供应。

三、有机生态型叠盆式立柱栽培

将立柱栽培与有机生态型无土栽培技术结合，建立有机生态型叠盆式立柱栽培系统，能降低生产成本和技术要求，提高土地利用率，为观光农业园区提供了一种新型的栽培方式。利用有机生态型叠盆式立柱栽培适合种植生菜、紫背天葵、芹菜等叶菜类蔬菜以及草莓、樱桃番茄等果菜类蔬菜。

叠盆式立柱无土栽培充分利用了温室空间和太阳能，属资源节约型农业和工厂化高效农业。其栽培设施的关键装置是盆钵，也称立柱栽培钵、栽培盆等。目前，国内比较著名的叠盆式立柱栽培系统为中国科学院上海植物生理研究所（简称上海植生所）盆钵立柱栽培系统和北京市农林科学院蔬菜研究所中心（简称北京蔬菜中心）立柱式无土栽培系统。

【任务目标与质量要求】

1. 熟悉芹菜生长特性，生长发育规律，了解当地的气候条件，选择适合当地种植的品种，科学安排茬口。

2. 做好播种前的浸种工作，培育壮苗。

3. 芹菜立柱栽培定植时应适当增加栽培密度，以降低光照，改善产品品质；田间做好肥水管理工作，特别是注意硼肥、钙肥的施用，及时进行病虫害防治。

【学习产出目标】

1. 熟知芹菜的生产特性，正确制订芹菜育苗技术方案和生产技术方案。

2. 熟知温室等设施的消毒处理工作，做好安装立柱栽培钵、砌建栽培槽、填装基质等定植前的准备。

3. 准备芹菜品种及种子、农药、肥料等农资及生产用具，掌握芹菜的品种选择、育苗、定植及田间管理等技术操作要点。

4. 能够解决芹菜生产中的常见问题，完成叠盆式栽培岗位任务。

5. 分组收集芹菜育苗和生产关键技术的照片和视频，并能汇报总结；分组撰写芹菜叠盆式立柱栽培技术规程。

【工作程序与方法要求】

● 安装栽培系统	立柱底座为 30 cm 见方的水泥墩，中间有一直径 35 mm、深 15 cm 的圆孔，圆孔内插中心柱，中心柱是直径 30 mm、长约 2 m 的厚壁热浸镀锌钢管，立柱间距为 0.9 m，将 9 ～ 12 个栽培体错开，花瓣状串在中心柱上，相临栽培钵通过栽培钵上下的凹凸扣扣紧，使中心柱上的所有栽培钵构成稳固的整体，并能绕中心柱旋转。每个中心柱的顶部安装滴灌盒，底部安装回液盒。立柱之间修建栽培槽，栽培槽宽 30 cm，与立柱底座同宽，栽培槽用砖砌成，槽高 15 cm，槽内铺双层地膜。不修建排液、回液系统。	要求：立柱组成与传统立柱栽培相同，中心柱及栽培钵整体能旋转，保证立柱上的蔬菜受光均匀。

● 填充基质	基质由细沙、草炭、蛭石、有机肥按照2：1：1：2的比例混配而成，有机肥以腐熟鸡粪、羊粪为佳，细沙过筛，将复合基质填充在立柱栽培钵与栽培槽中。	要求：有机肥和细沙都要过筛，要求沙粒直径为0.5～3 mm，过粗或过细的沙子要筛除。
● 优选品种，精细育苗	芹菜可一年多茬栽培，无土栽培应以产量最高、效益最高的秋冬茬为主。秋芹菜的播期育苗正值高温季节，要采取遮阴降温育苗。一般于8月上旬播种，9月上旬至10月上旬栽植，1月份前后收获。实心芹菜有桓台实茎芹菜、天津黄苗芹菜、上海青梗芹等，空心芹菜可选山东福山芹菜、烟台大花叶芹菜等，西芹优良品种有康乃尔619、佛683等。	要求：苗龄约60～70 d，具有5～6片真叶时定植。
● 定植、管理及采收	芹菜幼苗定植深度以不露根、不埋心为宜，大小苗要分开，淘汰弱苗。营养管理上，应注意钙、硼肥的施用，缺钙容易发生心腐病，缺硼叶柄则易开裂。注意霜霉病、软腐病、蚜虫、斑潜蝇等病虫害的防治。为了降低芹菜体内的硝酸盐含量，在收获前一周，不需要补充营养成分，只加清水。	要求：采收前10 d停止追肥。

【业务知识】

1. 北方地区芹菜主要的季节茬口

北方地区芹菜主要栽培季节茬口见表3-8-1。

表3-8-1　北方地区芹菜主要栽培季节　旬/月份

栽培方式	播种期	定植期	收获期
春芹菜	下/1～上/3	中/3～下/4	下/5～中/6
夏芹菜	下/4～上/6	中/6～下/7	上/8～上/10
秋芹菜	上中/6	上中/8	下/10～上/11
设施越冬芹菜	上/8～中/8	中下/10	上/4～上/5
设施秋延迟芹菜	下/6～上/7	下/8～上/9	下/11～上/1
设施秋冬芹菜	中下/7～上/8	下/9～上/10	下/12～上/3

2. 芹菜无土栽培营养液配方

表3-8-2和表3-8-3中列出了2种常用的芹菜无土栽培营养液配方。

表3-8-2　配方1芹菜（西芹）营养液配方　mg/L

肥料名称	用量
硫酸镁	752
磷酸一钙	24
硫酸钾	500
硝酸钠	644
硫酸钙	337
磷酸二氢钾	175
氯化钠	156

表 3-8-3 配方 2 芹菜营养液配方 mg/L

肥料名称	用量
硝酸钙	295
硫酸钾	404
重过磷酸钙	725
硫酸钙	123
硫酸镁	492

【业务经验】

1. 芹菜的播种育苗技术要点

芹菜种皮革质，较硬，不易透水，又含有挥发油，种子发芽慢，播种前须进行浸种催芽。播前用凉水浸泡 24～48 h，浸种过程中需搓洗几遍，以利吸水。将浸泡过的种子捞出，控净水分，用干净纱布包好，再用湿毛巾覆盖，放在 15～20℃条件下催芽 6～8 d，促进播种后幼苗出土。也可利用地下室或吊入水井中催芽，每天洒水保湿并翻动 1～2 次，当种子 50%左右露白时即可播种。

夏季育苗，可在育苗畦上搭高 1 m 以上的荫棚，棚顶盖旧棚膜，膜上加盖草帘或遮阳网，棚四周通风，防高温、强光、暴雨和冰雹。选择午后温度低时播种。采用湿播法，先浇足底水，水渗下后覆上一层过筛细土，把催过芽的种子掺入 3～5 倍的细沙，均匀撒播，播后覆过筛细土 0.5～0.6 cm。用种量 75～150 g/亩。

播种后要保持苗床土壤湿润，当幼芽顶土时，可轻浇 1 次水。出苗后逐步撤去覆盖物，最好于傍晚前或阴天撤除，并先浇 1 次水，降低苗床温度，防止幼苗晒伤。1～2 片真叶时及时间苗除草，保持苗距 3 cm，2～3 片真叶前仍需保持土壤湿润。若幼苗长势弱，可在 3～4 片真叶时，追施尿素 5 kg/亩。5 片真叶时适当控水蹲苗，促进根系发育，防止徒长，培育壮苗。苗龄 60～70 d，具有 5～6 片真叶时定植。

2. 芹菜栽培的田间管理

加强田间管理，幼苗定植深度以不露根、不埋心为宜。田间管理上，应注意钙、硼肥的施用，缺钙容易发生心腐病，缺硼叶柄则易开裂。在生产过程中，注意霜霉病、软腐病、蚜虫、斑潜蝇等病虫害的防治。

3. 营养液的配制方法

（1）配制前选择或设计好适当的营养液配方，根据说明书上标明的盐类分子式、结晶水含量及纯度等计算好每种肥料的准确用量。

（2）按配方要求准确称取各种肥料，分别放置在干燥的容器内或聚乙烯塑料薄膜上，或平摊地面的塑料薄膜上待用。通常根据纯浓度盐计算用量，若浓度不够，应按比例增加用量，精确到±0.1 g。

（3）母液可分装入A、B或A、B、C贮液罐。A母液以钙盐为中心，将不与钙产生沉淀的肥料溶在一起，浓度较工作浓度浓缩200倍。B母液以磷酸盐为中心，将不与磷酸根形成沉淀的盐溶在一起，浓度较工作浓度浓缩200倍。C母液由铁和微量元素组成，浓度较工作浓度浓缩1 000倍。例如，A罐混合并溶解硝酸钙和硝酸钾，或将微量元素中的硫酸亚铁和EDTA·2Na与硝酸钙溶解在A罐。B罐中，混合溶解硝酸钾、硫酸镁、磷酸二氢铵以及其他微量元素，也可将所有微量元素混合溶解于C罐中。混合与溶解肥料时，要严格注意顺序，要把Ca^{2+}和SO_4^{2-}、PO_4^{3-}分开，即硝酸钙不能与硝酸钾以外的几种肥料如硫酸镁等硫酸盐类、磷酸二氢铵等混合，以免产生钙的沉淀。A罐肥料溶解顺序，先用温水溶解EDTA·2Na和硫酸亚铁，然后溶解硝酸钙，边加水边搅拌，直至溶解均匀。B罐肥料先溶硫酸镁，然后依次加入磷酸二氢铵和硝酸钾，加水搅拌直至完全溶解，硼酸以温水溶解后加入，然后分别加入其余的微量元素肥料。A、B两罐均按母液浓缩倍数，加水至一定容积，搅匀后备用。

（4）使用营养液时，先取A罐母液溶于水，后取B罐母液，按浓缩的倍数加水稀释至标准原液，注入供液池（箱）内，调整pH至适宜范围，测定EC值（电导率）后使用。

【工作任务实施记录与评价】

1. 制订芹菜育苗方案及生产计划

<table>
<tr><td>茬口名称</td><td>种植面积</td><td>育苗时间及育苗数量</td><td>定植时间</td><td>肥料农药等辅料需求</td><td>上市时间</td><td>预计产量</td></tr>
<tr><td></td><td></td><td></td><td></td><td></td><td></td><td></td></tr>
<tr><td></td><td></td><td></td><td></td><td></td><td></td><td></td></tr>
<tr><td colspan="3">师傅指导记录1</td><td colspan="3">育苗方案质量评价</td><td>评价成绩</td></tr>
<tr><td colspan="3" rowspan="4"></td><td colspan="3" rowspan="4"></td><td></td></tr>
<tr><td>日期</td></tr>
<tr><td></td></tr>
<tr><td colspan="3">师傅指导记录2</td><td colspan="3">生产计划质量评价</td><td>评价成绩</td></tr>
<tr><td colspan="3" rowspan="3"></td><td colspan="3" rowspan="3"></td><td></td></tr>
<tr><td>日期</td></tr>
<tr><td></td></tr>
</table>

2. 芹菜叠盆式栽培系统及滴灌设施的安装

师傅指导记录 1	叠盆式栽培系统安装质量评价	评价成绩
		日期
师傅指导记录 2	滴灌设施的安装质量评价	评价成绩
		日期

3. 温室等设施设备消毒处理、基质填装等定植前准备工作

师傅指导记录 1	温室等设施设备消毒处理	评价成绩
		日期
师傅指导记录 2	基质混拌填装质量评价	评价成绩
		日期

4. 芹菜定植及补苗检查记录

芹菜品种	定植面积	成活率	补苗及补苗成活率	定植管理

定植及查苗补苗质量评价	师傅检查指导记录	评价成绩
		日期

5. 田间管理及采收检查记录

<table>
<tr><td>芹菜品种</td><td>水肥管理措施</td><td>植株调整措施</td><td>病虫害防治</td><td>采收标准</td><td>产量</td></tr>
<tr><td></td><td></td><td></td><td></td><td></td><td></td></tr>
<tr><td></td><td></td><td></td><td></td><td></td><td></td></tr>
<tr><td rowspan="2">田间操作管理
规范性评价</td><td rowspan="2" colspan="3"></td><td>评价成绩</td><td></td></tr>
<tr><td>日期</td><td></td></tr>
</table>

6. 学徒关键职业能力及职业品质、工匠精神评价

项目	A	B	C	D
工作态度				
吃苦耐劳				
团队协作				
沟通交流				
学习钻研				
认真负责				
诚实守信				

任务2 莴苣DFT水培

莴苣原产地中海沿岸，为菊科莴苣属一二年生草本植物。莴苣有茎用和叶用2种，前者又名莴笋，笋肉翠绿、质脆、清凉可口；后者可生食，味道宜人，又名生菜。莴苣营养丰富，除含有大量的胡萝卜素外，还含有糖、有机酸、蛋白质等营养物质。

【专业知识准备】

一、栽培类型与品种

（一）叶用莴苣（生菜）

（1）长叶生菜 又称散叶生菜。叶全缘或锯齿状，外叶直立，一般不结球或有散叶的圆筒形或圆锥形叶球。品种有登峰生菜、罗马直立生菜、牛利生菜、奶油生菜等。

（2）皱叶生菜 叶片深裂，叶面皱缩，有松散叶球或不结球。品种有广州东山生菜、玻璃生菜、美国大速生、红叶生菜等。

（3）结球生菜 叶全缘，有锯齿或深裂，叶面平滑或皱缩，外叶开展，心叶抱合成圆球形至扁球形叶球。品种有广州青生菜、青白口、恺撒、大湖 659、皇帝等。

（二）茎用莴苣（莴笋）

（1）尖叶莴笋　叶片先端尖，叶面光滑，节间较稀，肉质茎棒状，下粗上细。较晚熟，苗期较耐热，可作秋季或越冬栽培。品种有上海大尖叶、柳叶莴笋、北京紫叶莴笋、南京白皮香、杭州尖叶、陕西尖叶白笋等。

（2）圆叶莴笋　叶片长倒卵形，顶部稍圆，叶面皱缩较多，叶簇较大，节间密，茎粗大，中、下部较粗，两端渐细，成熟期早，耐寒性较强，不耐热，多作越冬栽培。品种有上海大圆叶、南京紫皮香、北京鲫瓜笋、成都挂丝红、济南白莴笋，陕西圆叶白笋等。

二、栽培季节

莴苣主要栽培季节为春、秋 2 季。各地的具体播期应掌握在播种后 40～50 d，幼苗定植时具有 4～6 片真叶。西北、东北冬季严寒，一般春季温室育苗，3 月份定植，5 月份收获。生菜采用不同栽培方式和品种可排开播种，周年供应。

三、立柱式 DFT 水培

深液流技术简称 DFT，是最早开发成可以进行农作物商品生产的无土栽培技术，在日本普及面广，我国的台湾、广东、山东、福建、上海、湖北、四川等地也有一定的推广面积，用于生产番茄、黄瓜等果菜类和莴苣、茼蒿等叶菜类蔬菜。

本生产任务采用北京蔬菜研究中心研究开发的立柱式蔬菜无土栽培设施。整套设施由营养液槽、平面 DFT 栽培床、立柱栽培钵、营养液循环系统、自动控制系统组成，立柱由数个高 18 cm、直径 20 cm 的花瓣状栽培钵错落而成。钵底有孔，叶用莴苣种于“花瓣”位置，钵的个数因需要而定。营养液由柱顶的加液盒流入，由柱底的回液盒送入平面 DFT 栽培床，经回液系统流回营养液池。

【任务目标与质量要求】

在师傅指导带领下，能正确进行温室等设施的消毒处理，安装营养液槽、平面 DFT 栽培床、立柱栽培钵、营养液循环系统、自动控制系统等，做好定植前的准备。根据市场需求及叶用莴苣的生长发育规律，确定茬口，安排叶用莴苣的种植面积和种植时期，制订叶用莴苣生产计划和育苗技术方案，选择合适的种植品种，进行育苗定植，加强田间管理，获得优质高产。

【学习产出目标】

1. 熟知叶用莴苣的生产特性，了解当地的气候条件，结合市场需求安排茬口，选择适合当地种植的叶用莴苣品种，正确制订叶用莴苣育苗技术方案和 DFT 水培技术方案。

2. 熟知温室等设施的消毒处理工作，建造好营养液槽、平面 DFT 栽培床、安装栽培立柱和栽培钵、安装供液回液循环系统等，做好定植前的准备。

3. 准备叶用莴苣品种及种子、农药、化肥等农资及生产用具，掌握叶用莴苣的品种特性、及时育苗、定植及完成田间管理等技术操作。

4. 能够解决叶用莴苣生产中的常见问题，完成 DFT 水培岗位任务。

5. 分组收集叶用莴苣育苗和生产关键技术的照片和视频，并能汇报总结；分组撰写完成叶用莴苣 DFT 水培技术规程。

【工作程序与方法要求】

1. 精选品种、播种育苗

● 品种选择和季节安排	生菜喜冷凉，在冬春季节 15~25℃范围内生长最好，低于 15℃生长缓慢，高于 30℃生长不良，极易抽薹开花。可选奶生一号、意大利生菜、精选奶油生菜、现代舞裙、美国皇帝、意大利耐抽薹生菜、玻璃生菜、罗马直立生菜等。水培立柱栽培最好选用直立品种。	要求：应选早熟、耐热、晚抽薹的品种。
● 播种	用蛭石作育苗基质，先将蛭石用清水浸透，湿度以用手紧握能出水为宜。然后将蛭石装入育苗盘，用手轻压并摊平基质，将生菜种子均匀撒播于蛭石表面，密度适宜，然后在种子表面覆盖约 1~1.5 cm 厚蛭石，出苗后根据苗情浇灌 1~2 次 1/4 剂量的标准配方营养液，一般 2~3 d 即可出苗。为保证生菜的周年供应，每批苗的播种间隔为 10 d 左右。	要求：生菜种子发芽时需要光照，播种切忌过深，播后用地膜覆盖，并将育苗盘放在阴凉处。
● 苗期管理	幼苗 2 片真叶时，选健壮无病植株洗净根部残留基质，插入定植杯里，定植杯中需塞一些海绵或干水草固定植株后再放入定植孔中，分苗栽培板以定植板为基础制作成 21×13 孔，株行距为 5 cm×5 cm。生菜幼苗 4 片真叶时定植，苗龄 25~30 d。	要求：分苗时营养液采用 1/4 剂量的标准配方营养液，杯底浸入营养液中。

2. 安置栽培设施

● 砌制营养液槽	营养液槽用砖和水泥砌成水槽置于地下。营养液槽的容积，按照水 5~7 t/ 亩的标准设计。液槽施工时必须加入防渗材料，并于液槽内壁涂上防水材料。在液槽的一角放水泵处做 20 cm 见方的小水槽用于清洗营养液槽。	要求：使用过程中营养液槽每 40 d 彻底清洗 1 次。

步骤	内容	要求
● 安置平面栽培床	平面栽培床由床体和定植板（也称栽培板）2 部分组成。床体是用来盛营养液和栽植作物的装置。栽培床床体和栽培板是由聚苯材料制成。床体规格是长 100 cm、宽 66 cm、高 17 cm。里面铺一层厚 0.15 mm、宽 1.45 m 的黑膜。栽培板长 89 cm、宽 59 cm、厚 3 c m，上面排列直径 3 cm 的定植孔，株行距为 8 cm×12 cm。	要求：可以根据需要自行调整株行距，栽培生菜可以调整为 20 cm×20 cm。
● 安装平面栽培加液回液系统	平面栽培床供液装置，由水泵把营养液抽进塑料制成的加液主管和加液支管，加液主管为直径 40~50 mm 硬质滴灌管，加液支管为直径 16 mm 硬质滴灌管，塑料支管上每隔 1.5 m 有一直径 3 mm 小孔，营养液可从小孔流入栽培床。营养液循环的途径是先由水泵从液槽中将营养液抽出，经加液主管、加液支管进入栽培床。高出排液口的营养液，顺排液口经过排液沟流回营养液槽，完成平面循环。	要求：栽培床中保持 5~8 cm 的水位。
● 安装栽培立柱	立柱由黑色圆形软塑胶盘和塑料管 2 部分组成，黑色圆形软塑胶盘的直径为 15 cm，中间有一直径 30 mm、深 10 cm 的圆孔与立柱连为一体，放置在 DFT 水培床的中央，柱体穿过栽培板定植孔伸向空中，栽培钵在立柱上穿成一串后，顶部用铁丝固定于棚的顶部。	要求：立柱是用来支撑和固定栽培钵和滴液盒的，立柱整体安装牢固。
● 安装立柱栽培钵	栽培钵为中空、六瓣体塑料钵。其规格为高 20 cm，直径 20 cm，瓣间距 10 cm。6 个“花瓣”处定植 6 株生菜。将 8~9 个栽培钵错开位置叠放在立柱上，串成柱形。	要求：栽培钵错开位置叠放，相互不影响通风透光。
● 安装立柱加液回液系统	立柱栽培的加液系统由水泵、加液主管、加液支管、滴液盒 4 部分组成。加液主管为直径 40~50 mm 硬质滴灌管。加液支管为直径 16 mm 无孔硬质滴灌管。滴液盒是圆形塑料盒，盒的两端有两截空心短柄，用于连接加液支管，盒的底部四周有 6 个小孔，使营养液能下流，滴液盒的底部中心固定在立柱下方，营养液由水泵从液槽中抽出，经加液主管、加液支管进入滴液盒，从滴液盒流入栽培钵，再通过栽培钵底部小孔，流入第 2 个栽培钵，依次顺流而下到达最下面一个栽培钵，然后流入平面水培床，再流向营养液槽，完成一个循环，水泵与定时器连接，控制加液时间。	要求：安装完精细检查循环系统密封性。

3. 定植、管理及采收

步骤	内容	要求
● 定植	幼苗 4 片叶时定植，栽植密度一般每亩定植 1 500 株左右，株行距为 20 cm×20 cm。定植时营养液采用标准配方营养液，定植 7 d 以内，营养液的浓度为 1/2 剂量的标准配方营养液，定植 7 d 后，营养液浓度调整为全剂量标准配方营养液。	要求：定植杯底要浸入营养液中。
● 调节营养液浓度	浓度管理主要是 EC 值的调节。遵循从低到高的原则，分苗时营养液采用标准配方营养液的 1/4 剂量，定植期分 2 个阶段调节，定植 1 周内的幼苗，采用标准配方营养液的 1/2 剂量，定植 1 周后，调整为标准浓度。生育期在 30 d 左右的生菜，定植时所加的营养液即能满足整个生育期的需要，中间不必补液；45 d 以上收获的生菜，每隔 20 d 补充 1 次与首次用量相同的营养液。	要求：定植后每周测定 1 次 EC 值，EC 值通过加入营养液或水调节。

● 调节营养液pH值	生菜生长的营养液最适 pH 范围是 6.0~6.9，可用磷酸、硼酸或硫酸调节，一般用磷酸，因为磷酸可以作为肥源利用。营养液在循环使用过程中每周测定 1 次，如有变化，应及时调整。	要求：用磷酸调整 pH，整个生育期营养液 pH 要一直维持在最适范围。
● 保证营养液循环	供液系统使用定时控制器设定自动化间歇循环，白天从 8 点开始循环供液，每 2 h 供 1 次，每次 30 min，夜间停止供液。	要求：营养液槽每 40 d 彻底清洗 1 次，以避免污染和根系分泌有害物质的积累。
● 采收	生菜 20 片左右真叶时收获。收获前 7 d，停止养分供应，只加清水，这样有助于降低生菜中的硝酸盐和亚硝酸盐含量。生产上一般是一次性采收。	要求：采收时带一部分洁白根系更好。

【业务知识】

1. 选择适宜的品种

高温季节选耐热、晚抽薹的品种，以散叶类型为主，其他季节以结球莴苣为主。夏秋栽培可浸种催芽后播种，先用凉水浸泡 5～6 h，然后放到 16～18℃条件下见光催芽。1～2 片真叶时进行第 1 次间苗，2～3 片真叶时第 2 次间苗或进行分苗，行株距 6～8 cm，4～5 片真叶时即可定植。

2. 常用的营养液配方

第 1 种配方：每吨水中加入 236 g 四水硝酸钙，404 g 硝酸钾，57 g 磷酸二氢按，123 g 七水硫酸镁，13.9 g 七水硫酸亚铁，18.6 g 乙二胺四乙酸二钠，2.86 g 硼酸，2.13 g 四水硫酸锰，0.22 g 七水硫酸锌，0.06 g 五水硫酸铜和 0.02 g 钼酸铵。

第 2 种配方：每吨水中加入 910 g 四水硝酸钙，238 g 硝酸钾，185 g 磷酸二氢钾，500 g 七水硫酸镁，EDTA 铁 16 g，硼酸 3 克，硫酸锰 2 g，硫酸锌 0.2 g，硫酸铜 0.08 g，钼酸铵 0.02 g。以上单种配方肥料纯度为农用级即可。

第 3 种配方：上海孙桥农业技术有限公司生产的无土栽培营养液肥，配制方法见产品说明书。

【业务经验】

如何采收生菜

生菜采收前 5 d 要控制浇水。生菜采收标准不严格，采收期灵活，以叶片充分长大、肥厚、质地脆嫩期采收产量最高，商品价值最好。

结球生菜叶球包紧实时及时采收，收获时从茎基部割下，摘掉外部老叶，保留 3～4 片外叶，即可包装上市。结球生菜叶球形成后，要控制浇水，可防茎裂和软腐病，也可防止水分不均造成裂球和烂心。

【工作任务实施记录与评价】

1. 制订叶用莴苣育苗方案及立柱式 DFT 水培生产计划

<table>
<tr><td>茬口名称</td><td>种植面积</td><td>育苗时间及育苗数量</td><td>定植时间</td><td>肥料农药等辅料需求</td><td>上市时间</td><td>预计产量</td></tr>
<tr><td></td><td></td><td></td><td></td><td></td><td></td><td></td></tr>
<tr><td></td><td></td><td></td><td></td><td></td><td></td><td></td></tr>
<tr><td colspan="3">师傅指导记录 1</td><td colspan="3">叶用莴苣育苗方案质量评价</td><td>评价成绩</td></tr>
<tr><td colspan="3" rowspan="3"></td><td colspan="3" rowspan="3"></td><td></td></tr>
<tr><td>日期</td></tr>
<tr><td></td></tr>
<tr><td colspan="3">师傅指导记录 2</td><td colspan="3">立柱式 DFT 水培生产计划评价</td><td>评价成绩</td></tr>
<tr><td colspan="3" rowspan="3"></td><td colspan="3" rowspan="3"></td><td></td></tr>
<tr><td>日期</td></tr>
<tr><td></td></tr>
</table>

2. 叶用莴苣立柱式 DFT 水培系统及滴灌设施的安装

<table>
<tr><td>师傅指导记录 1</td><td>DFT 水培床及栽培立柱等建造质量评价</td><td>评价成绩</td></tr>
<tr><td rowspan="3"></td><td rowspan="3"></td><td></td></tr>
<tr><td>日期</td></tr>
<tr><td></td></tr>
<tr><td>师傅指导记录 2</td><td>平面加液回液系统及立柱加液回液系统安装质量评价</td><td>评价成绩</td></tr>
<tr><td rowspan="3"></td><td rowspan="3"></td><td></td></tr>
<tr><td>日期</td></tr>
<tr><td></td></tr>
</table>

3. 叶用莴苣定植及补苗检查记录

<table>
<tr><td>叶用莴苣品种</td><td>定植面积</td><td>成活率</td><td>补苗及补苗成活率</td><td>定植管理</td></tr>
<tr><td></td><td></td><td></td><td></td><td></td></tr>
<tr><td></td><td></td><td></td><td></td><td></td></tr>
<tr><td colspan="2">定植及查苗补苗质量评价</td><td colspan="2">师傅检查指导记录</td><td>评价成绩</td></tr>
<tr><td colspan="2" rowspan="3"></td><td colspan="2" rowspan="3"></td><td></td></tr>
<tr><td>日期</td></tr>
<tr><td></td></tr>
</table>

4. 叶用莴苣立柱式 DFT 水培管理及采收记录

<table>
<tr><td>叶用莴苣品种</td><td>营养液管理措施</td><td>植株调整措施</td><td>病虫害防治</td><td>采收标准</td><td>产量</td></tr>
<tr><td></td><td></td><td></td><td></td><td></td><td></td></tr>
<tr><td></td><td></td><td></td><td></td><td></td><td></td></tr>
<tr><td rowspan="2">田间操作管理
规范性评价</td><td colspan="3" rowspan="2"></td><td>评价成绩</td><td></td></tr>
<tr><td>日期</td><td></td></tr>
</table>

5. 学徒关键职业能力及职业品质、工匠精神评价

项目	A	B	C	D
工作态度				
吃苦耐劳				
团队协作				
沟通交流				
学习钻研				
认真负责				
诚实守信				

任务 3　京水菜 NFT 栽培

京水菜，又称白茎千筋京水菜、丝菜、水晶菜，十字花科芸薹属白菜亚种，一二年生草本植物。以绿叶及叶柄为产品，浅根性，主根圆锥形，须根发达，再生力强，苗期生长缓慢。营养生长期茎为短缩茎，叶簇丛生于短缩茎上。茎基部具有极强的分枝能力，每个叶腋处都能重重叠叠地萌发新芽而使植株丛生，单株重

可达 3～4 kg。叶片绿色或深绿色，叶柄长而细圆，有浅沟，白色或浅绿色。复总状花序，小花黄色。长角果，种子近圆形，黄褐色，千粒重 1.7 g，发芽力 3～4 年。含矿物营养丰富、含钾量高，风味类似小白菜，是上好的火锅菜，作馅时有淡淡的野菜香味，十分诱人。京水菜可采食菜苗、掰收分芽株或整株收获，市场前景好。

【任务目标与质量要求】

在师傅指导带领下，能正确进行温室等设施的消毒处理、建造栽培槽和供液池、摆放定植板、打孔等，做好定植前的准备。根据市场需求及京水菜的生长发育规律，确定茬口，安排京水菜的种植面积和种植时期，制订京水菜生产计划和育苗技术方案，选择合适的种植品种，进行育苗定植，加强田间管理，获得优质高产产品。

【学习产出目标】

1. 熟知京水菜的生产特性，了解当地的气候条件，结合市场需求安排茬口，正确制订京水菜育苗技术方案和营养液膜（NFT）栽培技术方案

2. 熟知温室等设施的消毒处理工作，建造好种植槽和供液池、安装供液系统、摆放定植板、打孔等，做好定植前的准备。

3. 准备京水菜品种及种子、农药、化肥等农资及生产用具，掌握京水菜的品种选择、整地育苗、浸种催芽及田间管理等技术操作要点。

4. 能够解决京水菜生产中的常见问题，完成 NFT 栽培岗位任务。

5. 分组收集京水菜育苗和生产关键技术的照片和视频，并能汇报总结；分组撰写完成京水菜 NFT 栽培技术规程。

【工作程序与方法要求】

1. 安装营养液膜栽培的基本装置

基本装置包括供液池、供液管道、供液水泵和栽培床。

- **修建供液池**

供液池设在地下，可用砖头，水泥砌成。里外涂以防水物质，也可用塑料制品，水缸等容器。其容积大小应根据栽培的面积和株数确定。

要求：180 m^2 标准大棚，供液池的容积为 2.5~3.0 m^3 即可，一般置于大棚的中央位置。

● 安装栽培床	在 1/100 坡降的平整地面铺一层黑色或黑白双面聚乙烯薄膜，以适当方式使其成槽状供定植与固定作物根系，并供应营养液，使营养液在床面成薄层循环液流。或者选用三合板或纤维板，亦可使用玻璃钢楞形板，安装在 1/100~1/80 坡降的木架或铁架上，也可用砖头支撑，在板上用木条和铁钉按一定行距隔成长条槽，槽底铺一层薄膜；也可直接利用楞形板。上面再平铺一层银灰色、乳白色或黑色薄膜，作为定植板，上面打孔定植。栽培床保持适宜的坡降，坡降的大小以栽培作物后水流不发生障碍为度。栽培床不能太长，床底应平整成缓坡状，防止营养液在床内蛇形流动。	要求：栽培床坡降为 1/100~1/80 较好，即 10m 长的栽培床，两头高差 10 cm 左右。
● 安装供液装置	供液装置由供应水泵（小型潜水泵或离心泵）、供液管道（自来水管或塑料管）将经水泵提取的营养液分流输入各栽培床中。供液管道和回流管均用硬塑料管配套，供液主管可埋地下，接支管分流向各栽培床供液，回流管由各栽培床汇至供液池。供液水泵可选用 WB 型 180 W 离心水泵或潜水泵。使用离心泵时，进水口应装落水阀，安装位置略低于供液池的水面。回水管用于使栽培床循环后回流的营养液再退回贮液池中，以供再次使用，一般用塑料管。NFT 栽培营养液的供应量少，根系无基质的缓冲作用，因此要做到及时并经常补充，使其维持在规定的浓度范围内。	要求：供液管道和回流管均用硬塑料管配套，供液主管可埋地下，接支管分流向各栽培床供液，回流管由各栽培床汇至供液池。
● 控制系统	控制系统主要控制营养液的供应时间、流量、电导率、pH 和液温等。注意 pH 的调整；作物生长旺盛期，高温季节以及白天中午更应注意及时供液，采用间歇供液有利于增产。	要求：营养液浓度可视不同作物和不同的生育期而定。

2. 京水菜的栽培

● 选择品种	根据栽培需要，优选品种。 (1) 早生种　植株较直立，叶的裂片较宽，叶柄奶白色，早熟，适应性较强，较耐热，可夏季栽培。品质柔软，口感好。 (2) 中生种　叶片绿色，叶缘锯状缺刻深裂成羽状，叶柄白色有光泽，分株力强，单株重 3 kg，冬性较强，不易抽薹。耐寒力强，适于北方冬季保护地栽培。 (3) 晚生种　植株开张度较大，叶片浓绿色，羽状深裂。叶柄白色，柔软，耐寒力强。不易抽薹，分株力强，耐寒性比中生种强，产量高，不耐热。	要求：宜选用早熟、优质、高产、极耐高温、高湿和抗病性强的品种。
● 育苗	(1) 种子处理　将种子在 15~25℃清水中浸泡 2~3 h，然后在 15~25℃的条件下催芽，经 24 h 即可出芽。 (2) 制作岩棉育苗块　用岩棉方块或聚氨酯泡沫育苗块；或者选择国产农用岩棉的散棉，铺在育苗盘中，将催芽的种子播种在散岩棉上，喷施 1/2 剂量的营养液，保持基质湿润。 (3) 苗期管理　育苗期间浇灌日本园试配方 1/2 剂量的营养液，保持各个育苗块呈湿润状态，育苗盘略见薄水层。育苗温度应控制在 8~20℃，最好为 15~18℃。	要求：营养液的温度最好控制在 20℃左右。

●定植	选用适宜的营养液膜栽培床，并配备营养液自动供液系统，栽培床按 60~70 株 /m² 的密度在定植板上打孔定植，将小岩棉块苗植入。幼苗应带小岩棉方块或聚氨酯泡沫育苗块，以适当装置（水箱）供应营养液。	要求：幼苗要带岩棉块或装入有适当大粒径基质的塑料钵，以利固定根系。
●营养液管理及采收	(1) 定植后管理　选用苗期的营养液配方，定植后营养液的浓度逐渐提高，随植株的生长，从 1/2 剂量提高到 2/3 剂量，最后为 1 个剂量。白天每小时供液 15 min，间歇 45 min；夜间 2 h 供液 15 min，间歇 105 min，由定时器控制。营养液的 EC 值控制在 1.4 ～ 2.2 mS/cm，pH 控制在 5.6 ～ 6.2。平时及时补充消耗掉的营养液，每 30 d 将营养液彻底更换一次。 (2) 采收　可采收小苗食用，也可在定植后 20 d，株高 15 cm 以上，已长成株从后收割。	要求：采用间歇供液能有利增产，营养液的供应要及时，营养液的 pH 及时检测，予以调整；保持根际温度的稳定。

【业务知识】

1. 营养液膜栽培的优点

营养液膜栽培即 NFT 栽培，是一种新型的无土栽培技术，与传统的无土栽培技术相比设备简易，只要选用适当的薄膜和供液装置，即可自行设计安装；投资小成本低；营养液呈薄膜状液流循环供液较好地解决了根系供氧问题，使根系的养分、水分和氧气供应得到协调，有利于作物的生长发育；营养液的供应量小，且容易更换；设备的清理与消毒较方便；便于生产上推广应用。

2. 日本园试配方

由日本兴津园艺试验场开发提出，适用于多种蔬菜作物，称之为园试通用配方，其浓度表示方法为 1 000 L 水中各类盐的克数。园试配方是当前植物水培营养液配方中运用较广，配制操作使用较为方便，适用品种较多的通用基础配方。作为诱变液时，配方中可以适当减少磷元素的含量以达到磷胁迫的目的，把磷元素控制在 1 μmol/ L 以下即可。

【业务经验】

NFT 栽培中如何选择作物的种类与品种

可以利用 NFT 栽培的作物很多，如番茄、黄瓜、甜瓜、草莓等果菜，以及生菜，鸭儿芹、菠菜、葱、茼蒿、小白菜等叶菜。在实际生产中，既要考虑栽培的难易，更应考虑经济效益，一般可以栽培经济效益大的番茄、甜瓜、黄瓜，以及速生的叶菜如生菜等。一般应选择抗病、高产、具有增产优势的品种。番茄、黄瓜等作物，应选择结果性好、品质好的品种。我国北方生长期长的果菜如番茄、黄瓜等，可进行一大季栽培，精心管理能获高产，但一般以进行两季栽培为好。

【工作任务实施记录与评价】

1. 制订京水菜育苗方案及生产计划

茬口名称	种植面积	育苗时间及育苗数量	定植时间	肥料农药等辅料需求	上市时间	预计产量

师傅指导记录 1	京水菜育苗方案质量评价	评价成绩
		日期

师傅指导记录 2	京水菜营养液膜（NFT）栽培生产计划质量评价	评价成绩
		日期

2. 京水菜营养液膜（NFT）栽培系统的安装

师傅指导记录	NFT 栽培床、供液装置及控制系统等安装质量评价	评价成绩
		日期

3. 京水菜定植及补苗检查记录

壮苗标准	定植面积	成活率	补苗及补苗成活率	定植管理

定植及查苗补苗质量评价	师傅检查指导记录	评价成绩
		日期

4. 京水菜营养液膜（NFT）栽培管理及采收记录

营养液管理措施	病虫害防治	采收标准	产量	
水培操作管理规范性评价			评价成绩	
			日期	

5. 学徒关键职业能力及职业品质、工匠精神评价

项目	A	B	C	D
工作态度				
吃苦耐劳				
团队协作				
沟通交流				
学习钻研				
认真负责				
诚实守信				

任务 4　蕹菜静止水培

蕹菜也称空心菜、通菜、竹叶菜、藤菜、通心菜等，为旋花科一年生（亚热带）或多年生（热带）蔓生草本植物。喜高温、多湿的环境，对光照的要求不太严格，一年四季只要温度＞15℃都能够种植，气温＞35℃时仍能够生长良好，最适宜生长的温度为 25～30℃，其生长能力很强，抗暴雨，但不耐寒冷。蕹菜是夏秋季普遍栽培的绿叶蔬菜。其食用部位为幼嫩的茎叶，可炒食或凉拌、做汤菜等。营养丰富，100 g 蕹菜含钙 147 mg，居叶菜首位，维生素 A 含量比番茄高 4 倍，维生素 C 比番茄高 17.5%。蕹菜采收期长，是夏季生长的叶菜，能打破北方夏季少叶菜多果菜的结构，不受高温、暴雨的限制，因而适合北方夏季栽培，水培和设施基质培均可种植蕹菜。

蕹菜原产沼泽性地区，由于其茎中空，体内具有输导氧气的组织，因此很容易进行无土栽培，特别是水培，而且能够在静止水培中生长良好。由于茎节间很容易产生不定根，蕹菜适宜于插条繁殖，无土栽培必须要有较高的种植密度以保证产量。

【任务目标与质量要求】

在师傅指导带领下，能正确进行温室等设施的消毒处理、建造种植槽、摆放栽培板、打孔等定植前的准备。根据市场需求及蕹菜的生长发育规律，确定蕹菜茬口，安排蕹菜的种植面积和种植时期，制订蕹菜生产计划和育苗技术方案，选择合适的种植品种，进行育苗定植，加强田间管理，达成优质高产。

【学习产出目标】

1. 熟知蕹菜的生产特性，了解当地的气候条件，选择适合当地种植的蕹菜品种，正确制订蕹菜育苗技术方案和生产技术方案

2. 熟知温室等设施的消毒处理工作，做好建造种植槽、摆放栽培板、打孔等水培定植前的准备。

3. 准备蕹菜品种及种子、农药、化肥等农资及生产用具，掌握蕹菜的品种选择、育苗、定植及田间管理等技术操作要点。

4. 能够解决蕹菜生产中的常见问题，正确诊断常见病虫害症状，提出防治措施，完成静止水培岗位任务。

5. 分组收集蕹菜育苗和生产关键技术的照片和视频，并能汇报总结；分组撰写完成蕹菜静止水培栽培技术规程。

【工作程序与方法要求】

1. 蕹菜的育苗及定植

● 安排季节茬口与选择品种

秋冬温室内可在11—12月份播种育苗，元旦、春节上市；冬春北方地区可在2—3月份播种育苗。蕹菜栽培品种很多，可根据其结实与否分为子蕹和藤蕹，也可依其对水分的适应性和栽培方法的不同分为旱蕹和水蕹 2 种类型。常用的子蕹品种有白壳、大鸡白、大鸡黄等；常见的藤蕹品种有广州的细通菜、丝蕹，广西的小叶尖，四川的大蕹菜等。

要求：冬末初春的反季节种植中，空心菜常因为日照较短而开花，影响其品质，因此要选用适应短日照而不开花或难开花的品种，如近年来引进的泰国青梗空心菜等。

● 育苗

(1) 岩棉块育苗　种子用 50~60℃水处理，温汤浸种 30 min，然后用清水浸泡 20~24 h，捞起洗净后放在 25℃左右的温度下催芽。催芽期间要保持湿润，每天用清水冲洗种子 1 次，待种子破皮露白后，将发芽的种子播入岩棉块中，每个岩棉块播 1~2 粒种子，苗盘加足水。也可将种子直接在定植杯内播种。播种后将苗盘或定植杯置于 25~30℃条件下培育，定植杯密集排于能盛水的槽内，浇水使杯内保持湿润。一般 4~5 d 即可出苗，约 12 d 后第 1 片真叶显露，可改用华南农大的叶菜 B 配方 0.5 个剂量营养液浇灌，或在出苗后于槽底放入 2 cm 左右营养液，育成壮苗。
(2) 蕹菜扦插繁殖　摘取蕹菜茎蔓，剪切成 6~10 cm 长的小段，扦插于基质或浸于薄层营养液中，弱光条件下培养。一般 1 周之后插条即可生根成活。

要求：当苗龄 25~30 d、具 4~5 片真叶、根系从岩棉块底部伸出时即可定植。

● 建造种植槽

一般建成半地下永久式的砖水泥结构种植槽，槽宽 100 cm，深 15 cm，长 10 m，槽间距 100 cm，坡降 1：(75~100)。在槽位置偏高一端埋设进液管，位置高出秧苗定植后液面设定的高度；而在槽位置偏低端埋设一段回流管，高度与秧苗定植后液面设定的高度平齐。建造好栽培槽，在槽尾端挖一条排液沟，方向与槽向垂直，并在槽尾端的槽壁与槽底交界处预先埋设一根直径 25 mm、长 25 cm 的 PE 短管，管的一端伸至槽外的排液沟，将来更换槽内营养液用。

要求：槽内衬黑色塑料膜，用加密苯板裁剪成定植板，宽度大于槽宽 10 cm，定植板上按株行距 15 cm×20 cm 打出定植孔。

● 定植

根据育苗方式的不同进行相应的定植操作。如果是扦插育苗，则扦插与定植可同步进行，在栽培板上每孔插入 1~2 个蕹菜插穗，1 周左右即可生根成活；如果是岩棉块育苗，将蕹菜苗连同岩棉块塞入定植板的孔中。

要求：扦插苗根系定植前最好在 500 倍多菌灵溶液中浸泡 10~15 min 或 0.01%~0.1%高锰酸钾溶液中浸泡 3~5 min，然后再栽入定植孔内。

2. 定植后的管理

● 配制营养液

营养液配制时，营养液配方可选用华南农大叶菜 B 配方、华南农大蕹菜专用配方或刘增鑫设计的水培蕹菜营养液配方。人工配制营养液后，注入种植槽内，初期营养液的深度以定植后浸没定植杯脚 1~2 cm 即可。

要求：关闭排液短管上的阀门。

● 调控环境

蕹菜喜热，怕霜冻，因此冬春低温季节（11 月至翌年 3 月份）注意保温。可在建槽时在槽底应预先铺设电热线，在液温低时通过电热加温，夏秋季气温较高，应使用遮阳网，并通风降低室内温湿度，减少病虫害发生，提高品质和产量。

要求：一般要求温室的温度保持 20～25℃，营养液的温度在 15℃以上。

● 管理营养液

随着根系伸长，营养液面下降至距定植杯底 4～6 cm 后维持营养液的深度静止不变，液面再降低则应及时补液。在槽尾端的一个定植孔内设置浮动标尺来观察营养液面高度的变化。注意经常检测营养液的 EC 值变化，以此来调控营养液的浓度。要求营养液的 EC 值在 1.0 mS/cm 以上，在采收频繁时 EC 值要求控制在 1.5~2.5 mS/cm，最高不超过 3.5 mS/cm 也可以采用每采收 2~3 次，补充 1 个剂量的经验方法来补充营养液。蕹菜喜酸性，在 pH 为 2~3 时仍可正常生长，但不耐碱性，在 pH＞7.5 时易出现缺铁现象。

要求：应经常检测营养液的酸碱度，控制 pH 不超过 7.5，采用酸碱中和方法来及时调整 pH。

● 更换营养液

当发现营养液混浊或有沉淀物产生，根系发黏、根由白色变成褐色，或补液之后经一段时间再测定营养液电导率值仍居高不下时，则考虑将整个种植槽的营养液彻底更换。营养液更换时，可通过槽尾端的排液短管排出槽内所有营养液至排液沟中，再重新配液。

要求：营养液根据生长状况进行调整和更换。

● 采收与复壮	蕹菜可一次种植多次采收。定植 1 个月左右长到 20 cm 高或侧枝长达 15~20 cm 时即可采收。采收时剪取 10~15 cm 长的枝条，基部留 2 节，扎把上市。以后每隔 10~15 d 采收 1 次，连续采收，分批销售，大约采收 2~3 次后再更换下一茬。采收多次后侧枝会变细，宜中期更新复壮。即将老株拔去，选粗壮侧枝下部剪取 2~3 个节为一段，重新插入定植杯中，每杯 3 段，用石砾固定。然后将定植杯插回定植板中，让营养液浸没杯底，促其发根即可复壮，也可重新播种栽植。	要求：在采收时，注意不要让干枯老叶等杂物落进种植槽，以防止污染营养液。

【业务知识】

蕹菜的病虫害防治

危害蕹菜生长的病害主要有白绢病、菌核病等；虫害主要有蚜虫、白粉虱等。可选用一遍净、万灵、特灭粉虱等药剂，每隔 7 d 喷 1 次，连续 3～4 次，防治效果较好，但注意采收前半个月停用。蚜虫及时防治，可减少病毒病的发生。一旦发现病株应及时拔除，在采收时更应注意，以防止接触传播。另外，注意定植板、定植杯、基质、盛装肥料溶液器皿及蕹菜幼苗的彻底消毒，以防止病菌浸染根系后通过营养液迅速蔓延，造成严重的经济损失。

【业务经验】

如何配制水培蕹菜营养液

蕹菜很容易进行无土栽培，特别是水培，而且能够在静止水培中生长良好。水培中的营养液膜技术和深液流技术种植空心菜的生产效果要比基质栽培的好，产量高，因空心菜耗水量大，吸肥量多，水培供水供肥要比基质培来得及时而迅速。在水培中，深液流技术的效果要比用营养液膜技术为好，而且生产过程的管理较为方便。在营养液配方选择上，可选用一些生理酸性盐用量和比例较高、pH 较低的配方（表 3-8-4）。

表 3-8-4　水培蕹菜营养液配方　　mg/L

化学式	用量	化学式	用量
$Ca(NO_3)_2 \cdot 4H_2O$	589	$Na_2Fe\text{-}EDTA$	16
KNO_3	886.9	H_3BO_3	3
NH_4NO_3	57.1	$MnSO_4 \cdot 4H_2O$	2
$MgSO_4 \cdot 7H_2O$	182.3	$ZnSO_4 \cdot 7H_2O$	0.22
K_2SO_4	53.5	$CuSO_4 \cdot 5H_2O$	0.08
H_3PO_4	223	$(NH_4)_6Mo_7O_{24} \cdot 4H_2O$	0.5

【工作任务实施记录与评价】

1. 制订蕹菜育苗方案及生产计划

茬口名称	种植面积	育苗时间及育苗数量	定植时间	肥料农药等辅料需求	上市时间	预计产量

师傅指导记录 1	蕹菜育苗方案质量评价	评价成绩
		日期

师傅指导记录 2	蕹菜水培生产计划质量评价	评价成绩
		日期

2. 蕹菜静止水培系统及滴灌设施的安装

师傅指导记录 1	蕹菜静止水培系统建造质量评价	评价成绩
		日期

师傅指导记录 2	营养液管理系统的安装质量评价	评价成绩
		日期

3. 蕹菜定植及补苗检查记录

蕹菜品种	定植面积	成活率	补苗及补苗成活率	定植管理

定植成活率检查及查苗补苗质量评价	师傅检查指导记录	评价成绩
		日期

4. 蕹菜静止水培管理及采收记录

蕹菜品种	种植面积	营养液管理措施	病虫害防治	采收标准	产量
水培管理 规范性评价				评价成绩	
				日期	
一茬总产量及不同时期采收产量变化				评价成绩	
				日期	

5. 学徒关键职业能力及职业品质、工匠精神评价

项目	A	B	C	D
工作态度				
吃苦耐劳				
团队协作				
沟通交流				
学习钻研				
认真负责				
诚实守信				

任务 5　露地菠菜生产

菠菜又名赤根菜、波斯草、角菜，是藜科菠菜属以绿叶为主要产品器官的一二年生草本植物。原产古波斯（现伊朗一带），唐朝时由尼泊尔引入中国。由于菠菜适应性强，生育期短，春、夏、秋均能栽培，现全国各地普遍种植。菠菜可炒食、做汤或凉拌，是人们喜爱的蔬菜，营养价值较高。

【专业知识准备】

一、菠菜的株型及品种类型

（一）菠菜的株型

菠菜的花为单性花，一般雌雄异株，但也有雌雄同花异株或雌雄同花，风媒花。播种用的“种子”实际上是果实。种皮革质，透水、透气性差，发芽缓慢。种子千粒重为 10～13 g。种子寿命短，使用年限 1～3 年。

根据着生的花性别不同，菠菜植株可分为 4 种类型：

1. 绝对雄株

植株上仅生雄花，位于花茎先端，圆锥状花序，花茎上的叶片薄而小。该种株型植株抽薹较早，营养生长期相对缩短，为低产株型，采种时及早拔除。尖叶类型菠菜绝对雄株较多。

2. 营养雄株

植株上叶仅生雄花，基生叶片较绝对雄株大，茎生叶也比较发达，抽薹迟，营养生长期长，为高产株型。花期与雌株花期相近，花期长，对授粉有利，采种时应加以保留。圆叶类型菠菜营养雄株较多。

3. 雌株

植株高大，生长旺盛，基生叶和茎生叶均发达，为高产株型。雌花簇生于茎生叶的叶腋中，抽薹较雄株晚。

4. 雌雄同株

在同一植株上着生雌花与雄花，基生叶与茎生叶均发达，抽薹晚，也是高产类型。

（二） 菠菜的品种类型

菠菜的叶在营养生长期簇生在短缩茎上，叶形有圆叶和尖叶 2 种类型。根据菠菜的叶型及种子上刺的有无，可分为尖叶菠菜和圆叶菠菜 2 个变种。

1. 尖叶类型（有刺种）

尖叶类型在我国栽培历史悠久，分布广泛，又称中国菠菜，其果实有棱刺 2～4 个，果皮较厚；叶片薄而狭小，叶面似箭形，基部戟形多裂刻，叶柄细长，叶先端尖或钝尖；耐寒力强，不耐热，对日照反应敏感，在长日照下抽薹快；适于秋播越冬栽培及秋季栽培，春播易抽薹，产量低，夏播生长不良。优良品种有北京尖叶菠菜、上海尖叶菠菜、华菠 1 号、华菠 3 号、双城尖叶、菠杂 10 号、菠杂 15 号、青岛菠菜等。

2. 圆叶类型（无刺种）

圆叶类型的果实为不规则圆形，无刺，果皮较厚；叶椭圆形，大而厚，多有皱褶，先端钝圆，基部戟形，叶柄短；耐寒力稍弱，但耐热性较强，成熟稍晚，对日照反应不敏感，春季抽薹较晚；产量高，品质好，适于春、秋两季栽培。优良品种有全能菠菜、广东圆叶菠菜、车头菠菜、东北圆叶菠菜、南京大叶菠菜、日本奥伊菠菜、春秋大叶菠菜、华菠 2 号等。

二、种植制度与栽培季节

菠菜适应性广，生育期短，采收标准不严格，采用不同栽培方式和适宜品种，可实现周年生产供应，栽培茬次有越冬菠菜、秋菠菜、埋头菠菜、春菠菜、夏菠菜（表 3-8-5），露地栽培以春、秋两季栽培为主，也可利用遮阳网、防雨棚进行夏季栽培，利用塑料拱棚进行春提早和秋延迟栽培。

表 3-8-5　菠菜栽培茬次安排　　月份

栽培茬次	栽培地区	播种期	收获期
春菠菜	东北、乌鲁木齐、银川	3—4	5—6
越冬菠菜	东北、乌鲁木齐、银川	9	5
秋菠菜	东北、乌鲁木齐	7—8	9—10
夏菠菜	东北、乌鲁木齐	6—7	7—8
埋头菠菜	东北	10—11	5—6
	华北	11—12	4—5

越冬菠菜是全年栽培茬次中面积最大的一茬，在解决早春淡季蔬菜供应中起重要作用。

【任务目标与质量要求】

了解菠菜生产特性，掌握种植前的品种选择技术，适时整地播种、育苗、定植、田间管理、采收。学会解决越冬防寒、延迟抽薹及提高产量和品质的方法。

【学习产出目标】

1. 熟知菠菜的生产特性，了解当地的气候条件，结合市场需求安排茬口，正确制订菠菜生产技术方案。

2. 准备菠菜品种及种子、农药、化肥等农资及生产用具，在企业师傅的指导下学习完成菠菜的品种选择、整地育苗、浸种催芽及田间管理等技术操作。

3. 能够解决菠菜生产中的常见问题，完成菠菜栽培岗位任务。

4. 分组收集菠菜生产关键技术的照片和视频，并能分组总结完成菠菜栽培技术规程。

【工作程序与方法要求】

1. 越冬菠菜栽培

越冬菠菜主要有 3 个时期的管理，包括苗期管理、越冬管理、返青旺盛生长期管理。

● 选择品种

菠菜越冬栽培，容易受到冬季和早春低温影响，选用冬性强、耐抽薹、丰产、耐寒的尖叶品种，如尖叶菠菜、菠杂 10 号、菠杂 9 号等品种。

要求：越冬根茬菠菜以苗越冬，第二年春季返青生长，因此必须选用耐寒的中熟、晚熟品种。

● 选地施肥做畦

露地栽植应选择上茬未种植过十字花科类蔬菜的地块或种植其他大田作物的地块。播前每亩施充分腐熟有机肥 4 000~5 000 kg、三元复合肥 30~40 kg，撒施后深耕 25~30 cm，耙平耙细，做成宽 1.3~1.6 m、长 8~10 m 的平畦。

要求：选择土层厚、保水保温的地块，浅耕平整地面，做成平畦播种。

● 适期播种

秋季日平均气温降到 17~19℃时为适播期，南疆地区为 9 月中下旬，北疆地区 9 月初播种。种子在 20~25℃温水中浸泡 12~14 h 后播种。可撒播或条播，播后覆土 2 cm 左右，镇压、浇水。每亩播种量为 3~4 kg。

要求：尽量早播，使幼苗冬前具有 5 ～ 6 片叶，保证植株安全越冬，达到早采收的目的。

● 田间管理

入冬前培育能安全越冬的壮苗，幼苗弱可追 1 次提苗肥，每亩追施尿素 10 kg。3~4 片真叶时，适当控水，促进幼苗根系发育，以利越冬。封冻前浇透封冻水，施肥不足时，可结合浇水冲施稀粪水，也可在土壤封冻前覆盖有机肥、炉渣灰等。菠菜返青时选晴天及时浇水，水量宜小不宜大，结合浇水追施一次速效氮肥，每亩追施尿素 10 ～ 15 kg。植株旺盛生长期，要保持土壤湿润，结合浇水再追肥 1 ～ 2 次，促进营养生长，延迟抽薹。要注意及时对症防治霜霉病、炭疽病、病毒病和蚜虫等，入冬前注意消灭越冬蚜虫。

要求：灌封冻水要在土表昼化夜冻时，灌 1 次大水，使水分渗透到土中。

● 采收

返青前 20~30 d 或者在越冬期间覆盖旧薄膜，可提早上市 15 d 左右。根据生长情况和市场需求可分批采收，也可分次间拔采收。

要求：苗高 10 cm 以上即可采收，采收宜在晴天进行。

2. 埋头菠菜栽培

埋头菠菜又叫土里捂菠菜、寄籽菠菜，以萌动种子在土壤中越冬，翌春萌芽生长。

● 播种

埋头菠菜播期要求严格，在准备给越冬菠菜浇冻水以前，当土壤尚未封冻时播种较为适宜。播种后不久土壤就封冻，种子可以在土壤中安全越冬，翌年春暖后发芽出苗。

要求：当日均气温下降至 2 ～ 4℃时播种，播后不久土壤即封冻为宜。

● 田间管理

早春土壤解冻后耙耧畦面，保墒提温，以利发芽。长出 2~3 片真叶后开始浇水追肥，要经常保持土壤湿润，并根据植株生长情况追 1~2 次速效性氮肥，促进叶片快速生长。

要求：第一次灌水后，土壤要经常保持湿润。

● 采收

根据市场上越冬菠菜的供应情况，陆续采收上市，在春菠菜即将上市时结束采收。

要求：在越冬菠菜之后，春菠菜之前供应上市。

3. 春菠菜栽培

● 播种

年前整地做畦，在早春土壤表层 4~6 cm 化冻后日平均气温达 4~6℃时即可播种。宜选用抽薹迟，叶片肥大，产量高，品质好的圆叶菠菜品种。播前进行浸种催芽，以利尽快出苗。一般在 2 月下旬至 4 月中旬可陆续分期播种。采用湿播法播种，适当增加播种量。

要求：尖叶品种易抽薹，不适宜春播。

●田间管理	播种时气温较低，前期可在畦面上覆盖塑料薄膜，也可用小拱棚覆盖，促进早出苗。出苗后多见光炼苗，小拱棚昼揭夜盖、晴揭雨盖。早期管理以保墒为主，少浇水、轻浇水，防止温度过低。中后期肥水跟进，以促进植株旺盛生长，延迟抽薹。	要求：2~3 片真叶后，肥水供应要充足，防止抽薹。
●采收	春菠菜应根据生长情况和市场需求及时采收上市。春菠菜的生长期短，植株较小，播种后 40~50 d 便可采收。	要求：一般应抢在抽薹前及时采收。

4. 秋菠菜栽培

●品种选择	秋菠菜的播期较不严格，8 月份内均可播种，播种早宜选用耐热的圆叶菠菜，如犁头菠、华菠 1 号、广东圆叶、春秋大叶等。播种晚时，可选用圆叶或尖叶菠菜品种。	要求：品种宜选用较耐热、生长快的早熟品种。
●播种	宜用高畦，用湿播法，条播或撒播，每亩用种 7~8 kg。土壤墒情好时，可趁墒撒播，浅锄约 3 cm，将种子掩埋于土中，然后耙平畦面，当表土略干时轻轻压实。土壤墒情不好时，播种后不用压实，随即灌水。秋播时若遇高温，可浸种催芽，将种子在冷水中浸泡 12~24 h，晾后用纱布包好，置于 15~20℃催芽，每天用清水淘洗 1 次，3~4 d 后露白，即可播种。	要求：秋菠菜生长季节较适宜，应适当减少播种量。
●田间管理	湿播法出苗前不浇水，干播法需轻浇 1 次水。出苗后小水勤浇，保持土壤湿润。在 2 片真叶后，结合间拔过密小苗，拔除杂草。注意追肥，施肥要注意掌握轻施、勤施、先淡后浓的原则。4~5 片真叶后，随灌水追施速效性氮肥 2~3 次。	要求：幼苗生长时期气温、地温都较高，要勤浇水轻浇水，保持土壤湿润并降低地温。
●采收	播后 30~50 d，苗高 10 cm 时，开始分批间拔，陆续收获上市。先将过密的及即将抽薹的菠菜采收上市，通常在第 1 次间拔后追肥 1 次，第 2 次采收后净园。	要求：秋菠菜生长期较短，应根据长势和市场需要及时采收上市。

【业务知识】

1. 菠菜有哪些常见病虫害

菠菜主要病害有立枯病、霜霉病、炭疽病、病毒病等，虫害主要有蚜虫、菜螟、潜叶蝇等。

2. 秋菠菜栽培注意事项

秋菠菜栽培宜选用耐热的圆叶类型。秋菠菜栽培时，一般 8 月份播种，播种后 30～60 d 可分批采收，陆续上市。此期天气的特点是温度逐渐下降，日照时间逐渐缩短，气候条件对营养生长有利、对生殖生长不利，所以比较容易达到高产、优质的目标。秋菠菜一般亩产 3 000～4 000 kg，高产者可达 5 000 kg。

3. 越冬菠菜栽培注意事项

越冬菠菜栽培时应选择耐寒的尖叶类型，并尽量早播，使幼苗冬前具有 5～6 片叶，以保证植株安全越冬。越冬期间重点任务是防寒、保温、保墒，防止死苗。越冬后植株进入旺盛生长期，结合浇水追肥 1～2 次，促进营养生长，延迟抽薹。

【业务经验】

如何提高秋菠菜播种质量

菠菜属耐寒蔬菜，种子在 4℃时即可萌发，萌发最适温度为 15～20℃，营养生长适宜的温度为 15～20℃，25℃以上生长不良，地上部能耐－6～－8℃的低温。菠菜种子发芽慢，为缩短出苗期，在播种前一天用 20℃温水浸种 12 h，然后将种子捞出，稍晾后播种。播种方法有干播和湿播 2 种，土壤墒情不好时可采用湿播法。播种方式有撒播及条播 2 种。撒播是将种子均匀地撒在畦面上，覆土厚度 3 cm；条播是在畦面上按行距 10～15 cm 开沟播种，覆土 3 cm，播后镇压。每亩用种量为 4～6 kg，严寒地区可适当增加播种量。

秋菠菜播种时，由于秋季气候炎热、干旱，且时有暴雨，温度高，菠菜发芽困难，生长较差，且常死苗，需播种量较多，每亩用种 5～6 kg。因此，菠菜适期播种很重要。一般采用直播，且以撒播为主。可播干种子，也可将种子用冷水浸种约 12 h 后，放在阴凉处催芽，或放在 4℃左右低温的冰箱或冷藏柜中处理 24 h，然后在 20～25℃的条件下催芽，经 3～5 d 出芽后播种。播前先浇底水，播后轻轻梳耙表土，使种子落入土缝中，并用稻草覆盖或利用小拱棚或平棚覆盖遮阳网，保持土壤湿润，以利出土，还可防止高温和暴雨冲刷。播后经常保持土壤湿润，6～7 d 后即可齐苗。后期温度逐渐降低，出苗率较高，播种量可以减少至 3.0～3.5 kg。

【工作任务实施记录与评价】

1. 制订露地菠菜生产计划

茬口名称	种植面积	播种时间	肥料农药等需求	上市时间	预计产量

师傅指导记录	菠菜生产计划质量评价	评价成绩
		日期

2. 田间管理及采收记录

菠菜品种	适期播种	水肥管理措施	病虫害防治	采收标准	产量
田间管理 规范性评价				评价成绩	
				日期	
一茬总产量及不同 时期采收产量变化				评价成绩	
				日期	

3. 学徒关键职业能力及职业品质、工匠精神评价

项目	A	B	C	D
工作态度				
吃苦耐劳				
团队协作				
沟通交流				
学习钻研				
认真负责				
诚实守信				

项目 2　生产白菜类蔬菜

任务 1　生产大棚早春大白菜

大白菜亦称结球白菜、包心白，属十字花科芸薹属一二年生草本蔬菜。起源于中国，栽培历史悠久。它的产量高，品质好，营养价值高，并且耐贮藏和运输，是我国北方主要的秋冬蔬菜之一。

【专业知识准备】

一、类型与品种

（一） 分类与进化

根据大白菜进化过程，大白菜亚种可以分为散叶、半结球、花心和结球 4 个变种。

这些变种经过长期的进化、人工培育和选择，逐步由顶芽不发达的低级类型进化到顶芽发达的高级类型。

1. 散叶变种

散叶变种是大白菜的原始类型。叶片披张，顶芽不发达，不形成叶球，以中生叶为产品，耐寒性和耐热性较强，主要在春、夏两季作为绿叶蔬菜栽培，如济南小白菜、北京仙鹤白等。

2. 半结球变种

半结球变种顶芽较发达，顶生叶抱合成叶球，但叶球内部空虚，球顶完全开放，呈半结球状态。植株高大直立，以叶球及莲座叶为产品。其特点是耐寒性较强，主要在高寒地区栽培，如辽宁大矮菜、山西大毛边等。

3. 花心变种

花心变种是由半结球变种加强顶芽的抱合而形成的一个变种。其能形成紧实的叶球，而球叶的先端向外翻卷，且翻卷的部分颜色较淡，多呈白色、淡黄色或黄色，球顶呈“花心”状，植株矮小。其特点是对气候的适应性较强，较耐热，偏早熟，生长期短，多用于秋早熟栽培和春季栽培。如北京翻心白、小杂 55、小杂 56 等。

4. 结球变种

结球变种顶芽发达，顶生叶抱合，能形成紧实的叶球，叶球顶端完全闭合或近于闭合，是由花心变种再进一步加强顶芽的抱合形成，是大白菜的高级变种，也是目前普遍栽培的变种。结球类型依起源地及栽培地的气候条件不同分为 3 个基本生态型。

（1）平头型　叶球倒圆锥形，上大下小，球形指数（叶球纵茎与横茎之比）近于 1，球顶平坦，完全闭合。顶生叶横倒卵圆，叠抱，中生叶阔倒卵圆形，披张。该类型属大陆性气候生态型，能适应气温变化激烈、空气干燥、昼夜温差较大、阳光充足的内陆地区。栽培中心在河南中部、陕西、鲁南、苏北、豫南、冀中、晋中、晋南一带，湖南、湖北和江西有些地区也栽培这类品种。生长期多为 90～120 d，少数早熟品种为 70～80 d。代表品种有洛阳包头、太原包头白、菏泽包头等。

（2）卵圆型　叶球卵圆形，球形指数约为 1.5，球顶锐尖或钝圆，近于闭合。顶生叶倒卵圆形至阔倒圆形，褶抱，中生叶倒卵圆形至阔倒卵圆形。该类型属海洋性气候生态型，适宜于气候温和而变化不激烈、昼夜温差不大、空气湿润的气候。栽培中心在山东半岛，分布在辽宁半岛、江浙沿海、四川、贵州、云南等温和湿润的地区。晚熟品种生长期 90～110 d，早熟品种 70～80 d。代表品种有山东的福山包头、胶县白菜、二牛心等。

上述 2 个生态型的结球习性均属充实型，即在结球初期外层的球叶首先抱合成球状，且已接近成熟时的大小，以后心叶不断充实叶球，内叶越多越大，叶球就越紧实。

（3）直筒型　叶球较细长呈圆筒状，球型指数大于 4，球叶以拧抱（旋拧）方式抱合成叶球，球顶近于闭合或尖，顶生叶及中生叶皆阔披针形，中生叶第一及第二叶环半直立，第三叶环和顶生叶共同构成叶球，其结球方式为膨大型或连心状。该类型属海洋性和大陆性交叉气候生态型，对气候的适应性强，在海洋性和大陆性气候地区均生长良好。生长期为 60～90 d。代表品种有天津青麻叶、河北玉田包尖等。

上述变种及生态型是结球白菜的基本类型，它们相互杂交还产生了一些次级类型，如平头直筒型、平头卵圆型、圆筒型、花心直筒型、花心卵圆型。这些变种、生态型、次级类型共同构成了中国结球白菜的品种系统。

（二）依结球早晚进行分类

1. 早熟品种

早熟品种从播种到收获需 50～80 d。耐热性强，但耐寒性稍差，多用做早秋栽培，产量低，不耐贮藏。优良品种有山东 2 号、台白 2 号、台白 7 号、牡丹江 2 号、龙袍二牛心、潍白 2 号、中白 19、中白 7 号、早心白等。

2. 中熟品种

中熟品种从播种到收获需 80～90 d。产量高、耐热、耐寒，多做秋菜栽培，无霜期短以及病害严重的地方栽培较多。优良品种有台白 3 号、青麻叶、玉田包尖、中白 65、中白 1 号、豫白 6 号等。

3. 晚熟品种

晚熟品种从播种到收获需 90～120 d。产量高、单株大、品质好、耐寒性强、不耐热，主要作为秋冬菜栽培。以贮藏菜为主。优良品种有青杂 3 号、福山包头、洛阳包头、中白 81、秦白 4 号、北京新 3 号等。

（三）依据球叶的数目及重量特点分

（1）叶重型　球叶数少，单叶较重，叶的中肋肥厚，球叶数一般为 45 片左右，平头型品种多属于此类型。

（2）叶数型　球叶数多，单叶较轻，叶的中肋较薄，球叶数一般为 60～80 片，卵圆型品种白菜多属此类型。

（3）中间型　介于叶数型和叶重型两者之间，球叶数一般为 45～60 片，构成叶球的叶数较多，叶球的单叶也较重，但两方面都表现不突出。如天津青麻叶等直筒型品种属于此类型。

此外，依据栽培季节分秋播大白菜（早秋白菜和秋冬白菜）、夏播大白菜（耐热白菜）、春播大白菜（春白菜）等。依据叶色分为青帮型、白帮型和青白帮型。

二、生产季节

大白菜在营养生长期内要求温度由高向低变化，即由 28℃逐渐降低到 10℃左右的范围为宜，生长前期能适应较高的温度，生长后期要求比较低的温度，因此秋季是全国各地大白菜的主要季节。我国各地大白菜秋季栽培的茬口安排情况如表 3-8-6 所示。

表 3-8-6　主要地域大白菜秋季茬口安排

地域	播种期	收获期
华北地区	8 月上旬	11 月上旬
东北及内蒙古、新疆地区	7 月中下旬	10 月下旬
长江中下游地区	8 月下旬	12 月份至翌年 3 月份
华南地区	9—11 月份	分批收获

大棚春季大白菜生产是一种反季节栽培的模式，可以供应早春淡季市场，生长期短，经济效益好。在北方地区，春白菜生长的前、后期都会遇到不利的气候条件。若播种过早，温度偏低，容易通过春化，进而造成先期抽薹，丧失商品价值。若栽培过晚，生长后期处于高温长日照条件，不仅影响包心，还会因高温多雨，滋生病虫杂草。因此，适合大白菜春季生长的时期较短，栽培难度较大。

【任务目标与质量要求】

在师傅指导带领下，能根据市场需求及大白菜的生长发育规律，按照大白菜种植面积和种植时期，制订生产计划和育苗技术方案，确定大白菜的茬口，选择合适的品种，做好育苗准备工作，加强苗期管理，培育壮苗。

【学习产出目标】

1. 熟知当地的气候条件和大白菜的生产特性，选择适合当地种植的大白菜品种，做好苗期管理，掌握大白菜产品质量要求。
2. 正确制订大白菜的生产技术方案。

【工作程序与方法要求】

1. 培育壮苗

反季节大白菜栽培一般要采用育苗措施培育壮苗，壮苗是早熟丰产的关键。

● 优选品种	选择生长期短、冬性强、对低温不敏感、不易抽薹的品种、如北京小白口、鲁春白 1 号、鲁春白 4 号、春优 2 号、小杂 56 等。	要求：长远考虑，选择适合早春栽培的品种。
● 确定播种期	适期播种是培育优质壮苗的关键。苗龄 30 d 左右，各地区可根据当地的气候和栽培条件，从定植期往前推，灵活掌握播种期。	要求：育苗环境温度必须保持在 12℃以上，防止感应春化。

● 配制营养土、做苗床	育苗床的土壤一定要进行消毒或者用干净的田园土配制，用 3 份过筛的无病菌土及细炉灰和有机肥各 1 份混合而成，同时拌入适量杀菌剂，如多菌灵、代森锰锌等。配好的营养土闷堆 1 周，散净气味后装入营养钵。	要求：园土、有机肥、炉渣等均过筛后混配。
● 播种	一般干播或浸种，采用一般浸种法，浸种时间 4 h 左右。将浸泡好的种子播在营养钵中，每钵播 2 粒种子，覆土 1 cm 厚，喷透水，盖膜。用种量为每亩 100~125 g。	要求：播种时第一遍水浇足浇透，待 20% ～ 30% 种子出芽，即可撤除覆盖薄膜。
● 做好苗期管理	出苗前白天栽培温度 25~28℃，夜间 20℃；出齐苗后及时通风间苗，出苗后白天 20℃，夜间应保持在 12℃以上，每钵留 1 棵壮苗。间苗后喷 1 次 500 倍液的代森锌杀菌剂，以防猝倒病的发生。此后，视苗色的浓淡再适当喷施 1~2 次叶面肥。苗期苗床不可多浇水，宁干勿湿，尽可能多见光，育苗环境温度必须保持在 12℃以上，防止感应春化。定植前 10 d 进行低温炼苗。	要求：苗龄 30 d 左右时，株高 15~20 cm，具有 4~5 片真叶，叶片肥厚，叶色浓绿，根系洁白，无病虫害。

2. 选地定植

大棚春白菜应在定植前 20 ～ 30 d 扣棚烤地增温，做好棚室消毒，为定植做准备。

● 选茬选地	前茬作物多选用小麦、瓜类、豆类、茄果类、大蒜、洋葱等。其中葱蒜茬口有减轻土传病害的优点；豆类、瓜类、茄果类茬口，由于施用肥料多，有利于提高地力。	要求：大白菜一般要与其他蔬菜进行 3 年以上的轮作。
● 整地施基肥	扣棚后土壤化冻 20 cm 以上时整地施肥，一般每亩施腐熟优质有机肥 5 000 kg、磷钾复合肥 30 kg、二铵 10 kg，精耕细耙，翻地 20 cm 深，然后做垄，垄宽 60 cm、垄高 10 cm。	要求：早春大白菜生长期短，要施足底肥。
● 适时定植	当栽培环境的气温和 10 cm 地温稳定在 12℃以上应及早定植。栽苗时，要保护好土坨，不要伤根，不宜过深。定植时株距为 30 cm 每亩定植 3 300~3 500 株。定植时剔除无心叶的畸形苗，每穴栽 1 株壮苗，浇足温水。封掩深度以不埋住心叶为度，并覆盖地膜。	要求：定植的适宜苗龄为 20~25 d，具 5~6 片真叶。

3. 田间管理及采收

● 调控温度	春白菜定植后缓苗期加强防寒保温，注意收听天气预报，有恶劣天气，棚外围盖草苫，棚内加盖小拱棚，及早预防并采用暖风炉等加温防寒保温措施。温度不应长期低于 12℃，否则，极易诱导植株通过春化阶段，而发生花芽分化，进而造成先期抽薹，影响商品品质。白天棚温超过 25℃要及时通风降温。棚内白天温度控制在 20~25℃，夜间最好能控制在 15~18℃。当外界最低气温稳定在 15℃以上时，即可全部去掉棚膜。	要求：春白菜定植后管理的重点是防止未熟抽薹，最低温度不低于 15℃，避免低温使植株完成春化。

● 及时追肥，以促为主	缓苗后浇缓苗水，随水追施尿素 15 kg/ 亩。浇水要勤浇少浇，保持地面见干见湿，防止大水漫灌，减少软腐病发生。莲座期进行叶面施肥，可喷施 0.2% 磷酸二氢钾和 0.2% 的尿素等，同时还可喷施 0.7% 氯化钙，以促进抱心长叶并防止干烧心。进入包心期，施硫酸铵 15~20 kg/ 亩，并随之浇水。在追肥后的 2~3 d 应注意白天大通风，避免中下部叶片氨中毒。随着早春气温的回升和叶面蒸腾量的增加，每隔 7~10 d 浇 1 次水，直到收获前 1 周停止浇水。	要求：早春大白菜的肥水管理上必须紧抓一个“促”字，一促到底。
● 采收	一般定植后 50 d 左右，白菜即可达到 8 成心，应及时采收上市。对生长整齐度较差，叶球成熟不一致的品种，可分 2~3 次采收，以保产量和品质。	要求：春季早熟品种采收宜早不宜迟。

【业务知识】

1. 大白菜生产技术要点

白菜属于十字花科芸薹属，以种子繁殖；根系较浅，叶面积大，蒸腾量很大，栽培时要保持较高的土壤湿度；要求肥沃而且保肥力强的土壤，栽培时需施用较多的基肥和追肥；需要在低温条件下通过春化阶段，在长日照条件下通过光照阶段；常见的病虫害有病毒病、霜霉病、软腐病、菜蚜、菜青虫等。

2. 如何进行大白菜的病虫害防治

春大白菜生长期间病害较少。发现软腐病可用 500 万单位链霉素 1 000 倍液喷白菜基部。加强棚室内温湿度管理，通风排湿，减少霜霉病发病的概率。若有霜霉病可用 800～1 000 倍液的甲霜灵防治，并注意及时防治蚜虫。

【业务经验】

如何防治早春大白菜先期抽薹

早春大白菜出现抽薹、开花现象会给生产带来严重影响。大白菜先期抽薹的原因有以下几点。

1. 品种选择不当

对早春大白菜品种认识不足，凭经验或跟风选择品种；把夏季及秋季品种拿到早春种植；秋季大白菜多属晚熟品种，虽然抗抽薹能力较强，但由于生长发育期较长，后期温度过高，不能形成正常的叶球，包心不好。

防治措施：选择良种，宜选用生长期短（一般为 50～60 d），冬性强，不易未熟抽薹的结球品种。适栽品种有健春、阳春、强势、小杂 56、春夏王等。

2. 播种期不合理

为了大白菜早播种、早上市，盲目提早播种，由于温度低导致抽薹，给生产造成损失。

防治措施：培育壮苗。保持苗床温度不低于15℃。科学定植，早春小拱棚定植，幼苗叶片不应超过6片，超过6叶定植，可能会造成春化。控制行距为50～55 cm，株距为40～45 cm，每亩株数为3 000株。

3. 管理因素

管理上忽视苗期的保温。大白菜是种子萌动的春化型蔬菜，大白菜种子开始萌动以后，在发芽期、幼苗期及莲座期受到一定天数的低温影响，都可完成春化过程。一般在2～10℃低温下10～15 d可以完成春化过程，抽薹开花，失去经济价值。

防治措施：

（1）防寒保温　使苗期温度在13℃以上，使大白菜达不到春化的低温条件。早春大白菜生长期比秋季大白菜短，定植后要及时施肥浇水，以促为主，否则营养跟不上，也极易造成先期抽薹开花。

（2）肥水管理　因春白菜生长期仅50～60 d，要施足底肥，且以促为主。即在生长前期多施速效氮肥如尿素，以促进营养生长，使之迅速形成莲座叶和球叶。苗期因气温和地温低，应控制浇水，以中耕保墒为主。莲座叶期以后应肥水齐促。结球期应相对施钾肥多一些，氮肥次之。一般每亩需硫酸钾或磷酸二氢钾20～25 kg，尿素10～15 kg，在结球前期可喷施白菜包心剂600～800倍液2～3次，以使包心坚实。

（3）适时采收　球叶坚实即可上市，且越早越好。若收获过晚，气温升高，易软腐腐烂。

4. 病虫害防治不力

栽培前期基本无病虫害，因此栽培中常不重视防治，一旦病虫害发生，易错过最佳的防治时机，再加上防治不及时或者用药不当而影响生长，也会导致抽薹现象的发生。

防治办法：春白菜少量发生霜霉病，可于发病初期喷施乙膦铝、普力克、杀毒矾等药物。虫害主要有蚜虫和菜青虫。蚜虫可用氧化乐果、万灵等药剂防治。菜青虫可用Bt乳剂、灭幼脲1号、溴氰菊酯等药物于害虫2～3龄喷药防治。

【工作任务实施记录与评价】

1. 制订大白菜育苗方案及大棚早春生产计划

品种名称	种植面积	育苗时间及育苗数量	定植时间	肥料农药等辅料需求	上市时间	预计产量

续表

师傅指导记录 1	大白菜早春育苗方案评价	评价成绩
		日期
师傅指导记录 2	早春大棚生产计划质量评价	评价成绩
		日期

2. 大棚早春大白菜田间管理及采收记录

品种名称	适期定植	水肥管理措施	病虫害防治	采收标准	产量
田间管理规范性评价				评价成绩	
				日期	
一茬总产量及不同时期采收产量变化				评价成绩	
				日期	

3. 学徒关键职业能力及职业品质、工匠精神评价

项目	A	B	C	D
工作态度				
吃苦耐劳				
团队协作				
沟通交流				
学习钻研				
认真负责				
诚实守信				

任务 2　生产秋冬温室结球甘蓝

【专业知识准备】

一、概述

结球甘蓝是十字花科芸薹属植物，为甘蓝的变种。结球甘蓝在我国的栽培历史较短，是东北、西北、华北等较冷凉地区春、夏、秋季的主要蔬菜之一。在南方各地的秋、冬、春季也大面积栽培，多数地区选用适宜的品种实行排开播种、分期收获。近年来，随着保护地栽培的发展，越冬保护地甘蓝的栽培面积逐渐扩大。

结球甘蓝营养丰富，尤其是维生素C含量较高。据分析，结球甘蓝每100 g食用部分含蛋白质1.1 g、脂肪0.2 g、碳水化合物3.4 g，含钙32 mg、磷24 mg、铁0.3 mg，还含有胡萝卜素0.02 mg、硫胺素0.04 mg、核黄核0.04 mg、烟酸0.3 mg、维生素C 38 mg。甘蓝球叶质地脆嫩，食用方法很多，可炒食、煮食、凉拌、腌制或制干菜，深受人们喜爱。外叶还是畜、禽、鱼类的良好饲料。

结球甘蓝很耐贮运，是我国长途运销蔬菜之一。近年来，其大量运往我国的香港、澳门地区。结球甘蓝还远销东南亚和俄罗斯，为国家赚取了大量外汇。结球甘蓝的适应性和抗逆性均较强，易栽培，产量高，耐贮运，具有较好的经济效益，近年来发展很快，在我国蔬菜生产中占有重要的一席。

二、结球甘蓝的类型与品种

结球甘蓝有普通甘蓝和紫甘蓝2种类型。

（一）普通甘蓝

普通甘蓝一般分为春甘蓝、夏甘蓝、秋冬甘蓝等类型。

（1）中甘11号　中国农业科学院蔬菜研究所育成的早熟春甘蓝一代杂种。品质优良，冬性较强。从定植到收获50 d左右。一般每亩栽4 500株左右，亩产可达3 000～3 500 kg。

（2）中甘15号　中国农业科学院蔬菜研究所最新育成的中早熟春甘蓝一代杂种。风味、品质优良，冬性较强，不易未熟抽薹。春季从定植到收获55 d左右。一般亩产可达4 000～4 500 kg。

（3）精选8398　中国农业科学院蔬菜研究所培育的早熟春甘蓝新品种。其早熟性好，适应性广；品质优良，叶球紧实，中心柱短，商品性强；抗逆性强，不易未熟抽薹，抗干烧心。从定植到收获50 d左右。产量、产值高，比中甘11号增产15.61%。

（4）新月甘蓝　耐热、抗逆、抗病。引自日本的中早熟品种，定植后75 d收获。结球紧实，丰产稳产，高抗黑腐病，口味、品质俱佳，耐贮藏，耐运输，适于加工出口。

（5）四季获　引自日本的中晚熟品种。定植后80 d收获，具有适应性强、抗病性强的特点，可进行四季栽培。结球紧，适合加工出口。

（6）夏光　适合夏季栽培；抗病、耐热；亩产3 000～3 500 kg。

（7）中甘8号　适于夏、秋季栽培；结球紧，叶质脆嫩，品质较好；抗病毒病，耐热；早熟种，定植后60～65 d收获，亩产4 000 kg左右。

（8）中甘9号　适于秋季栽培；抗病毒病和黑腐病；中熟秋甘蓝，定植后85 d收获；亩产5 000 kg左右。

（二）紫甘蓝

（1）红土地　从美国引进的中熟品种，适合春秋季栽培。定植后 80 d 左右收获，亩栽 3 000～3 500 株，亩产 3 000～5 000 kg。

（2）早红　荷兰引进的早熟甘蓝品种，适合春季栽培。定植后 65～70 d 收获，亩产 2 000～3 000 kg。

（3）紫甘 1 号　从国外引进的甘蓝品种中选育出，适合春、夏季栽培。定植后 80～90 d 收获，耐贮性和抗病性较强，亩产 3 000～3 500 kg。

（4）中生鲁比紫球　从日本引进的杂交一代；中熟，生长势旺，抽蔓迟；耐寒，低温期结球良好，耐贮藏；自播种至叶球收获需 110～120 d。

三、结球甘蓝对环境条件的要求

1. 温度

结球甘蓝喜温和冷凉的气候，但对寒冷和高温也有一定的忍耐能力。一般 15～25℃的条件下最适宜生长。但在不同生长时期对温度的要求也有一定差异，如在 2～3℃时种子可开始发芽，但极为缓慢，土温升高到 8℃以上幼苗才能出土，而 18～25℃时 2～3 d 就能出苗。7～25℃适于外叶生长，进入结球期以 15～20℃为适温。甘蓝对高温的适应能力在不同生长期有所不同，在幼苗和莲座叶形成期，对 25～30℃的高温有较强的适应力，进入结球期，要求低温和冷凉的气候，高温会阻碍包心过程，如果高温加干旱，会造成叶球松散，产量下降，品质变劣，甚至使叶球散开。开花时如遇高温，则影响开花、受精，造成不能正常授粉结实。

2. 水分

结球甘蓝根系分布较浅，且外叶大。因此，要求湿润的条件，一般在 80%～90% 的空气湿度和 70%～80%的土壤湿度下生长良好。如果空气干燥、土壤水分不足，则生长缓慢，包心延迟。结球甘蓝不耐涝，若雨水过多，土壤排水不良，往往使根系泡水受渍而变褐死亡。因此，在结球甘蓝的栽培过程中，排灌措施要配套，做到旱能浇、涝能排，才能达到高产稳产的目的。

3. 光照

结球甘蓝是喜光性蔬菜，充足的日照有利于生长，但对光照强度的要求不像果菜类那么严格，故在阴雨多、光照弱的南方和光照强的北方都能生长良好。

4. 土壤与肥料

结球甘蓝对土壤适应性强，从砂壤土到黏壤土都能种植。在中性到微酸性（pH 5.5～6.5）的土壤中生长良好，但在酸性过度的土壤中表现不好，且根肿病等也容易发生。结球甘蓝为喜肥、耐肥作物，但不同生长期对肥料吸收量及种类有差异。苗期和莲座期需要较多的氮，结球期需要较多的磷，由于磷有促进叶片分化的作用，故苗期磷肥也应充足供应。甘蓝生长初期吸收钾极低，但在结球开始后就逐渐增加，其整个生长期吸收氮、磷、钾的比例为 3∶1∶4。此外，结球甘蓝对钙的需求量较多，缺钙或不能吸收时，易发生干烧心病。

子任务 1 优选品种及培育壮苗

在师傅指导带领下，制订企业结球甘蓝生产茬口安排、育苗等生产计划，掌握设施结球甘蓝优良品种及其生长习性，学会甘蓝类蔬菜苗期管理要点，培养优质甘蓝壮苗。

【任务目标与质量要求】

根据市场需求及甘蓝的生长发育规律、定植面积、定植时期等，制订甘蓝生产计划和育苗技术方案，确定甘蓝茬口，选择合适的甘蓝品种，缩短温室空棚期，做好育苗基质配制消毒工作，调控好育苗环境，加强苗期管理，培育壮苗。

【学习产出目标】

1. 熟知甘蓝生产相关基本概念，不同茬口品种选择原则，苗期管理技术，甘蓝育苗作业流程与质量要求。
2. 正确制订甘蓝生产计划及育苗工作方案，缩短温室空棚期。
3. 做好甘蓝育苗温室检修及育苗期环境调控，适期育苗，调控肥水等，做好质量检查记录，培育甘蓝优质壮苗。

【工作程序与方法要求】

● 温室准备、穴盘消毒	(1) 选日光温室或者智能温室育苗。 (2) 根据设施甘蓝栽培茬次安排情况，确定播种期，具体由定植期和日历苗龄决定。 (3) 选 72 孔或 128 孔穴盘，消毒后待用。	要求：合理安排甘蓝的栽植数量及其密度，合理确定育苗数量。
● 配制基质	基质配制及消毒。pH 在 6.0 ～ 6.5，一般选择草炭、珍珠岩、蛭石，按照一定的比例混合。每立方米加入过磷酸钙 4 kg、硫酸钾 1 kg、硝酸铵 1 kg。再加 50% 的多菌灵可湿性粉剂，或者 70% 的甲基托布津可湿性粉剂搅拌后进行消毒处理，晾置后装盘，覆盘、压盘。	要求：基质温度以 60% 为宜，手握成团不滴水。各穴孔填充均一，压盘或打孔深度要一致。

● 种子处理及播种	(1) 及时筛选种子　将种子中的杂质清理干净。 (2) 温汤浸种　种子用纱布袋装好后，放入 50~55℃的水中进行浸种，期间不断进行搅拌，见到有少量种子破皮后捞出，晾干待用。或用高锰酸钾 1 000 倍液浸种 20 min，然后用清水冲洗干净。 (3) 催芽处理　催芽温度以 28~30℃为宜。	要求：点播，播种深度在 0.5 cm 左右，浇透底水，覆膜保湿。
● 苗期管理	(1) 甘蓝出苗前，要保持棚内的温度在 20～25℃。出苗后，白天 20℃左右，夜间不低于 10℃，定植前 1 周低温炼苗。 (2) 真叶长出来之前要避免浇水过多，造成幼苗徒长。真叶长出后，浇水遵循见干见湿的原则，可以适量补充 0.25% 的尿素。	要求：苗期温度不要过低，防止低温春化，导致未熟抽薹或先期抽薹。

【工作任务实施记录与评价】

1. 制订温室结球甘蓝生产计划

茬口名称	种植面积	育苗数量	栽培模式	定植时间	预计产量

师傅指导记录	生产计划质量评价	评价成绩
		日期

2. 配制育苗基质

师傅指导记录	育苗基质配制评价	评价成绩
		日期

3. 种子处理及播种

结球甘蓝品种	育苗数量	穴盘消毒	基质配制、消毒、装盘、覆盘	种子处理	播种
播种检查质量评价				评价成绩	
				日期	

4. 苗期管理

结球甘蓝品种	分苗、囤苗、炼苗	环境调控（温度、光照、湿度等）	营养液管理	壮苗出圃	技术员复核签字
苗期环境调控效果评价				评价成绩	
				日期	

5. 学徒关键职业能力及职业品质、工匠精神评价

项目	A	B	C	D
工作态度				
吃苦耐劳				
团队协作				
沟通交流				
学习钻研				
认真负责				
诚实守信				

子任务 2 定植结球甘蓝

在师傅指导下，制订定植计划，根据结球甘蓝喜肥沃、疏松土壤的特性，做好结球甘蓝定植前基肥施肥、土壤旋耕、整地、滴灌铺设、覆膜等前期工作，完成结球甘蓝定植任务。

【任务目标与质量要求】

有效落实各项关键生产技术，做好结球甘蓝定植前各项准备工作；根据结球甘蓝的生长发育规律，调控温室环境条件，及时定植、查苗、补苗。

【学习产出目标】

1. 做好结球甘蓝设施生产温室检修及生长期环境调控。

2. 正确制订结球甘蓝温室肥水调控等管理措施。

3. 制订定植计划，熟知结球甘蓝定植技术流程，及时检查成活质量并做好记录。

【工作程序与方法要求】

步骤	内容	要求
●温室消毒	在定植前可利用太阳能进行高温闷棚；用 30% 百菌清或 10% 速克灵烟雾剂、或者 1 000 倍液的优滤净对温室内环境进行密封消毒，密闭棚室一昼夜，消灭棚内各种害虫卵和各种病原菌，在温室放风确保无味后再进行定植。	要求：及时检修温室。
●土壤旋耕	土壤旋耕前进行施肥，每亩施优质羊粪等有机肥 5 000 kg、二胺 50 kg，充分撒匀后，使用微耕机进行土壤旋耕 2 次，使土壤细碎、平整。	要求：注意肥料种类、特性，以及微耕机的正确操作。
●滴灌铺设与覆盖膜	可采用平地或高畦栽培，做畦时畦宽可根据塑料膜宽度而定。一般畦宽 50 ～ 60 cm、沟宽 30 cm 左右。铺设好滴灌带后进行地膜覆盖。	要求：基质配比准确，混拌均匀，严格消毒。
●定植及查苗补苗	按定植计划进行合理定植，可采用三角形栽种。栽植深度以土坨上面与畦面相平为宜。早熟结球甘蓝适于密植，早熟品种栽植密度为每亩栽 5 000~6 000 株；中早熟或晚熟品种每亩 4 000~5 000 株。	要求：及时查苗补苗。

【工作任务实施记录与评价】

1. 温室检修

师傅指导记录	温室检修	评价成绩
		日期

2. 定植前准备（施肥、旋耕、做畦、覆膜等）

师傅指导记录	定植前准备	评价成绩
		日期

3. 定植成活率检查及查苗补苗记录

甘蓝品种	定植面积	成活率	补苗	补苗管理措施	补苗成活率
检查质量评价				评价成绩	
				日期	

4. 学徒关键职业能力及职业品质、工匠精神评价

项目	A	B	C	D
工作态度				
吃苦耐劳				
团队协作				
沟通交流				
学习钻研				
认真负责				
诚实守信				

子任务3　田间管理及采收

在师傅指导带领下，掌握温室结球甘蓝优良品种特点及其生长习性，学会结球甘蓝田间管理措施，掌握提高结球甘蓝产量及品质控制的关键技术。

【任务目标与质量要求】

了解结球甘蓝的生长发育规律，调控好光照、温度、湿度等环境条件，有效落实各项关键生产技术，生长期间加强结球甘蓝灌溉、追肥等管理；正确识别和诊断结球甘蓝生产中常见病虫害，综合防治，及时采收。

【学习产出目标】

1. 制定结球甘蓝生产品控技术方案。

2. 根据结球甘蓝生长发育的需要，及时做好环境调控、植株调整、肥水调控等管理措施，进行结球甘蓝高产优质管理。

3. 掌握采收标准及产品质量检查记录。

【工作程序与方法要求】

●缓苗期管理	北疆地区定植初期，注意防寒保温，提高温室内温度，保湿，以促进缓苗。定植后 5~7 d 间，原则上不通风，白天棚内应保持在 25~28℃，以提高地温。同时要控制浇水，以防降低地温。要勤松土，以保墒增温，促进快缓苗。缓苗后，要浇 1 次缓苗水，进入蹲苗期。	要求：及时升温保湿，快速缓苗，以利蹲苗。
●田间管理	7~25℃适于甘蓝外叶生长，进入结球期以 15~20℃为适温。甘蓝对高温的适应能力在不同生长期有所不同，在幼苗和莲座叶形成期，对 25~30℃的高温有较强的适应力，进入结球期，要求低温和冷凉的气候，高温会阻碍包心过程，如果高温加干旱，会造成叶球松散，产量下降，品质变劣，甚至使叶球散开。结球甘蓝根系分布较浅，且外叶大，要求土壤湿润。苗期和莲座期需要较多的氮，结球期需要较多的磷，由于磷有促进叶片分化的作用，故苗期磷肥也应充足供应。结球甘蓝对钙的需求量较多，缺钙或不能吸收时，易发生干烧心病。	要求：根据长势长相及时判断，进行水肥管理。

【工作任务实施记录与评价】

1. 田间管理工作计划

<table>
<tr><td>师傅指导记录</td><td>田间管理工作计划质量评价</td><td>评价成绩</td></tr>
<tr><td rowspan="3"></td><td rowspan="3"></td><td></td></tr>
<tr><td>日期</td></tr>
<tr><td></td></tr>
</table>

2. 田间管理检查记录

<table>
<tr><td>结球甘蓝品种</td><td>种植面积</td><td>肥水管理</td><td>温湿度调控</td><td>病虫害防治</td><td>技术员复核签字</td></tr>
<tr><td></td><td></td><td></td><td></td><td></td><td></td></tr>
<tr><td></td><td></td><td></td><td></td><td></td><td></td></tr>
<tr><td></td><td></td><td></td><td></td><td></td><td></td></tr>
<tr><td></td><td></td><td></td><td></td><td></td><td></td></tr>
<tr><td></td><td></td><td></td><td></td><td></td><td></td></tr>
<tr><td rowspan="2">田间管理
精确性评价</td><td rowspan="2" colspan="3"></td><td>评价成绩</td><td></td></tr>
<tr><td>日期</td><td></td></tr>
</table>

3. 采收期记录

结球甘蓝品种	栽培面积	采收标准	不同时期采收产量变化	一茬总产量	技术员复核签字
产品质量评价				评价成绩	
				日期	

4. 学徒关键职业能力及职业品质、工匠精神评价

项目	A	B	C	D
工作态度				
吃苦耐劳				
团队协作				
沟通交流				
学习钻研				
认真负责				
诚实守信				

项目3　生产其他菜类

任务1　生产早春胡萝卜

胡萝卜原产亚洲西部，元代传入中国，别名红萝卜、红根、黄萝卜、丁香萝卜等，属伞形科一二年生草本植物，我国南北方均有种植，已成为世界胡萝卜第一生产国和主要出口国。

【专业知识准备】

一、类型与品种

胡萝卜品种按用途可分为鲜食、熟食、加工、饲料4类。按肉质根的皮色可分为红、黄、紫3类。按肉质根的形状可分为长圆柱形、长圆锥形和短圆锥形

3 类。

（1）长圆柱形　根细长，肩部粗大、先端钝圆，晚熟。品种有新黑田五寸、红誉五寸、菊花心、上海长红、扬州红 1 号、三红胡萝卜等。

（2）长圆锥形　根细长，先端尖，味甜，耐贮藏，多为中、晚熟。品种有烟台五寸、汕头红、天津新红、北京鞭杆红、黄胡萝卜等。

（3）短圆锥形　根短，中、早熟，春栽抽薹迟，产量低。品种有烟台三寸、江苏四季胡萝卜、红福四寸等。

二、生产季节

胡萝卜一般分春、秋两季栽培，以秋季栽培为主。少数地区有春、夏、秋三季栽培和春季薄膜覆盖栽培等多种方式。胡萝卜幼苗生长缓慢，秋播时间应比萝卜早。东北及高寒地区一般在 6 月份开始播种，西北及华北地区多在 7 月上中旬播种，长江中下游地区一般在 7 月下旬至 8 月上旬播种。

【任务目标与质量要求】

1. 掌握胡萝卜的生长发育规律及其与栽培管理的关系。

2. 熟练掌握胡萝卜栽培的选地、品种选择、施肥整地、播种催芽、田间管理、采收等技能，进行科学有效的生产管理，实现优质高产。

【学习产出目标】

1. 熟知胡萝卜的生产特性，了解当地的气候条件，选择适合当地种植的胡萝卜品种，正确制订胡萝卜生产技术方案

2. 准备胡萝卜种子、农药、化肥等农资及生产用具，掌握胡萝卜的品种选择、整地做畦、播种、间苗、除草、肥水管理、采收及田间管理操作要点。

3. 能够解决胡萝卜生产中的出苗不齐、先期抽薹及畸形根等常见问题，提高产品质量。

4. 分组收集胡萝卜生产关键技术的照片和视频，并能汇报总结。

【工作程序与方法要求】

●选茬选地	春胡萝卜前茬一般为菠菜、不结球白菜、秋甘蓝、瓜类、豆类等。选择土层深厚、土质疏松、排水良好的砂壤土或壤土种植为宜，并需深翻细耙，精细整地。	要求：胡萝卜适于冷凉气候，较耐连作，但也以轮作为佳。

●整地做畦铺地膜	播前需深耕细作，耕作深度不少于 25 cm。结合耕翻整地每亩施腐熟农家肥 2~3 m^3、磷钾肥和速效氮肥 15 kg。春播胡萝卜以采用高畦栽培为宜，整平地后做畦起垄，垄面宽 60~70 cm、垄沟宽 30~40 cm、沟深 20 cm 左右。	要求：垄面表土一定要细碎、平整，以利于播种和发芽整齐。
●品种选择	选用早熟、耐寒、耐热、抽薹晚的品种。如新黑田五寸人参、红誉五寸、四季胡萝卜、京红五寸、春早红 2 号等。	要求：春胡萝卜选生长量小、生长期短的品种。
●播种	春胡萝卜播种期较为严格，播种过早易抽薹，播种过晚不利于肉质根生长，可在白天平均温度 10℃、夜间平均温度 7℃、5 cm 土层温度稳定在 6~8℃及以上时播种。选籽粒饱满的新种子播种，双悬果要分开。将种子在 30~40℃水中浸泡 3~4 h 后，将种子捞出控干水，用湿纱布包好，置于 20~25℃环境下催芽，定期冲洗和搅拌种子，待大部分种子露白时即可拌湿沙播种。播种时均匀播在垄上的浅沟内，播后均匀盖上一层薄细土，覆盖地膜，有条件的可外加大棚或小拱棚。	要求：胡萝卜种子带毛且小，不易吸水和透气，播前应进行浸种催芽，以提高发芽率和出苗速度。春胡萝卜宜适当增加密度。
●田间管理	(1) 中耕除草与间苗　播种后保持土壤湿润，出苗后及时破膜放苗，以防温度过高，造成烤苗。及早间苗、定苗，第 1 次间苗在 1~2 片真叶时进行，去掉劣苗、弱苗与过密苗；第 2 次间苗在 3~4 片真叶时进行，间苗后即定苗，苗距一般在 12~14 cm。 (2) 肥水管理　前期以增温保湿为主，在保证土壤不干旱的情况下应少浇水，一般追肥 2~3 次，在定苗后 5~7 d，结合浇水每亩追施复合肥 15 kg，浇水量要小。叶片旺盛生长期适当控水蹲苗，防止叶簇徒长。肉质根膨大期加大肥水管理，露肩及肉质根肥大盛期结合浇水追肥，每亩追施三元复合肥 25 kg、硫酸钾 10 kg。浇水应避开中午高温时期，宜早晚进行，防止裂根。膨大期由于浇水或雨水冲刷等原因，容易出现肉质根顶部露出地面而形成青肩，应及时培土。 (3) 病虫害防治　胡萝卜常见病害主要有黑斑病、黑腐病和软腐病等；虫害主要有蛴螬、地老虎、蚜虫等。	要求：胡萝卜喜光，间苗宜早。间苗时结合拔草和中耕松土除草，中耕要浅，以免伤根，也可在播种后、出苗前喷除草剂除草。
●采收	春胡萝卜要适时收获，过早则影响产量和品质，过晚时肉质根发硬，商品性下降。采收后可放入 18℃左右的室内阴凉通风处保存，延长上市时间，也可采收后贮存于 0~3℃冷库内，用新高脂膜 500 倍液浸泡，可防水分蒸发，防病菌感染，抗冻保温，延长保鲜期，供应整个夏季市场。	要求：肉质根已充分膨大时，根据需要分批分期采收。

【业务知识】

1. 胡萝卜出苗前后除草技术

秋胡萝卜播种时正值高温雨季，发芽难，苗期长，杂草滋生很快。人工除草为主，也可以使用除草剂，在播后苗前用都尔、拉索、氟乐灵、地乐胺、扑草净、施田补等进行地表喷雾，可防除多种一年生杂草。苗期施用盖草能、拿捕净等，可防除单子叶杂草，阔叶杂草人工拔除。

2. 间苗、中耕、除草

胡萝卜间苗宜早，并注意留大苗、壮苗，去小苗、弱苗及杂株。1～2片真叶时进行第1次间苗，苗距3 cm左右；3～4片真叶时第2次间苗，苗距5～6 cm；5～6片真叶时定苗，株距10～15 cm。间苗后要浅中耕，疏松表土，拔除杂草。封垄前要多次中耕，以保证土壤疏松透气，每次浇水后或大雨后要进行中耕培土，即将封垄时将土培至根头，以防根部外露出现青头，影响产品质量。

3. 胡萝卜的肥水管理

胡萝卜出苗慢，出苗期如遇高温干旱，应连续浇水2～3次，保持土壤经常湿润，以利苗齐苗壮。为防止暴雨拍实土面而影响出芽，可在畦面上盖1层麦秆，既遮阴保湿又防雨。幼苗期前促后控，叶部生长期应适当控制浇水，进行中耕培土蹲苗，防止叶簇徒长。肉质根膨大期应及时灌水，水分供应要均匀，应经常保持地面湿润，避免高温和干旱。保持土壤湿度在60%～80%，若供水不足，则肉质根瘦小而粗糙。灌水应做到轻、匀、适量，切忌大水漫灌或忽干忽湿，否则易产生裂根。肉质根充分膨大后应停止浇水，以防烂根。

胡萝卜基肥以有机肥为主，应充分腐熟后均匀施入，除基肥外，还要追肥2～3次，但要控制氮肥施用量，否则易引起叶部徒长，影响肉质根的膨大。追肥宜稀，否则易引起歧根。生长前期追肥以氮肥为主，定苗后结合浇水施1次提苗肥，每亩施入尿素和复合肥各7.5 kg。肉质根开始膨大时追施膨根肥，注意氮、磷、钾配合，并适当增施钾肥，有利于提高品质。每亩施尿素15～20kg、磷酸二氢钾15～20 kg，或硫酸钾复合肥20 kg，15～20 d后可再追施1次。生长后期控水控肥，以免造成裂根。

【业务经验】

胡萝卜采收注意事项

秋胡萝卜采收不宜过早，应在肉质根充分肥大成熟后采收，成熟时一般表现为心叶呈黄绿色，外叶稍有枯黄，直根肥大使地面出现裂纹，有的根头稍露出地面。收获太早，影响产量和品质；收获过晚，肉质根容易受冻，组织硬化，品质变劣。

【工作任务实施记录与评价】

1. 制订早春胡萝卜生产计划

品种名称	种植面积	播种时间	肥料农药等需求	上市时间	预计产量

续表

师傅指导记录	胡萝卜生产计划质量评价	评价成绩
		日期

2. 胡萝卜田间管理及采收记录

胡萝卜品种	适期播种	水肥管理措施	病虫害防治	采收标准	产量
田间管理规范性评价				评价成绩	
				日期	
一茬总产量及不同时期采收产量变化				评价成绩	
				日期	

3. 学徒关键职业能力及职业品质、工匠精神评价

项目	A	B	C	D
工作态度				
吃苦耐劳				
团队协作				
沟通交流				
学习钻研				
认真负责				
诚实守信				

任务2 生 产 大 葱

【专业知识准备】

一、我国大葱生产现状

大葱原产于我国西北部及其相邻的中西亚地区，已有3 000余年的栽培历史，是我国最早栽培的蔬菜作物之一。葱依据产品大小可分为大葱和小葱。大葱植株高大，生长期长，产品器官以假茎（葱白）为主。小葱植株矮小，生长期短，以食嫩叶为主。

传统习惯上大葱与小葱统称为大葱。依据种植区域，我国大葱划分为2个生产片，包含6个种植区。即北方大葱生产片，包括华北平原、东北平原、西北高原大葱种植区；南方小葱生产片，包括华南平原、青藏高原小葱种植区及云贵高原大、小葱混作区。种植模式有露地栽培和保护地栽培，实现了周年生产。据初步调查，近年来，世界大葱栽培面积约100万 hm^2，其中，我国大葱栽培面积约85万 hm^2，占世界大葱栽培面积的85%。我国大葱出口量约5万t（保鲜大葱），占世界大葱出口贸易量的80%。

二、大葱的类型与品种

（一） 大葱的类型

大葱主要包括普通大葱、分葱、胡葱和楼葱。在植物分类学中，分葱和楼葱是普通大葱的变种。普通大葱分蘖力弱，以叶鞘相互抱合形成的假茎和嫩叶为产品器官，假茎肉质甘甜脆嫩，能开花结实，用种子繁殖。按其假茎高度可分为长葱白类型和短葱白类型。

（二） 大葱的品种

(1) 长葱白类型　植株高大，假茎较长，直立性强，质嫩味甜，生熟食均优。主要优良品种有山东章丘的大梧桐（又叫梧桐葱）、气煞风、明水大葱、固葱，吉林的公主岭大葱，北京郊区的高脚白，陕西华县的谷葱，天津宝坻五叶齐，拉萨大葱，辽宁的盖平大葱、鳞棒葱等。

(2) 短葱白类型　植株稍矮，假茎粗短，且基部膨大，叶略弯曲，叶尖较细，香气浓厚，辣味较强，最适熟食或做调味品。优良品种有山东章丘的鸡腿葱，河北的对叶葱、隆尧大葱，甘肃河西、酒泉的红葱等。

三、栽培制度和栽培季节

（一） 栽培制度

大葱的生育周期长，秋播从播种到定植需270～300 d，定植到收获又需120～140 d，占地时间长，产量高，消耗土壤肥力多，宜选择肥沃土壤。大葱忌连作，也不宜与葱蒜类蔬菜重茬，轮作年限3～5年。前茬宜选择小麦、大麦、豌豆等粮食作物，或春甘蓝、春菜花、春莴苣等蔬菜。大葱收获后土地冬闲。大葱植株直立，并具一定耐阴性，适于和其他蔬菜间作套种。

（二） 栽培季节

大葱适应性强，幼苗可自然越冬，炎热也不休眠，且产品收获期不严格，植株大小均可上市，故可分期播种，周年供应。但北方冬贮大葱的栽培季节比较严格，一般是秋季播种，翌年夏季定植，入冬前收获假茎粗大的优质大葱。在冬季土壤不结冻的南方地区，可春播或秋播。春播当年冬季即可收获，但产量降低。新疆播种期一般为8月下旬至9月上旬，翌年6月中旬定植，10月下旬收获。大葱的栽培茬次较多，可依据当地的气候特点和市场需要灵活安排。

子任务 1　优选品种及培育壮苗

【任务目标与质量要求】

根据市场需求及大葱的生长发育规律、定植面积、定植时期等，制订大葱生产计划和育苗技术方案，确定大葱茬口，选择合适的大葱品种，做好育苗准备工作，加强苗期管理，培育壮苗。

【学习产出目标】

1. 熟知当地的气候条件，选择适合当地种植的大葱品种，掌握苗期管理技术、大葱育苗作业流程与质量要求。

2. 正确制订大葱的生产计划及育苗工作方案。

3. 秋季育苗，要掌握播种时间，培育出适龄的大葱幼苗，安全越冬。

【工作程序与方法要求】

● 选择优良品种	不同大葱品种在外部形态、生育期、产量水平、抗病性、耐抽薹性以及适应区域上均存在较大的区别。选用优质、抗病、高产的品种，如章丘大葱、隆尧大葱、海洋大葱等。	要求：熟知当地栽培的大葱品种名称。
● 育苗床准备	选苗床宜选择土质疏松、有机质丰富、地势平坦、灌溉方便的砂壤土。每亩施入腐熟农家肥 4 000~5 000 kg，过磷酸钙 25 kg，浅耕细耙，整平做畦，畦长 8~10 m、宽 1.5~1.7 m。	要求：苗床地要整平，方便浇水。
● 确定播种期	大葱以秋播为主，亦可春播。秋播播种期为 9 月中旬至 10 月上旬，春播为 3 月中旬至 4 月上旬。秋播的播期严格，占地时间长。各地播期虽有差异，但以幼苗越冬前有 40~50 d 的生育期，秧苗具有 2~3 片真叶，株高 10 cm 左右，茎粗 4 mm 以下为宜，既可确保幼苗安全越冬，又可避免或减少翌年先期抽薹。春播多在春分到清明之间，幼苗期短，抽薹可能性小，产量一般低于秋播。	要求：按照当地的气候条件确定育苗时间，培育壮苗。特别注意秋播育苗的播种时期。
● 种子处理	用 55℃温水搅拌浸种 20~30 min，或用 0.2% 高锰酸钾溶液浸种 20~30 min，捞出洗净凉干后播种。	要求：掌握种子处理的水温和药剂处理的浓度和时间。
● 播种	播种方法有撒播和条播 2 种。以撒播应用较普遍，方法是从播种畦内取土，过筛后作覆土用；整平畦面，浇足底水，少量盖土，均匀播种后覆土 1 cm 即可。也可先播种，再覆土，踩实，而后浇水。采用当年新籽，每亩播种量 3~4 kg，可供栽植大田面积是苗床面积的 8~10 倍。控制杂草，在播种后出苗前，用 33% 除草通乳油 150 g/ 亩，对水 30~50 L 喷洒床面。	要求：掌握撒播和条播的方法、除草剂的选择及使用浓度和使用量。

● 苗期管理	(1) 秋播苗　苗出齐后，保持土壤见干见湿，适当控制水肥，上冻前浇 1 次封冻水，寒冷地区可覆盖 1 层马粪或碎草等防寒。幼苗株高 8~10 cm，3 片叶时越冬最佳。翌年春季土壤解冻后及时浇返青水，幼苗返青后结合浇水每亩追施氮肥（N）4 kg（相当于尿素 8.7 kg）。间苗 1~2 次，苗距 3～4 cm 见方，定植前 7~10 d 停止浇水。 (2) 春播苗　播种后可覆盖地膜，保温保湿，幼苗出土后及时撤膜，随着天气变暖，加强水肥管理，保持土壤湿润，给合浇水每亩追施氮肥（N）4 kg（相当于尿素 8.7 kg）。及时间苗和除草。大葱对光照的要求比较适中，若中午太阳光强烈，应采用遮阳设施。壮苗标准：株高 30~40 cm，6~7 片叶，茎粗 1.0~1.5 cm，无分蘖，无病虫害。	要求：掌握适合本地大葱播种的时间和越冬苗的大小。

子任务 2　定　　植

【任务目标与质量要求】

有效落实各项关键生产技术，做好大葱定植前各项准备工作；及时定植、查苗、补苗。

【学习产出目标】

1. 学会确定大葱定植时间的方法。
2. 正确制订大葱肥水调控等管理技术方案。
3. 制订定植计划，熟知大葱定植技术流程，及时检查成活质量并做好记录。

【工作程序与方法要求】

● 定植	大葱定植一般在 6 月上旬到 7 月上旬，定植的适宜苗龄是株高 30~40 cm、横径粗 1~1.5 cm。定植过早，则秧苗过小，生长缓慢；定植过晚，则秧苗徒长，易倒伏，如缓苗期逢高温多雨，葱沟易积水，引起沤根死秧。	要求：了解大葱定植时间和大葱定植时的适宜苗龄指标。
● 整地开沟	定植前，清理前茬作物的枯枝落叶和杂草，每亩施入腐熟农家肥 5 000~8 000 kg，进行耕翻、整平，再按预定行距开定植沟。大葱的行（沟）距因品种和产品标准而定。短葱白品种适于窄行浅沟，长葱白品种适于宽行深沟。定植不宜过深，以 7 cm 左右为宜，不得埋没葱心，否则缓苗慢，生长不旺。	要求：明确大葱定植前的准备工作。
● 定植方法	常用干插法，在开好的葱沟内，将葱苗插入沟底，深度以不埋住外叶分杈处为宜，两边压实后再浇水。也可采用湿插法，即先浇水，后插葱。	要求：熟练掌握 2 种定植方法

● 定植时注意事项

大葱株形直立适于密植，合理密植是大葱丰产的主要措施。为提高产品质量，长葱白类型多采取宽行栽培，以利培土软化。定植前选苗分级，淘汰病、弱、伤残苗，分成大、中、小 3 级，分别栽植。大苗略稀，小苗宜密。边刨苗，边栽植以利成活。每亩栽植 2 万 ~3 万株，用葱秧 250~300 kg。

要求：熟练掌握大葱定植的合理密度和注意事项。

子任务 3　定植后的管理

【任务目标与质量要求】

了解大葱的生长发育规律，定植后及时浇水，有效落实各项关键生产技术，快速生长期间加强大葱灌溉、追肥和封土等管理；正确识别和诊断大葱生产中常见病虫害，综合防治，及时采收。

【学习产出目标】

1. 制订大葱定植后的田间管理技术方案。
2. 根据大葱生长发育的需要，及时做好肥水调控、培土、病虫害防治等管理措施，进行大葱高产优质管理。
3. 掌握大葱采收标准，完成产品质量检查记录。

【工作程序与方法要求】

● 定植后的管理

大葱定植后的田间管理包括浇水、施肥、培土、病虫害防治等。

要求：制定出大葱定植后的田间管理技术规程。

● 浇水

大葱定植后进入炎夏季节，地上部和根系生理机能减弱，缓苗较为缓慢，处于半休眠状态。此时管理的中心是促根，应控制浇水，雨后排水防涝，防止引起烂根、黄叶和死苗；加强中耕，促进根系生长。立秋以后，气温逐渐降低，植株生长开始加快，在立秋至白露之间，灌水应掌握轻浇、早晚浇水的原则。白露以后大葱进入生长盛期，叶片和葱白重量迅速增长，需水量增加，灌水应掌握勤浇、重浇的原则，每隔 4~6 d 浇 1 次水。霜降以后气温下降，大葱基本长成，进入假茎充实期，植株生长缓慢，需水量减少，但要保持土壤湿润，此时缺水会导致叶身松软、葱白松散、产量降低。收获前 5~7 d 停止浇水，利于贮运。

要求：明确大葱定植时间和大葱定植时的适宜苗龄。

<table>
<tr><td>●追肥</td><td>大葱在施足基肥的基础上还要分期追肥。在立秋以后，植株生长开始加快，宜追施“攻叶肥”，每亩施入腐熟农家肥 1 500~2 000 kg、过磷酸钙 20~25 kg，促进叶部增长。白露节后进入葱白生长盛期，是大葱产量形成关键期，应结合浇水追施“攻棵肥”2 次，每次施尿素 15~20 kg/亩、硫酸钾 10~15 kg/亩，追肥撒于行间，浅中耕后浇水。</td><td>要求：对化肥的基本特性有所了解，掌握追肥的方法。</td></tr>
<tr><td>●培土</td><td>培土是软化叶鞘、防止倒伏、提高葱白产量和品质的重要措施。大葱假茎的叶鞘细胞伸长要求黑暗与湿润的环境，并以营养物质的输入和贮存为基础。通过分期培土可以延长葱白长度，软化假茎，提高葱白的品质。培土越高，葱白越长，色泽洁白，组织充实。从立秋到收获前，一般培土 3~4 次。前两次结合中耕，将垄土壅入葱沟内。处暑前后将沟填平；以后培土使原来的垄背成沟，葱沟变成垄背。大葱每次培土高度，应根据假茎生长高度而定，每次 3~4 cm，将土培到最上叶片的出叶口处，切不可埋没心叶，防止叶片腐烂。培土时应掌握取土宽度不能超过行距的 1/3 和定植沟深的 1/2，防止损伤根系。培土应在土壤水分适宜时进行，以下午培土为宜，防止假茎、叶片折断或造成伤口而引起腐烂。</td><td>要求：熟练掌握大葱的植物学特性。掌握培土的时间及培土的注意事项。</td></tr>
<tr><td>●病虫害防治</td><td>(1) 霜霉病　发病初期喷洒 90% 三乙膦酸铝可湿性粉剂 400~500 倍液，或 75% 百菌清可湿性粉剂 600 倍液、50% 甲霜铜可湿性粉剂 800~1 000 倍液、64% 杀毒矾可湿性粉剂 500 倍液，72.2% 普力克水剂 800 倍液，隔 7~10d 1 次，连续防治 2~3 次。
(2) 紫斑病　发病初期喷洒 75% 百菌可湿性粉剂 500~600 倍液，或 64% 杀毒矾可湿性粉剂 500 倍液、40% 大富丹可湿性粉剂 500 倍液、58% 甲霜灵锰锌可湿性粉剂 500 倍液，或 50% 扑海因可湿性粉剂 1 500 倍液，隔 7~10 d 喷洒 1 次，连续防治 3~4 次，均有较好的效果。
(3) 黑斑病　发病初期开始喷洒 75% 百菌清可湿性粉剂 600 倍液，或 50% 扑海因可湿性剂 1 500 倍液、64% 杀毒矾可湿性粉剂 500 倍液、50% 琥胶肥酸铜可湿性粉剂 500 倍液，60% 琥 · 乙膦铝可湿性粉剂 500 倍液，14% 络氨铜水剂 300 倍液、1 : 1 : 100 波尔多液，隔 7~10 d 喷洒 1 次，连续防治 3~4 次。
(4) 灰霉病　发病初期轮换施 50% 速克灵或 50% 扑海因、50% 农利灵可湿性粉剂 1 000~1 500 倍液，或 25% 甲霜灵可湿性粉剂 1 000 倍液，或 50% 多双灵可湿性粉 800 倍液喷雾。
(5) 软腐病　发病初期喷洒 50% 琥胶肥酸铜可湿性粉剂 500 倍液，或 70% 可杀得可湿性粉 500 倍液、14% 络氨铜水剂 300 倍液、72% 农用链霉素可溶性粉剂 4 000 倍液、新植霉素 4 000~5000 倍液，视病情隔 7~10 d 喷 1 次，防治 1~2 次。
(6) 葱蓟马　可喷洒 21% 灭杀毙乳油 6 000 倍液、40% 乐果乳油 1 000 倍液或 50% 辛硫磷乳油 1 000 倍液、20% 氯马乳油 2 000 倍液、10% 菊马乳油 1 500 液喷雾。
(7) 葱斑潜蝇　用 1.8% 阿维菌素乳油 3 000 倍液，或用 1.8% 绿杀灵乳油 2 500 倍液喷雾防治。
(8) 葱地种蝇　在成虫发生期，用 21% 灭杀毙乳油 6 000 倍液、2.5% 溴氰菊酯乳油 3 000 倍液 20% 菊马乳油 3 000 倍液，隔 7 d 施 1 次，连续喷 2~3 次。已发生地蛆的菜田可用 50% 辛硫磷乳油 800 倍液、90% 敌百虫晶体或 80% 敌百虫可溶性粉剂 1 000 倍液，或 40% 乐果 1 000 倍液灌根。</td><td>要求：能够对大葱常见的病害症状和害虫进行识别，并提出防治措施。</td></tr>
</table>

●采收	大葱的收获季节因各地气候差异而有早晚。新疆多在 10 月中下旬收获。以管状叶内水分减少、叶肉变薄下垂为冬贮干葱的收获时期。如提早收获，心叶还在生长，葱白不充实，易空心，不耐贮存；收获过晚，假茎易失水而松软，影响葱白产量和品质，并容易遭受冻害引起腐烂。收获后适当晾晒，在冷凉处存放，供冬春上市供应。也可以当年不采收，在第二年开春后采收上市。常年每亩收鲜葱 4 000~5 000 kg。	要求：能正确掌握收获时间和采收后晾晒的方法。

【业务知识】

1. 国家对大葱种子质量的具体要求

大葱种子质量包括品种品质和播种品质两方面内容。品种品质是种子的内在价值，即通常所说的品种纯度和种子真实性。品种纯度是指种子典型性状的一致性。种子真实性是指一批种子与所附的文件上的记载是否相符。在鉴定一批种子的品种纯度之前，必须首先鉴定种子的真实性，没有真实性的种子也就没有鉴定品种纯度的必要。播种品质是指种子的外在价值，有时也称商品质量，主要包括种子的净度、发芽率、含水量、千粒重、病虫害感染率等。在种子质量标准制订时，通常以品种纯度、净度、发芽率、含水量为主要定级项目。

为了贯彻执行种子优质优价的政策，促进葱种质量不断提高，保证为生产提供合格种子，避免葱种质量事故的发生，国家对葱种质量进行分级，并制订出葱种分级标准（表 3-8-7）。

表 3-8-7　大葱种子分级标准 %

级别	纯度≥	净度≥	发芽率≥	水分≤
原种	99	99	93	10
一级良种	97	99	93	10
二级良种	92	97	90	10
三级良种	85	95	85	10

2. 苗期病害防治

大葱在育苗期间，最容易发生猝倒病，这与土壤、种子以及管理水平有直接关系。首先，苗床应选择 3 年内未种过葱蒜类的，疏松肥沃、地势平坦、排灌方便的砂壤土最好。大葱生长适宜的 pH 为 7.0～7.4，土壤 pH 在 5 以下，不利于大葱苗期生长。

种子消毒是防治苗床病害的有效手段，可用 0.2%高锰酸钾溶液浸种 25 min，再用清水冲净，可杀死种子表面的病原菌；也可用干净的纱布把种子包好，放在 50℃的温水中浸泡 30 min。浸泡时要不断摇动，使种子受热均匀。浸泡结束后，随即用清水洗一遍，再放在 20～30℃的水中泡 2 h，捞出后即可播种。

阴天或雨天容易发生霜霉病或疫病，主要症状是干尖黄叶，为防病害发生，可直接用美国普利登液体有机肥喷淋苗床和喷施葱苗，每 5 d 用 1 次，连喷 2～3 次。对发病较重的，用美国普利登液体有机肥 200 倍液+72.2%霜霉威（72.2%普力克）水剂 600 倍液或噁霉灵 800 倍液喷淋根部，连续使用 2～3 次，可控制病情。

【业务经验】

1. 大葱抽薹原因及预防措施

（1）大葱抽薹原因

① 低温诱导大葱花芽分化，多数品种在 0～7℃的低温下可完成春化。

② 大葱幼苗必须生长到一定大小以后才能接受低温感应并通过春化阶段，幼苗绿体越大通过春化作用所需低温日数越少，幼苗太小即使经过低温阶段也不会花芽分化。

③ 抽薹需要一定数量的低温积累。此外肥水充足、植株营养物质积累多时，易通过春化阶段。

总之，大葱先期抽薹的主要原因是播期过早、幼苗太大，在越冬期间通过了春化阶段。

（2）预防措施

① 选择冬性强的大葱品种。冬性强的品种通过低温春化需要的积温较多，即植株大小相同，经过的积温积累相同，冬性强的品种发生先期抽薹的概率低。

② 秋季播种应适时晚播。此措施是为了控制越冬前植株的大小，幼苗越小，通过春化需要的积温越高。因此，在相同的积温条件下，小的幼苗不容易发生先期抽薹现象。

③ 使用植物生长调节剂 MH 处理，对大葱抽薹有显著抑制作用，喷施浓度为 300 mg/L，喷施时间为越冬前。

④ 及时收获，在大葱发生先期抽薹之前进行收获是防止春葱先期抽薹的最后措施。

2. 大葱秋季育苗时间的确定

大葱幼苗越冬前有 40～50 d 的生育期，秧苗具有 2～3 片真叶，株高 10 cm 左右，茎粗 4 mm 以下为宜，既可确保幼苗安全越冬，又可避免或减少翌年先期抽薹。

3. 采收与运销

大葱品种不同，采收时间也不同，特别是生长速度快的品种，过晚采收会出现老化或冻害，导致商品性降低。生长速度慢的品种，过早收获则产量不高。

大葱收获时，可用铁锨或犁将葱垄一侧挖开，露出葱白，用手轻轻拔起，避免损伤假茎或断根。收获后应抖净泥土，按收购标准分级，保留中间 4～5 片完好叶片。每 10 kg 左右一捆，用绳分 3 道扎实，不能紧扎，防止压破葱叶。运输时，将包裹好的葱捆竖直排放在车厢内，可分层排放，不能平放、堆放。

4. 大葱不宜开沟施肥

大葱是一种需肥较多的蔬菜，一般从定植到收获需要追肥3～4次。长期以来，一些葱农都习惯于开沟追肥，这样不仅容易划断大葱根须，而且还常常会因为施肥过于集中而烧坏大葱幼嫩须根，导致干尖和枯叶现象。

5. 秋大葱培土注意事项

（1）切忌伤根损叶　取土时，锄头要与大葱根系保持适当的距离，不能距离根系太近，以免损伤根系。培土一般选择下午4时—6时进行，因为清晨培土，大葱叶片脆嫩，容易遭受机械损伤，而下午叶片柔软，不容易受伤害。每次培土要保持大葱的假茎直立，同时不要让土壤没过葱心，否则会造成葱白弯曲，影响正常生长。

（2）均衡搭配追肥　每次培土最好结合追肥，能够提高大葱的商品性和产量。第1次培土可每亩搭配追施腐熟豆粕饼肥50 kg和氮磷钾（1∶1∶1）含量为45%的硫基复合肥10 kg；第2次培土在葱白快速发育期，对肥料的需求量很大，追施腐熟豆粕饼肥100 kg+氮钾肥40 kg或高氮高钾型复合肥35 kg；第3次培土追施硝酸钙30 kg，能够促进葱白增长、植株变粗、增强抗倒伏能力，提高产量。

（3）培土　培土次数不宜过多，频繁培土不仅增加工作量，而且不可避免地伤根伤叶，影响大葱生长。

【工作任务实施记录与评价】

1. 田间管理工作计划

师傅指导记录	田间管理工作计划质量评价	评价成绩
		日期

2. 田间管理检查记录

大葱品种	种植面积	肥水管理	培土	病虫害防治	技术员复核签字
田间管理精确性评价				评价成绩	
				日期	

3. 采收期记录

大葱品种	栽培面积	采收时间	采收标准	一茬总产量	技术员复核签字
产品质量评价				评价成绩	
				日期	

4. 学徒关键职业能力及职业品质、工匠精神评价

项目	A	B	C	D
工作态度				
吃苦耐劳				
团队协作				
沟通交流				
学习钻研				
认真负责				
诚实守信				

任务3 生 产 芦 笋

【专业知识准备】

一、芦笋的类型与品种

1. 芦笋的类型

根据芦笋嫩茎颜色的不同，芦笋可分为绿色芦笋、白色芦笋、紫绿色芦笋、紫蓝色芦笋、粉红色芦笋等。多数品种在不同的栽培条件下，嫩茎的颜色也不同。例如，在芦笋生产中，同一品种既可采收绿笋也可以采收白笋，在嫩茎长出地平面之前将土培成小高垄，使嫩茎在黑暗的土壤中不见光进行生长，在嫩茎出土之前进行采收，嫩茎为白色，故称为白笋；如果在嫩茎长出地平面之前不培小高垄，使嫩茎在自然光照条件下生长，嫩茎为绿色，故称为绿笋。由于品种的不同或环境的变化，使一些芦笋的嫩茎基部或头部形成紫色、紫绿色、紫蓝色、粉红色等色泽。绿芦笋品种中的紫色的变种为紫芦笋，笋株不但生长高大、嫩茎粗壮、含糖量高、品质好，而且食用价值和经济价值都比较高。绿芦笋的营养价值比白芦笋高，随着人们对绿笋营养价值的认识，许多国家也改变了食用白芦笋的习惯，食用绿芦笋的人越来越多，对绿芦笋的需求数量也逐年增多。由于栽培白芦笋采收比较费工时，因此一些经济发达的国家和地区栽培白芦笋的面积逐年减少。但是，白芦笋受有害物质的污染比绿芦笋轻，采收后比绿芦笋耐贮存和便于运输。因此，白芦笋的价格稳中有升。

芦笋按嫩茎抽生早晚分早、中、晚3类。早熟类型嫩茎多而细，晚熟类型嫩茎少而粗。

2. 常见的芦笋品种

中国的芦笋品种多引自欧美，也有国内科研单位选育的品种。目前常用的品种有玛丽·华盛顿、玛丽·华盛顿500、玛丽·华盛顿500W、UC309、UC157、UC72、巨丰、格雷斯、甜紫、航育958、翡翠明珠、丰岛一号、航天2号、格兰德、阿特拉斯、金冠等。

二、芦笋的生产季节

北方地区无霜期短，芦笋除夏季可在露地栽培，还可充分利用塑料大棚和日光温室进行提前、延后和越冬栽培，可实现芦笋的周年生产、均衡供应。芦笋播种可分春、夏、秋3期。春季为4月上旬至5月上旬播种，6月初到7月上旬移植，来年春季即可投产；夏季为5月下旬至7月上旬播种，8月下旬至9月上中旬移植；秋季8月中旬至9月上旬播种，来年4月中下旬移植，至秋季可少量采收。芦笋播种育苗以春季为好。

三、芦笋的繁殖

芦笋的繁殖法有分株繁殖和种子繁殖2种：

（1）分株繁殖　即通过优良丰产的种株，掘出根株，分割地下茎后，栽于大田。其优点是植株间的性状一致、整齐，但费力费时，运输不便，定植后的长势弱，产量低，寿命短。一般只应用于良种繁育栽培。

（2）种子繁殖　便于调运，繁殖系数大，长势强，产量高，寿命长。生产上多采用此法繁殖。种子繁殖有直播和育苗之分。

子任务1　优选品种及培育壮苗

【任务目标与质量要求】

根据市场需求及芦笋的生长发育规律，按照芦笋种植面积和种植时期，制订芦笋生产计划和育苗技术方案，确定芦笋茬口，选择合适的芦笋品种，做好育苗准备工作，加强苗期管理，培育壮苗。

【学习产出目标】

1. 熟知当地的气候条件，选择适合当地种植的芦笋品种，掌握苗期管理技术、芦笋育苗作业流程与质量要求。

2. 正确制订芦笋的生产计划及育苗工作方案。

【工作程序与方法要求】

● 选择优良品种	为了提高栽培芦笋的经济效益，必须根据当地的气候、土壤、肥水、栽培方式和栽培管理技术等条件，选择适宜的优质、高产、稳产、高效的优良品种。可以选用芦笋王子、冠军、硕丰、88-5 改良系、2000-3、200-2、96-8、航天 1 号、航天 2 号、金冠等国内系列品种。也可以选用格兰德、阿特拉斯等国外品种。	要求：对国内外常用的芦笋品种的特性有所了解，以便正确选择品种。
● 选定育苗场所	春季露地种植可以选择日光温室、大棚及温床育苗；夏季和秋季种植可以采用露地育苗。	要求：了解育苗场所的环境条件，创造适合芦笋正常生长的条件。
● 确定播种期	播种期由定植期和日历苗龄决定。单层塑料温室覆盖栽培，可在 2 月上中旬播种育苗，采用双层或多层覆盖可适当提前。栽培方式不同，播种期不同。	要求：依不同的栽培方式确定播种期，需灵活掌握。
● 配制基质	基质按照草炭：蛭石：珍珠岩 =3：1：1 的比例进行配制，每立方米基质中可加入 100 g 多菌灵进行消毒。将基质调成半湿状，再用干净的塑料布盖在基质堆上，密闭 3 ～ 4 d，然后将塑料布掀晒、装盘。	要求：具备基质配制的基本知识，熟知操作规程。
● 种子处理	晾晒种子，有利于种子恢复生机，提高发芽率和发芽势。将种子晾晒 1~3 d，每天翻动 2~3 次。种子消毒。播前用杀菌剂处理种子。常用 50% 多菌灵 10 g 加水 25 kg，浸泡种子 1 kg，浸泡 24 h 即可。 温水浸种，芦笋种皮坚硬，播种前必须将干种子放在 50~55℃温热水中浸种，定时搅拌种子并用手搓洗种子，每 12 h 换清水 1 次，连续浸泡 72 h。	要求：具备种子播种前种子处理的基本知识，掌握芦笋浸种的注意事项。
● 催芽	捞出浸后的种子，放入瓦盆或塑料盆中，盖上湿布。放在温度 25~28℃处催芽，每天早晚各用水清洗一次。挑选露白的种子播种，其余继续催芽，待露白时播种。	要求：催芽时注意观察温湿度，及时挑选露白的种子。
● 播种	经催芽露白的种子，采用人工播种，每穴 1 粒，播种深度 1 cm。播种后覆盖蛭石，浇足底水。盖农膜或不织布保温，温度保持 25 ～ 30℃。	要求：注意播种深度，播种后注意温度变化。
● 苗期管理	(1) 浇水适宜—浇水的原则是不干不浇、干了才浇。 (2) 温度管理—充分加大昼夜温差，早春与晚秋如果夜温不低于 8℃，不必采用加温设施，白天尽量将温度控制在 28℃以下，晴天温度可适当高些，阴天要降低育苗区的温度。 (3) 光照管理—芦笋对光照的要求比较适中，若中午太阳光强烈，应采用遮阳设施。 (4) 壮苗标准—苗龄 60~70 d，苗高 20~25 cm，分枝 4~6 个，根长 10~15 cm，叶深绿，无病虫害。	要求：熟知芦笋苗期所需的环境条件，按适宜的环境条件进行管理，对壮苗标准有所了解。

子任务2　定　　植

【任务目标与质量要求】

有效落实各项关键生产技术，做好芦笋定植前各项准备工作；及时定植、查苗、补苗。

【学习产出目标】

1. 按照当地气候条件确定定植时间。
2. 正确制订芦笋肥水调控等管理措施。
3. 制订定植计划，熟知芦笋定植技术流程，及时检查成活质量并做好记录。

【工作程序与方法要求】

步骤	内容	要求
●定植	定植多在夏季进行，一般苗高 25 cm，地上茎长出 3 ～ 4 根以上即可进行定植，苗龄过大不利于缓苗。	要求：明确芦笋定植时的适宜苗龄。
●整地	定植前每亩施 2 500 kg 腐熟基肥，30~40 kg 磷酸二铵，可撒施耕翻入土。也可沟施，整地后开沟。行株距 140(~150) cm×25(~35) cm。沟深 40~50 cm，沟宽 40 cm。将 2 500 kg 腐熟有机肥拌土填入沟内搂平，使沟内土面距地面 10 cm 即可栽苗。如果采用温室大棚栽培，定植前需清理温室大棚，用辛硫磷喷施地面及四周，然后用百菌清和异丙威烟剂熏蒸。	要求：熟悉对芦笋的定植密度和整地的要求。
●定植方法	挑选长势一致的苗及时定植，株行距为 30 cm×（140~150）cm。深栽，深度 10~15 cm，注意使地下茎生鳞芽群的生长方向基本一致，与定植沟的方向也一致，便于以后田间培土和施肥延长采收期。定植时大小苗分开以便管理，幼苗地下茎着生鳞芽的一端按沟的走向排列（一般朝南），以方便将来培土。根群舒展方向与定植沟垂直。定植后覆土 4~5cm 厚，浇稳苗水。半个月后再覆 1 次土，盖 1 次土结合 1 次浇水。1 个月后再覆 1 次土，每次 4~5 cm 厚，这种分次覆土的栽培措施，苗成活率高，植株健壮。	要求：熟练掌握芦笋的定植方法和注意事项。

子任务3　定植后的管理

【任务目标与质量要求】

了解芦笋的生长发育规律，定植后及时浇水，有效落实各项关键生产技术，快速生长期间加强芦笋灌溉、追肥和封土等管理；正确识别和诊断芦笋生产中常见病虫害，综合防治，及时采收。

【学习产出目标】

1. 制订芦笋定植后的田间管理技术方案。

2. 根据芦笋生长发育的需要，及时做好肥水调控、培土、植株调整、病虫害防治、入冬前管理等管理措施，进行芦笋高产优质管理。

3. 掌握芦笋采收标准及产品质量检查记录。

【工作程序与方法要求】

1. 定植后的管理

芦笋定植后的田间管理包括浇水、施肥、培土、病虫害防治等。

●浇水	定植缓苗后及时浇水，待水渗下后再覆土，以后视天气情况和墒情变化适时适量浇水。夏秋季节温度高水分消耗多，要确保土壤有足够的水分保证植株正常生长。另外由于芦笋根系中根毛吸收肥料及水分能力较弱，因此浇水不能过勤过多，避免土壤长期湿度大、通气差，影响根系生理功能引起烂根。冬季封冻前浇越冬水以利芦笋安全越冬。	要求：明确芦笋定植时间和定植时的适宜苗龄。
●追肥	定植初期少量勤施追肥促苗早发。一般在中耕除草后和新茎抽生前各施 1 次，以腐熟有机肥最好，采用埋施的方式或者每亩施三元复合肥 5 kg。同时要多施草木灰等高钾肥料。随着植株不断生长尤其是进入采笋期，增加追肥次数和追肥量以促使植株地上部和地下部营养生长。入秋后追施 1 次秋发肥，亩施有机生物肥 500~1 000 kg 或三元复合肥 10~15 kg，到 10 月下旬结束施肥。	要求：对化肥的基本特性有所了解，掌握追肥的方法。
●中耕除草	种植芦笋地块易滋生杂草，要及时中耕除草，用机械或手工除草时都忌锄草过深，提倡使用除草剂。 (1) 播后苗前施药　每亩用 50%绿谷隆可湿性粉剂 130~270 g，或 70%赛克津可湿性粉剂 30~50 g，对水 20~40 kg，均匀喷洒于土壤表面。赛克津的用量，应视土壤质地，有机质含量及气温而增减。在有机质低于 2%的沙质土上不宜使用。还可用 50%大惠利可湿性粉剂每亩 100~150 g，对水后均匀喷雾于土壤表面。 (2) 茎叶施药　在芦笋嫩茎出土前，杂草初苗期进行土壤兼茎叶处理，每亩可用 40%阿特拉津悬乳剂 130~250 mL 或 50%西玛津可湿性粉剂 130~250 g，加水 30~50 kg，配成药液后均匀喷洒于土表及杂草上。当杂草幼苗长到 2~5 cm 时，用 40%百草敌水剂每亩 20~40 mL，加水 15~20 kg，配成药液，定向喷雾于杂草茎叶之上。	要求：熟练掌握芦笋生产过程中除草剂使用的种类、剂量和使用方法。

● 培土	随着生长年限增加，芦笋地下茎会发生上移，造成鳞芽发育差，易抽生纤细的嫩茎和成茎，且嫩茎质硬、纤维多，植株易老化，进而产量下降、茎秆易倒伏。因此随着植株的生长还要逐步分次培土以保持鳞芽盘离土面 5~8 cm，不断扩大地下部生长空间，以增强地下部营养吸收和储备能力。一般 10 cm 地温稳定在 8~10℃，即 3 月下旬至 4 月上旬进行，培土 10~15 cm。垄底培土宽度应超过嫩茎发生范围 20 cm 左右；所培土要细、软，不能有未腐熟的厩肥或残茎，以免嫩茎上生锈斑，嫩茎采收后及时把土垄扒掉，使畦面恢复到培土前高度，保持地下茎位置在土面下 15 cm 处，否则地下茎会向上发展，从而造成以后培土困难。	要求：掌握芦笋种植过程中的培土技术要点。

2. 设施调控及植株调整

● 植株调整	春季采笋旺季过后随着气温升高，芦笋品质变差、售价走低，此时每株留 2 条母茎进行营养生长，以便制造养分供地下部生长和储存，为秋季和来年芦笋高产打下基础。此期母茎长至 1 m 左右打顶，以利当季芦笋继续抽发、采收。秋后母茎衰老后，及时割除衰老株，清理的植株应予烧毁或移出田间以防病菌传播。	要求：掌握芦笋留母茎的方法及母茎的打顶。
● 环境调控	春季、秋季日间温差大，上午棚室内温度达 23℃时应通风透棚，防止中午前后温度过高，并降低棚室内湿度以减少病害的发生；下午棚室内温度低于19℃时关闭通风口。夏季天气炎热，侧面通风口可长期开到最大。	要求：熟练掌握保护地栽培芦笋的温度管理技术。
● 病虫害防治	病害主要有锈病、茎枯病、褐斑病等。锈病可用 25% 敌力脱（丙环唑）乳油 2 000 倍液或石硫合剂防治；茎枯病可选用 50% 异菌脲或 50% 苯菌灵可湿性粉剂 1 500 倍液防治；褐斑病可选用 50% 多菌灵磺酸盐可湿性粉剂 600 倍液或 78% 波 · 锰锌可湿性粉剂 600 倍液防治。另外，要注意用药间隔期，选用 2~3 种相应的低毒高效药剂进行交替防治，防止病害蔓延。 虫害防治：通风口加设防虫网以杜绝棚外害虫进入；大棚内张挂黄色、蓝色诱虫板消灭棚内害虫。虫害主要是夜蛾、蚜虫、蓟马等。如上述物理措施不力，夜蛾可用 2.5% 溴氰菊酯乳油 2 000 倍液防治；蚜虫和蓟马可用 10% 吡虫啉可湿性粉剂 2 000 倍液防治，保护地栽培也可用 10% 异丙威烟熏剂熏杀。	要求：病虫害症状识别准确率高，防治措施正确。

3. 入冬前管理及来年采收

● 入冬前管理	(1) 拔除枯枝，清扫笋田。在芦笋地上部茎枝完全枯萎时，用手单个拔除茎枝。地上部未完全枯萎时不能拔除，否则会造成养分浪费，影响明年的产量和品质；再则未枯的茎枝也不易拔除，强行拔除易损伤鳞芽。另外，清园时不要用刀割，一定要将枯茎单个拔除，残茬要清除干净，连同枯枝落叶一并清扫出笋田，集中烧毁。 (2)追肥、浇水、松土、除草。在植株两侧开沟追肥，追肥时要远离根系，一般每亩施复合肥 50 kg，土杂肥 1 000 kg，追肥后要及时浇水，喷施新高脂膜 800 倍液保温保墒，防止水分蒸发，并适时划锄松土保墒、提温、除草。 (3)土壤消毒，防治病虫。严格清园后，土壤中仍存留相当数量的病菌，为了进一步减少病菌，控制病害的发生，清园后要进行土壤消毒。喷洒百菌清 600~800 倍液加新高脂膜 800 倍液或 50% 多菌灵 300~500 倍液加新高脂膜 800 倍液，同时配合喷施护树将军杀菌消毒，减少病源。	要求：熟知入冬前芦笋的管理措施，并用于生产。

●采收与包装	以笋尖不开散，长 18~20 cm 为标准，气温较低（25℃以下）、生长较慢时，每天早晨或傍晚采收 1 次；气温较高（25℃以上）、生长较快时，每天早、晚各采收 1 次。每次将该采的全部采收以防下次采收时笋尖开散。注意白芦笋和绿芦笋的采收方式的不同。包装时要分级，粗细均匀的捆扎在一起，并将芦笋根部切齐，弯曲笋尖理向中部，在切口上 2 cm 处用胶带捆扎，每捆质量为 1 kg。	要求：熟知绿芦笋和白芦笋的采收方法；掌握芦笋包装时的分级标准。

【业务知识】

1. 芦笋肉质根的养分对芦笋产量的影响

芦笋的嫩茎为产品器官，嫩茎产生的数量及质量取决于鳞芽的数量及发育的状况。而鳞芽的数量和质量取决于地下茎的发育状态，鳞芽发育生长和嫩茎形成依赖于肉质根中积累的养分。肉质根贮藏养分的多寡取决于上年地上部枝叶生长的时间及繁茂程度。

2. 如何对芦笋生产进行水肥管理

绿笋在离笋株 30 cm 处开 10～15 cm 深沟，每月追施 20～30 kg 复合肥，回填后立即浇水，5 月下旬后高温干旱，每 15 d 隔行浇小水 1 次；白笋浇水时冲施 20 kg 冲施肥或复合肥。

3. 芦笋采收的注意事项

（1）采笋时要小心，不要碰伤周围其他不应采的嫩笋，采出的笋放入采笋箱内，上盖湿布，避免风干、风化变色，确保质量。

（2）采笋提倡科学的采收方法，即留母茎。由于采收期间地上母茎通过光合作用制造了新的养分输送给了根部，萌芽多、产量高、采收期延长。若采用传统的“剃光头”采收方法，采收期短、产量低。

【业务经验】

1. 如何正确定植芦笋苗

浇足底水，栽植时将幼苗地下茎着生鳞芽的一端顺着沟的走向，将幼苗储藏根均匀展开，覆土 4～5 cm 并按实，然后浇水。随着芦笋苗的生长逐渐将定植沟填平，使芦笋苗的深度保持在距地面 10～15 cm。

2. 白芦笋和绿芦笋采收方法

绿芦笋采收只需一把采笋铲或者锋利剪刀即可。采白芦笋需要准备一把采笋铲、一把封土铣和一个采笋筐。

（1）白芦笋的采收方法　早上天亮后下田，左手提着提篮，右手拿采笋刀、铲子，沿着培好的笋垄，仔细查看垄面有鼓包、裂缝的地方，下面就有需要采收的笋芽。具体做法是：左手在鼓包、裂缝处，细心地扒开垄土，让笋芽露出 10～15 cm，然后左手捏住笋芽的上部，右手用采笋刀往土下铲 10 cm 深度左右，铲1～2 下把笋芽下部铲断，左手把笋芽抽出来，放进篮子里，用深色盖布随即盖上，避免白芦笋见阳光颜色发生变化，右手用铲子把扒出来的土再填回去，轻轻拍平整，然后沿笋垄继续采收。白芦笋一旦露出地面，笋头就会变红、进而变绿，对于白芦笋来说就属于不合格，遇见露头、变红的笋芽，自然也要采出来。挖断的芦笋，或者露头变色的笋芽，可以作为“级外笋”卖给加工厂做芦笋段，也可以进当地市场销售，或者自己食用。白芦笋早上采收结束后，应把芦笋随即送到收购点交售，收购商收购整理后，会迅速装箱运到加工厂，当天就变成出口用的罐头了。白芦笋下午仍要采收 1 遍，采收完傍晚送收购点，收购商连夜送去加工厂生产。

(2) 绿芦笋的采收方法　绿芦笋在太阳出来后开始采收，左手提篮，右手拿壁纸刀（或者剪刀）、铲子，沿笋垄查看，高度达不到 22 cm 的笋芽不去管它，让它们继续生长，下午或者次日达到高度了再采收；高度达到 22 cm 的，用壁纸刀（或者剪刀）在地表下 1～2 cm 处割断或剪断，放入篮子里，继续查找。绿芦笋只要高度达标，不管笋芽粗细，都要采收。绿芦笋每天也要采收 2 遍。

【工作任务实施记录与评价】

1. 田间管理工作计划

<table>
<tr><th>师傅指导记录</th><th>田间管理工作计划质量评价</th><th>评价成绩</th></tr>
<tr><td rowspan="3"></td><td rowspan="3"></td><td></td></tr>
<tr><td>日期</td></tr>
<tr><td></td></tr>
</table>

2. 田间管理检查记录

<table>
<tr><th>芦笋品种</th><th>种植面积</th><th>肥水管理</th><th>温湿度调控</th><th>病虫害防治</th><th>技术员复核签</th></tr>
<tr><td></td><td></td><td></td><td></td><td></td><td></td></tr>
<tr><td></td><td></td><td></td><td></td><td></td><td></td></tr>
<tr><td></td><td></td><td></td><td></td><td></td><td></td></tr>
<tr><td></td><td></td><td></td><td></td><td></td><td></td></tr>
<tr><td></td><td></td><td></td><td></td><td></td><td></td></tr>
<tr><td rowspan="2">田间管理
精确性评价</td><td rowspan="2" colspan="3"></td><td>评价成绩</td><td></td></tr>
<tr><td>日期</td><td></td></tr>
</table>

3. 采收期记录

<table>
<tr><td>芦笋品种</td><td>栽培面积</td><td>采收标准</td><td>包装标准</td><td>一茬总产量</td><td>技术员复核签字</td></tr>
<tr><td></td><td></td><td></td><td></td><td></td><td></td></tr>
<tr><td></td><td></td><td></td><td></td><td></td><td></td></tr>
<tr><td></td><td></td><td></td><td></td><td></td><td></td></tr>
<tr><td></td><td></td><td></td><td></td><td></td><td></td></tr>
<tr><td></td><td></td><td></td><td></td><td></td><td></td></tr>
<tr><td rowspan="2">产品质量评价</td><td rowspan="2" colspan="3"></td><td>评价成绩</td><td></td></tr>
<tr><td>日期</td><td></td></tr>
</table>

4. 学徒关键职业能力及职业品质、工匠精神评价

项目	A	B	C	D
工作态度				
吃苦耐劳				
团队协作				
沟通交流				
学习钻研				
认真负责				
诚实守信				

任务4　生 产 莲 藕

【专业知识准备】

莲藕属水生蔬菜，原产亚洲南部，我国南、北方均有栽培。莲藕又名藕、莲菜、荷等，其果实称莲、根茎称藕，花称荷，为睡莲科多年水生草本植物。对环境的适应性强，生育期较长，一般都在 150～200 d，喜温暖，不耐低温；喜水湿，不耐干旱，生育期间必须经常保持一定的水层，但也不宜水位过深或猛涨猛落；根系较弱，根毛退化；组织疏松多孔，茎秆柔弱，对风浪的抵抗力弱，必须注意防范。

莲藕质脆味美，用途广泛，营养丰富，供应期长，可生食作水果，煮炒作菜，加工制藕粉、蜜饯、莲子为滋补品，藕节、莲藕、莲蓬、荷叶均可入药，是冬春及秋淡的重要蔬菜之一。

一、类型品种

莲藕的栽培种按产品器官的利用价值可分为 3 种类型：一种是以收获肥大的根状茎作为蔬菜栽培的称为藕莲；一种是以食用莲子为主的，称为子莲；另一种是以花供观赏用的，称为花莲。

1. 藕莲

藕莲又叫菜藕、家藕等，以收取肥大的地下茎藕为目的。藕莲外花较少或不出现花朵。藕外皮白色或黄白色等，肥嫩，肉质较为松脆、味甜。一般全藕重 1.5～2 kg 及以上，高的达 4～5 kg 及以上。

按其生态型，可分为浅水藕和深水藕 2 类。

（1）浅水藕　适于低洼水田或一般水田栽培。水位 10～30 cm 为宜，最深不超过 70～80 cm。一般多属早、中熟品种。主要品种有 3735 莲藕、珍珠莲藕、巨无霸莲藕、花奇莲藕、苏州花藕、湖州早白荷、合肥飘花藕、鄂莲一号、杭州花藕、南京花香藕、湖北鸭蛋头等。

（2）深水藕　适于浅水湖荡、河湾和池塘栽培，水位 30～60 cm，最深不超过 1 m。此类品种一般多为中、晚熟品种，主要有雪莲藕、飘花莲藕、丰荷 1 号莲藕、杂交大白莲藕、深水白莲藕、美人红、小暗红、大紫红、湖南泡子、广东丝苗藕等。

2. 子莲

子莲以收取莲子为主。花常单瓣，结实多，莲子大，但藕细小，且质地坚硬，一般叶脉不隆起。生长季节较长，从栽植到采收结束。一般需 180 d 以上，故国内分布区域较小，大多在长江以南地区栽植。我国现有的子莲品种比藕莲多，也可分为浅水和深水 2 类。

（1）深水子莲　适于浅水湖荡、河湾和池塘中种植。水位 25～45 cm 为适宜，最深不能超过 1.0～1.5 m。主要品种有太湖红壳莲、太湖青莲子、寸三莲、处州白莲等。

（2）浅水子莲　适于在低洼水田或一般水田栽培。水位 10～25 cm 为宜，最深不超过 40 cm，主要品种有百叶莲、白花湘莲、白花建莲、红花建莲等。

3. 花莲

花莲以观赏为主，此类品种雌雄蕊多为泡状或瓣状，常不能结实，所结藕较为细小。

新疆可以种植莲藕，但并不是莲藕最适宜的种植区域。新疆地区可以选择耐寒的莲藕品种，如南斯拉夫雪莲藕、白莲藕以及丰荷 1 号莲藕等。

二、栽培季节

莲藕主要在炎热多雨的季节生长。种藕发芽温度为 12～15℃，栽植时期因地区和品种而异。一般都在断霜后栽植，栽植过早，土温低，不利发芽，种藕易烂；栽植过迟，茎芽较长，栽植时易受损伤，定植后恢复生长慢，生长期偏短，不易获得高产。在适宜的栽植期内，早栽较晚栽的产量高。浅水藕选择早熟品种进行塑料小拱棚覆盖栽培，覆膜期 30～40 d，比露地提早 10～15 d 种植，采收期提早 10 d 以上。

新疆北疆地区 4 月下旬至 5 月上旬断霜后，白天气温可以达到 12℃以上时栽植，中秋前后开始采收；南疆地区 3 月上旬即可栽藕，立秋前后开始采收。可陆续采收至气温降到－10℃前，最后对莲藕进行集中一次采收，避免天气过冷影响采收或冻坏莲藕。

【任务目标与质量要求】

根据莲藕生产茬口的安排，熟练掌握莲藕栽培的生产管理技术，进行施基肥、整地做畦；及时完成栽植、查苗、补苗；在生长期做好莲藕的植株调整、水位调节、追肥、耘田；病虫害的识别与诊断及综合防治；适时采收。能够及时发现和解决生产中存在的问题。

【学习产出目标】

1. 熟知莲藕的生物学特性与栽培的关系、类型品种与茬口安排，了解当地的气候条件，正确制订莲藕生产技术方案。

2. 选择莲藕品种及准备藕种、农药、化肥等农资及生产用具，掌握莲藕的高产高效栽培技术。

3. 能够正确选择种藕，学会栽培莲藕，能够解决莲藕生产中的常见问题，熟练掌握莲藕的采收技能。

4. 分组收集莲藕育苗和生产关键技术的照片和视频，并能汇报总结。

【工作程序与方法要求】

1. 栽植前准备

● 选择藕田	选土质肥沃、土层深厚疏松、保肥保水性强的黏壤土，不宜连作。田藕应选择水深不超过 40 cm，淤泥层厚 15~20 cm，排灌方便，阳光充足，避风的水面。湖荡种藕要选择水流平缓、水位稳定，水深不超过 1.3~1.6 m，淤泥层达 20 cm 以上的水面，种植 1 次，连收 3~4 年。	要求：田藕主要有藕稻、藕与水生蔬菜轮作等几种形式。塘藕常有藕蒲轮茬、藕鱼兼作、莲菱间作等形式。
● 整地、施基肥	藕田栽前半个月先旱耕，筑固田埂，施基肥后再水耕，栽藕前 1 ~ 2 d 再耙 1 次，使田土烂而平整，保持浅水 3~5 cm 待种。基肥以有机肥为主，配施磷、钾肥，施人粪尿 22 500~37 500 kg/hm^2，或堆厩肥 75 000 kg/hm^2，草木灰 750~1 500 kg/hm^2。湖荡水位较深，要填补低洼处，弄平荡底。施基肥时有机肥以施堆厩肥、绿肥为好。	要求：整地要深耕多耙，使田平、泥烂、杂草尽。
● 选择藕种	种藕要有 2 ~ 3 节以上完整的藕身，藕芽粗壮，顶芽、侧芽完整，藕头、中藕、藕尾齐全，色泽鲜艳、表皮光滑、藕身健壮、无病无伤，具有明显的品种特征等。种藕临栽前挖起，选择整藕或较大的子藕作种，子藕必须粗壮，至少有二节以上充分成熟的藕身，顶芽完整。在第二节的节把后 1.5 cm 处切断，切忌用手掰，以防泥水灌入藕孔而引起腐烂。	要求：种藕选用由上年无性繁殖长成的整藕、主藕、子藕等进行栽植。

2. 栽植

● 控制栽植密度	田藕早熟品种的适宜行距 1.2 m，穴距 1 m，每穴栽子藕 2 支；晚熟品种的适宜行距 2~2.5 m，穴距 1 m，用种量：大藕 2 250~3 750 kg/hm²，小藕 1 875 kg/hm²。湖荡藕，一般行距 2.5 m，穴距 1.5~2 m，每穴栽植整藕 1 支（包括主藕 1 支、子藕 2 支）或较大的子藕 4 支，每支重 250 g 以上，栽藕 2 250~3 300 穴 /hm²，用藕量 3 000~3 750 kg/hm²。	要求：栽植密度早熟品种比晚熟品种密，田藕比塘藕密，早采比迟采密。栽藕量以藕头数计算。
● 及时栽植	栽藕时先将藕种按规定行株距及藕鞭走向将藕排在田面，然后将藕头埋入泥中 10~13 cm 深，后把节梢翘在水面上。排藕可朝一个方向，也有几行相对排列的，最好各株间以三角形对空排列。四周边行藕头一律向田内，以免莲鞭伸出埂外。整藕由田周四边排起，藕头及分枝一律向内，至田中间藕头相对时，放大行距。	要求：种藕随栽随挖。

3. 管理藕田

● 水位调节	水位调节遵循“前浅、中深、后浅”的原则。初期田中保持 3~6 cm 浅水，生长旺盛期逐步加深到 15 cm 左右，结藕期以 5~10 cm 浅水为宜。	要求：水位调节要防止猛涨、淹没立叶。
● 耘草、摘叶、摘花	封行前耘草，拨下杂草随即塞入藕头下面泥中，作为肥料。耘草时应在卷叶的两侧进行。有 5 ～ 6 片立叶封行时，不再耘草。定植后 1 个月左右，浮叶渐枯萎，应摘去枯叶。有花蕾发生时将花梗曲折（不可折断），以免开花结子。	要求：当立叶布满水面时，浮叶可以摘除，衰老的早生立叶也同时摘除。
● 追肥	追肥以有机肥为主，追肥 2~3 次。第 1 次在栽后 20~25 d，有 1~2 片立叶或 6~7 片荷叶时，追施发棵肥，施人粪尿 22 500~30 000 kg/hm²。第 2 次在栽后 40~45 d，有 2~3 片立叶时，追施人粪尿 22 500~30 000 kg/hm²，第 3 次在出现终止叶（封行前）时施结藕肥，施人粪尿 30 000~45 000 kg/hm²。排种密、采收早，则施肥多。施肥选晴朗无风的天气，忌在烈日的中午施肥，每次施肥前应放浅田水，让肥料吸入土中，然后再灌至原来的深度。	要求：每次追肥后泼浇清水冲洗荷叶。
● 转藕梢	莲藕抽出莲鞭后，随时将接近田埂的莲鞭转向田内，以免伸入邻田；过密的莲鞭，转向稀的地方。转梢宜在晴天下午茎叶柔软时进行，扒开泥土，托起后把节，将梢头连带泥土轻轻转向田内，盖好泥土。	要求：在生长盛期每隔 3~5 d 即需拨转 1 次。

4. 采收

● 采收浅水藕	浅水藕当田间初生立叶发黄，出现很多终止叶时，新藕已形成，可采收嫩藕。霜后全部叶片枯黄时，挖取老藕，可陆续挖至翌年春天。嫩藕采收时选未展开的立叶，用手探摸藕的大小，如达到采收标准，挖出主藕，子藕和莲鞭留在田中，让其继续生长。收后将折断的莲叶清理出田，追施复合肥 375 kg/hm²，到立秋还可再收获 1 次莲藕。	要求：挖大留小，分次采收。采收时，将田间灌 5 ～ 10 cm 深水，先找出结藕位置，最先结藕部位在后把叶与终止叶间，终止叶着生在藕节上。

● 采收深水藕	深水采藕，手足并用，先找出终止叶叶柄，然后顺终止叶叶柄用脚尖插入泥中探藕，随将藕身两侧泥土蹬去，再将后把叶叶节的外侧藕鞭踩断，一手抓住藕的后把，另一手从下托住藕身中段，轻轻向后抽出土，托出水面。如水过深可采用带长柄的铁钩，钩住藕节，提出水面。也可用挖藕机，省工省力。	要求：莲藕收获时，应放水降低水位，一般用踩藕法收获。

【业务知识】

新疆地区莲藕种植注意事项

（1）新疆地区水资源匮乏，蒸发量大，在保水性能差的情况下，应在藕塘铺设防渗膜用于保水。

（2）由于新疆气温低可以适当推迟栽种时间，5 月份后白天气温可以达到 12℃以上时再进行栽种。

（3）新疆多数土质偏薄，应在种植前施足基肥，每亩可施用发酵后的农家肥 750～1 000 kg。

（4）气温降到－10℃前对莲藕进行集中采收，避免天气过冷影响采收或冻坏莲藕。

【业务经验】

选择藕种及栽植注意事项

种藕一般随挖、随选、随栽，如当天栽不完，应洒水覆盖保湿，防止叶芽干枯。远途引种，运输过程中儿需覆盖，每天浇洒凉水，防止碰伤。

（1）早熟栽培　催芽后再栽植，防止栽植过早，水温过低，及晚霜冻害引起烂种缺株。催芽方法是将种藕置温暖室内，上下垫覆稻草，每天洒水 1～2 次，以保持 20～25℃及一定湿度。经 20 d 左右，芽长 10 cm 以上，即可栽植。用避风向阳的浅水田催芽亦可。

（2）藕田及时摘花　藕莲以采藕为目的，如有花蕾发生应将花梗曲折，以免开花结子消耗养分。为防雨水侵入，不可折断花梗。

（3）施肥　莲藕生育期长，需肥较多，肥料一般以基肥为主，基肥约占全期施肥量 70％，追肥约占全期肥量 30％，一般追肥 2～3 次。

【工作任务实施记录与评价】

1. 制订莲藕生产计划

品种名称	种植面积	栽植时间	肥料农药等需求	上市时间	预计产量
师傅指导记录		莲藕生产计划质量评价			评价成绩
					日期

2. 藕田管理及采收记录

莲藕品种	适期栽植	水位调节	追肥	耘草、 摘叶、转藕梢	产量
田间管理 规范性评价				评价成绩	
				日期	
浅水藕与 深水藕采收比较				评价成绩	
				日期	

3. 学徒关键职业能力及职业品质、工匠精神评价

项目	A	B	C	D
工作态度				
吃苦耐劳				
团队协作				
沟通交流				
学习钻研				
认真负责				
诚实守信				

任务5　生产芽苗菜

【专业知识准备】

利用植物的种子或其他营养贮存器官，在黑暗、弱光（或不遮光）条件下直接生长出可供食用的芽苗、芽球、嫩芽、幼苗或幼梢，均可称为芽苗类蔬菜。芽苗菜多属于营养丰富的优质、速生、保健、无公害的高档蔬菜。芽苗蔬菜以其幼嫩组织供食，质地柔嫩，口感极佳，风味独特，深受广大消费者青睐。

芽苗菜可以分为籽（种）芽菜和体芽菜。

（1）籽（种）芽菜　指利用种子中贮存的养分直接培育成细嫩的芽或芽苗，如黄豆、绿豆、赤豆、蚕豆以及香椿、豌豆、萝卜、荞麦、蕹菜、苜蓿芽苗等。芽菜生长迅速，复种指数高，且栽培技术简单，可进行土壤栽培或无土立体栽培，具有较高的生产效率。

（2）体芽菜　指利用二年生或多年生作物的宿根、肉质直根、根茎或枝条中累积的养分，培育成的芽球、嫩芽、幼茎或幼梢，如由肉质直根培育成的芽球菊苣、由宿根培育的菊花脑、苦荬菜等，由根茎培育的姜芽、蒲芽以及由植株、枝条培育的树芽香椿、枸杞头、花椒脑和豌豆尖、辣椒尖、佛手尖等。体芽菜生产方式多样，栽培的关键是获得生长健壮、贮藏丰富养分的营养体，如肉质根、枝条等。

根据芽菜对温度的要求可分为2大类：一类是喜温的，种子发芽适温为25～30℃，如多数豆类等；另一类是喜凉的，种子发芽适温为18～25℃，如萝卜、香椿、豌豆、蚕豆等。由于大多数芽苗菜较耐低温弱光，因此既可露地栽培，又可设施栽培；既可采用土壤平面栽培，也可采用无土立体栽培。此外，还可在不同光照条件下进行“绿化型”“半软化型”和“软化型”产品生产。

1. 生物学特性

双子叶植物种子外观形态各异但基本结构相同，都是由种皮、胚组成、胚有2片肥大的子叶，属于无胚乳种子，即营养物质贮藏于2片肥大的子叶中。胚是种子内最重要的部分。在形态上可分为胚芽、胚轴、胚根和子叶4部分，胚轴又可分为上胚轴和下胚轴。萝卜芽、香椿芽等其产品主要由下胚轴伸长而成，所以产品包括下胚轴、子叶、胚芽3部分，而豌豆芽主要由上胚轴伸长和胚芽发育而成，子叶（豆瓣）以下部分则不伸长，子叶及其以下部分不被采食，所以就产品外观形态而言，常把豌豆芽称作豌豆苗。

芽菜生长对光照要求不严格，种子发芽期有无光照均可。出芽以后，微光或弱光照有利于胚根快速伸长和提高品质。强光会使胚轴伸长缓慢，产品纤维增加，品质变劣。氧气是种子发芽和芽菜生长的必要条件之一，因此应保证空气流通，以防烂种或沤根。

2. 类型与品种

到目前为止，已被公开报道的可作为芽苗利用的资源，主要是一些普通的蔬菜作物品种和少数粮食作物、油料作物品种，主要包括豆科的豌豆、黄豆、绿豆、小黑豆、红小豆、赤豆、蚕豆以及花生等；十字花科的萝卜、荠菜、白菜以及独行菜等；楝科的香椿；唇形科的紫苏；亚麻科的胡麻等（表 3-8-8）。这些不同种类的芽苗菜，因其种子来源、生产效益以及当地的开发程度、食用习惯等不同，各地发展尚不均衡。目前，生产规模大、资源效益好的芽苗菜主要有萝卜芽、豌豆苗、香椿芽等。关于芽苗菜品种的选用，由于芽菜苗产品为嫩芽的芽苗，其生长所需的养分来自种子内贮藏的营养物质，所以在芽苗菜生产上应选择生产速度快、整齐、风味良好的品种，并要求其种子质量良好，表 3-8-9 中列出了几种芽苗菜的生产技术指标。

表 3-8-8　生产芽苗菜的作物种类和品种特性

芽菜种类	采用品种	种子形态	千粒重/g	温度要求	光照要求
豌豆苗	青豌豆	近球形，表面光滑，褐色或褐色略带斑纹	150～180	喜温凉	耐弱光
香椿苗	武陵山红香椿	三角形、半圆形或菱形，红褐色，一端有膜质长翅	10～11	喜温凉	较耐弱光
萝卜苗	石白萝卜、国光萝卜、六缨萝卜、湖南娃娃萝卜	卵形或椭圆形，略扁，红棕色至褐色，少数浅黄色	8～13	喜温热	喜光
荞麦苗	山西荞麦、日本荞麦	三角状卵形或三角形，先端尖，有三菱，棕褐色，光滑	26～28	喜温热	喜光
苜蓿苗	清水河苜蓿	肾形，黄色	2～2.8	喜温热	不耐弱光
蕹菜苗	南昌空心菜泰国藤藤菜	近圆形，皮厚，黑褐色	45～52	喜热	不耐弱光
红小豆芽苗	红小豆	椭圆形，稍扁，暗红色，稍有光泽或无光泽	30～40	喜温热	耐弱光
花生芽	河南、山东花生	长卵圆形，浅棕色	750～900	喜湿热	黑暗

表 3-8-9　芽苗菜生产技术指标

<table>
<tr><th rowspan="2">种类</th><th rowspan="2">生长周期/d</th><th colspan="2">浸种阶段</th><th colspan="2">催芽阶段</th><th colspan="2">暗室生长</th><th colspan="2">绿化室生长</th><th rowspan="2">芽苗菜长度/cm</th></tr>
<tr><th>时间/h</th><th>温度/℃</th><th>时间/h</th><th>温度/℃</th><th>时间/d</th><th>温度/℃</th><th>时间/d</th><th>温度/℃</th></tr>
<tr><td>大豆</td><td>6～9</td><td>1～2</td><td rowspan="10">20～25</td><td>24</td><td>30</td><td>4～6</td><td rowspan="2">28～30</td><td>1～2</td><td rowspan="10">25～30</td><td>10～15</td></tr>
<tr><td>绿豆</td><td>6～9</td><td>3～6</td><td>24</td><td>30</td><td>4～6</td><td>1～2</td><td>8～10</td></tr>
<tr><td>豌菜</td><td>7～10</td><td>12～16</td><td>12</td><td>30</td><td>5～7</td><td rowspan="8">20～25</td><td>1～2</td><td>12～15</td></tr>
<tr><td>豌豆</td><td>8～10</td><td>4～6</td><td>24</td><td>25</td><td>6～8</td><td>1～2</td><td>12～15</td></tr>
<tr><td>荞麦</td><td>8～10</td><td>12～16</td><td>48</td><td>20</td><td>4～5</td><td>1～2</td><td>5～7</td></tr>
<tr><td>萝卜</td><td>9～12</td><td>6～12</td><td>48</td><td>25</td><td>4～5</td><td>3～4</td><td>10～12</td></tr>
<tr><td>大麦</td><td>10～12</td><td>12～24</td><td>48</td><td>20</td><td>5～7</td><td>1～2</td><td>15～17</td></tr>
<tr><td>小麦</td><td>10～12</td><td>12～24</td><td>48</td><td>20</td><td>5～7</td><td>1～2</td><td>15～17</td></tr>
<tr><td>苜蓿</td><td>10～13</td><td>12～16</td><td>24</td><td>20</td><td>7～9</td><td>1～2</td><td>6～10</td></tr>
<tr><td>香椿</td><td>15～18</td><td>12～20</td><td>72—96</td><td>22</td><td>10～15</td><td>3～5</td><td>8～12</td></tr>
</table>

生产中根据种子籽粒发芽难易程度，分为一段式播种催芽和二段式播种催芽。一段式播种催芽指在籽粒浸种后直接将种子播种在育苗盘内，然后叠盘催芽或上架催芽。一段式播种催芽要求种子发芽快，不易烂种，播种密度宜小，铺 1～2 层为宜。

二段式播种催芽，指种子浸种后先在浸种容器如塑料盘、搪瓷盆内集中催芽，待露白后再播在育苗盘内继续催芽。凡采用二段式催芽的，一般都是种子发芽慢，易烂种，或每盘播种量大的种子。

【任务目标与质量要求】

在师傅指导带领下，制订企业芽苗蔬菜生产计划，掌握芽苗菜的生长习性和生产管理要点，培养优质芽苗蔬菜。

根据市场需求及芽苗菜的生长发育规律，制订芽苗蔬菜生产计划和技术方案，培育优质芽苗蔬菜。

【学习产出目标】

1. 熟知芽苗菜含义，掌握不同茬口的品种选择原则，制订生产计划，合理安排生产。

2. 掌握芽苗菜的生产流程与质量要求。

3. 掌握芽苗菜生产管理要点，培育优质芽苗菜。

【工作程序与方法要求】

● 生产场地与设施	生产芽苗菜的设施有日光温室、塑料拱棚、连栋温室，厂房、阳台等均可用来作生产芽苗菜的车间，棚室内需要配备栽培架、育苗盘、容器以及喷水装置，以及栽培基质、新闻纸等。	要求：场地、用具注意做好消毒，充分利用有效空间。
● 种子的清选与浸种	选择颗粒大小均匀，表面富有光泽，干燥，无霉烂，无虫蛀，成熟度一致，水分含量适中的当年生种子；浸种先用 20~30℃的洁净清水将种子淘洗 2~3 次，洗干净后浸泡，水量须超过种子体积的 2~3 倍。应该根据种子类型选择合适的水温，控制合适的浸种时间。	要求：浸种淘洗种子时要揉搓、冲洗，漂去附着在种皮上的黏液，不要损坏种皮。
● 播种、催芽	清洗苗盘，铺栽培基质或铺 1 层纸或棉布，播入种子，播种盘可几层摞叠。大粒种子可均匀喷淋，小粒种子均匀喷雾，苗盘上盖一层纸或棉布保温。几种籽芽菜播种、催芽技术指标如表 3-8-10 所列。	要求：每盘播种量一致、撒种均匀，注意通风换气。
● 环境控制与病虫害防治	不同品种的芽苗菜需要的生长环境不同，同一种芽苗菜在不同生长阶段，所需的外部环境也不相同，主要对温度、湿度、光照进行合理调控；针对病虫害避免用药，尽量采用通风、换气、控制温度、湿度等生态防治方法。	要求：苗期温度“三高三低”；严格炼苗。
● 收获	按芽苗菜种类及收获标准及时收获，产品收获既可剪去根部，装透明塑料盒、封口袋等包装上市，也可整盘活体批量出售。	要求：及时采收，尽快出售，以防产品衰老。

表 3-8-10　几种籽芽菜催芽技术指标

播种催芽方式	芽菜种类	适用基质	播种量/(g/盘)	催芽天数/d	催芽温度/℃	出盘标准（芽苗长度）/cm
一段式	豌豆苗	新闻纸	350～450	2～3	18～22	1.0～2.0
	萝卜苗	新闻纸或白棉布	80～100	2～3	23～26	0.5～1.0
	荞麦苗	新闻纸	150～175	3	23～26	2.0～3.0
	苜蓿芽苗	3 mm 厚泡沫塑料片	25～30	2	18～22	0.5～1.0
二段式	（Ⅰ）香椿苗	白棉布	750～1 000	3～4	20～23	芽长 2 mm
	（Ⅱ）香椿苗	新闻纸或白棉布	30～50	5～6	20～23	0.5～1.0
	（Ⅰ）藤菜苗	—	1 000	1～2	23～26	芽长 2 mm
	（Ⅱ）藤菜苗	新闻纸	250	2～3	20～23	0.5～1.0
	（Ⅰ）赤豆苗	—	1 000	1～2	23～26	芽长 2 mm
	（Ⅱ）赤豆苗	新闻纸	300	2～3	20～23	1.0～2.0
	（Ⅰ）花生芽	—	1 000	2～3	23～26	芽长 2 mm
	（Ⅱ）花生芽	—	500	8～9	23～26	芽长＜5 cm

注：（Ⅰ）表示二段式催芽的第一阶段，（Ⅱ）表示二段式催芽的第二阶段；“—”表示容器中不放置基质。

【业务经验】

芽苗菜生产中常见的问题及对策

1. 种子霉烂

芽苗菜栽培过程中，尤其是在叠盘催芽时，容易发生烂种现象。造成霉烂的原因主要是有破烂、霉烂、失去发芽力的种子在高温、高湿条件下腐烂发霉。良好的种子在长期浸水、通气不良、温度过高或过低的情况下也会霉烂。防治方法是选用良种、淘汰劣种；催芽时必须严格控制浇水量和温度，勿积水，保持适宜的温湿度和通风。此外，苗盘必须进行严格的清洗和消毒。

2. 猝倒病、立枯病及叶斑病

苗期根茎部有水浸状斑，后病斑变褐，幼苗猝倒。豆类芽苗菜的根部、根茎部和豌豆的子叶等部位变黑，幼苗生长缓慢这类症状均是猝倒病和立枯病的表现。防治方法是彻底清洗育苗器具；清洗、暴晒重复使用的基质；采用温汤浸种进行种子消毒；严格控制温度，避免温度过高或过低；加强通风，降低空气湿度；减少浇水量和次数，改喷灌为浸水灌，防止空气湿度过大等。萝卜芽苗菜的子叶上有时出现黑色小麻点，这是多种真菌病害侵染造成的，即叶斑病。防治方法是改喷灌为浸灌，避免水滴落在子叶上；加强通风，降低空气湿度等。

3. 芽苗不整齐

芽苗不整齐使产品的商品率降低，为使芽苗生长整齐，生产上必须采用纯度高且大小均匀的种子，应做到均匀播种，均匀浇水，水平摆放苗盘，经常进行倒盘，给苗盘创造均匀一致的栽培管理环境，促使芽苗生产整齐一致。

4. 芽苗过老

芽苗栽培过程中，如遇干旱、强光、高温或低温时间过长等情况，都将导致芽苗纤维迅速形成。因此，在生产管理中应尽量避免上述情况的出现。

【工作任务实施记录与评价】

1. 芽苗菜生产情况记录表

种类	生长周期	浸种阶段		催芽阶段		暗室生长		绿化室生长		芽苗菜长度
		时间	温度	时间	温度	时间	温度	时间	温度	

2. 芽苗菜生产管理记录表

种类	重量	浸种日期	催芽日期	播种情况			出售情况		备注
				日期	盘型及盘数	方式	日期	苗高	

3. 学徒关键职业能力及职业品质、工匠精神评价

项目	A	B	C	D
工作态度				
吃苦耐劳				
团队协作				
沟通交流				
学习钻研				
认真负责				
诚实守信				

参考文献

［1］ 丁小明，魏晓明，李明，等．世界主要设施园艺国家发展现状［J］．温室园艺，2016（1）：22-32

［2］ 束胜，康云艳，王玉，等．世界设施园艺发展概况、特点及趋势分析［J］．中国蔬菜，2018（7）：1-13

［3］ 杨晓红．WTO 框架下中国蔬菜产业发展对策［J］．长江蔬菜，2002（10）：40-43

［4］ 王仁强，刘庆明，李平英，等．蔬菜安全生产经营组织模式研究［J］．山东农业大学学报，（社会科学版），2011，50（3）：27-30

［5］ 吕美晔，王凯．我国蔬菜产业链组织模式及其比较研究［J］．现代经济探讨，2008，（5）

［6］ 肖体琼，何春霞，曹光乔，等．机械化生产视角下我国蔬菜产业发展现状及国外模式研究［J］．农业现代化研究，2015，36（5）：857-861

［7］ 白红，张永强，秦智伟．美国蔬菜产业的扶持政策［J］．农村工作通讯，2014：64-65

［8］ 陈德明，孙海．上海郊区蔬菜基地建设和产业发展的思考［J］．长江蔬菜，2007，（2）

［9］ 李春艳，周德翼．蔬菜供应链的组织模式与食品安全控制［J］．生态经济，2009，（12）

［10］ 高云，高峰．寿光蔬菜产业化组织模式与供应链的相互联系［J］．中国蔬菜，2011，（5）

［11］ 邹学校．蔬菜种子市场营销专题讲座　第十一讲　我国蔬菜种子企业文化建设［J］．长江蔬菜，2007（11）：54-56

［12］ 王树进．农业园区规划设计［M］．北京：科学出版社，2011

［13］ 王青锋．新型桶式无土栽培的应用［J］．新疆农垦科技，2005，（8）：13-14

［14］ 郑奕，卜崇兴，何梅，等．2 种不同桶式无土栽培新装置在番茄栽培上的应用研究［J］．西南农业学报，2009，22（1）：44-47

［15］ 卜崇兴．储液储气式无土栽培系统的技术创新与开发［D］．上海：上海交通大学，2004.

［16］ 孙晓军，陈健，阿布都赛买提·吐尔送，等．戈壁地设施秋冬辣椒基质袋培关键技术［J］．蔬菜，2018（2）：36-38

[17] 彭世勇. 五彩椒基质袋培技术 [J]. 上海蔬菜，2014（3）：47
[18] 周克强，陈先荣. 蔬菜生产技术 [M]. 北京：中国农业大学出版社，2011
[19] 黄晓梅. 蔬菜生产技术（北方本）[M]. 北京：中国农业大学出版社，2015
[20] 高龙，殷学云. 戈壁日光温室茄子有机生态型无土栽培技术规程 [J]. 上海蔬菜，2018（4）：26-27
[21] 李培之，范世杰，马兴云，等. 温室茄子袋式无土栽培技术 [J]. 蔬菜，2009（3）：18-19
[22] 王振龙. 无土栽培教程. 2 版 [M]. 北京：中国农业大学出版社，2014
[23] 杨英，户金鸽，杨建丽，等. 甜瓜有机生态型无土栽培技术 [J]. 新疆农业科技，2011（6）：38-39
[24] 朱海艳，高方，阎苗苗，等. 华池县日光温室甜瓜有机生态型无土栽培技术 [J]. 蔬菜，2013（9）：53-55
[25] 王志伟. 有机生态型叠盆式立柱栽培技术 [J]. 北方园艺，2008（1）：93

附　录

Appendix

Appendix

Appendix

Appendix

附录1

蔬菜生产学徒岗位标准

附表 1-1　蔬菜生产学徒岗位标准

试点专业名称	园艺技术
学徒岗位名称	园艺作物生产岗，蔬菜生产方向
岗位工作描述	结合新疆蔬菜设施生产春提早、夏露地和秋延迟等三大茬次生产进行蔬菜生产与管理，以“学徒制企业生产基地”为教学平台，企业和学校双导师指导，进行蔬菜生产经营实践，培养学生能进行蔬菜设施维修管理、无土栽培、蔬菜育苗、菜田备耕及菜田标准化管理、蔬菜采后处理、阳台蔬菜园艺、相关技术开发与推广以及其他休闲园艺开发等，训练学生娴熟的实践技能，形成综合职业能力和良好的职业道德，满足一线岗位工作需要。
工作场所与使用工具	蔬菜育苗及蔬菜生产场地，如农场，示范园、各种蔬菜生产企业、蔬菜生产及苗木合作社等，主要使用设施土地、育苗场地、肥料、农药、灌溉系统、喷灌设施、种子、各类药剂、绑缚绳索、梯架、不同规格的插杆、铁锨、育苗容器、无土栽培容器、各类基质等。
职业安全与规章制度	根据安监局、技术监督局等的通知要求，为了加强安全生产管理、规范安全生产，根据《中华人民共和国安全生产法》和有关法律、行政法规的规定，由学徒企业的办公室、安全科、生产部、技术部等组织定期培训，对学徒岗位员工的操作规范、工艺流程进行定期安全教育培训，并定期组织安全消防教育培训，确保提高员工安全教育素质。 一、园艺作物生产岗安全生产相关规章制度 1.《中华人民共和国农产品质量安全法》 2.《中华人民共和国安全生产法》 3.《绿色食品　食品添加剂使用准则》(NY/T 392—2013) 4.《绿色食品　产地环境质量》(NY/T 391—2013) 5.《绿色食品　产地环境调查、监测与评价规范》(NY/T 1054—2013) 6.《绿色食品　产品检验规则》(NY/T 1055—2015) 7.《绿色食品　包装通用准则》(NY/T 658—2015) 8.《绿色食品　肥料使用准则》(NY/T 394—2013) 9.《绿色食品　农药使用准则》(NY/T 393—2013) 10.《绿色食品　芥菜类蔬菜》(NY/T 1324—2015)

续附表 1-1

职业安全与规章制度	11.《绿色食品　芽苗类蔬菜》(NY/T 1325—2015) 12.《绿色食品　多年生蔬菜》(NY/T 1326—2015) 13.《绿色食品　水生蔬菜》(NY/T 1405—2015) 14.《绿色食品　食用花卉》(NY/T 1506—2015) 15.《绿色食品　薯芋类蔬菜》(NY/T 1049—2015) 16.《绿色食品　豆类蔬菜》(NY/T 748—2012) 17.《绿色食品　瓜类蔬菜》(NY/T 747—2012) 18.《绿色食品　甘蓝类蔬菜》(NY/T 746—2012) 19.《绿色食品　根菜类蔬菜》(NY/T 745—2012) 20.《绿色食品　葱蒜类蔬菜》(NY/T 744—2012) 21.《绿色食品　绿叶类蔬菜》(NY/T 743—2012) 22.《绿色食品　茄果类蔬菜》(NY/T 655—2012) 23.《绿色食品　白菜类蔬菜》(NY/T 654—2012) 24.《自治区无公害农产品基地环境质量标准和生产技术规程》 25.《设施蔬菜场地建设验收规范》 26.《设施环境调控标准及操作规范》 27.《蔬菜种子质量检验规程》 28.《蔬菜育苗质量标准及技术规程》 29.《穴盘无土育苗技术规程》 30.《瓜类蔬菜嫁接育苗技术规程》 31.《旋耕机使用技术要求及操作规程》 32.《菜田整地质量标准》 33.《设施蔬菜生产技术规程规范》 34.《蔬菜定植技术规范》 35.《农药喷洒机使用要求及操作规程》 36.《蔬菜无土栽培技术规程》 37.《阳台蔬菜生产技术规程》 二、学徒企业相关企业文化 1. 企业机构组织框架 2. 企业上游、下游相关企业 3. 学徒企业相关制度
职业道德与素质要求	吃苦耐劳、工作认真负责、时间观念强、耐心细致、科学严谨，遵守公司和实验室的规章制度，具有质量第一的职业态度和强烈的事业心。 1. 具备从事农业职业活动所遵循的思想和行为规范，热爱“三农”、服务“三农”。

续附表 1-1

职业道德与素质要求	2. 具有吃苦耐劳、诚实守信、爱岗敬业的态度，工作认真负责、精益求精。 3. 性格阳光，正向思维，能有效疏解各种压力。 4. 保守企业商业机密，具有安全生产和环保意识。 5. 善于沟通交流，养成较好的专业语言表达能力，能热情礼貌接待客户，学会与农民交往，与同行合作交流。 6. 关注时政，具备学习与创新能力，自主学习，终身学习。 7. 具有艰苦奋斗的精神、具备在生产一线工作的适应能力，自主立业、开拓创新。 8. 具有对蔬菜生产新技术、新品种、新设备进行引进、施用与转化的能力。 9. 感受企业文化，融入企业环境，学会协调各方面关系，具备团队合作的能力。 10. 能深入生产实际进行调查研究，具备在蔬菜生产现场发现问题、综合分析问题和解决生产实际问题的能力。 11. 具备信息分析处理与书面写作表达能力，通过各种信息技术、媒体快速获得预期信息和利用信息。 12. 具备处理突发事件的能力，从容不惧，冷静应对，有效的进行管理协调。
行业企业职业行为规范	遵守企业的规章制度，时间观念强，爱护公司财务，提倡勤俭节约；严守岗位资料机密；保持环境卫生，注意个人仪表。
对应职业资格	植保工、种子检验工、种苗工、导游（观光讲解员）等。

附表 1-2　蔬菜生产岗位工作任务及要求

岗位工作任务	工作过程与技术、质量要求	专业知识要求	技术技能要求	综合职业能力要求
蔬菜生产安排	1. 会制订生产计划和合理安排茬口。 2. 根据无公害、绿色蔬菜分级标准及标志管理，在符合条件的产地，进行标准化施肥操作和农药使用技术。 3. 会无土栽培相关设施安装及营养液配制。	1. 能合理进行蔬菜生产茬口安排，了解各类蔬菜生物学特性，结合当地蔬菜种植模式，会制订当地蔬菜周年生产计划。 2. 掌握无公害、绿色食品蔬菜、有机蔬菜技术标准；能够正确选择无公害、绿色食品蔬菜生产场地，根据无公害、绿色食品蔬菜技术标准制定相应的生产技术规范。	1. 能正确识别常见蔬菜种类，调查了解当地主栽蔬菜的品种及栽培特性，能够进行常见蔬菜种子的识别和质量鉴别，进行种子播前处理和生产成本控制。 2. 能够识别无公害、绿色蔬菜、有机蔬菜标志，掌握包装要求。 3. 掌握无土栽培系统的布局和设施安装，了解营养液配制和保存方法。	1. 具备一定的职业道德规范，有认真务实、踏实、团队合作的精神，组织生产实施，学会检查评价；具有发现问题、解决问题的能力，以及指导生产的能力。 2. 具备较强的环保意识、绿色安全生产意识；具有从事园艺植物生产工作的责任感、事业心和全局观。 3. 善于沟通，具有服务他人、团结协作的意识和勤于思考、善于学习的能力。

续附表 1-2

岗位工作任务	工作过程与技术、质量要求	专业知识要求	技术技能要求	综合职业能力要求
蔬菜生产安排		3. 了解国内外蔬菜无土栽培技术的发展现状及在生产中的应用；了解无土栽培形式、类型。		4. 掌握新品种种植特性要求，做好无公害、绿色蔬菜的生产环节控制；会无土栽培营养液配制及管理；生产过程中节本增效。
蔬菜育苗技术	1. 蔬菜穴盘育苗技术。 2. 瓜类蔬菜嫁接育苗技术。	1. 根据蔬菜生产茬口安排等正确选择品种。 2. 掌握蔬菜育苗基础知识和技术原理。 3. 掌握蔬菜嫁接育苗技术。 4. 掌握蔬菜壮苗标准、分级与检验标准、苗木贮运操作技术。	1. 蔬菜种子的识别与种子质量检验。 2. 育苗土（基质）配制、消毒及装袋。 3. 整地、制作苗床。 4. 种子播前处理技术。 5. 播种技术。 6. 蔬菜分苗技术。 7. 瓜类蔬菜插接、靠接、劈接等嫁接技术。 8. 蔬菜苗期环境调控技术。 9. 囤苗、炼苗技术。	1. 具备一定的职业道德规范，服务生产一线，具有安全意识和环保意识。 2. 具有认真务实、踏实、团队合作的精神和勤于思考、善于学习的能力。 3. 严守职业行为规范、遵纪守法、敢于承担责任、善于交流沟通等。 4. 蔬菜嫁接育苗操作和嫁接后期管理技术。
菜田备耕技术	1. 土壤消毒方法，棚室消毒。 2. 基肥的施用。 3. 整地做畦覆膜，水肥管线布置。	1. 根据基地生产计划合理轮作倒茬。 2. 根据标准化生产要求进行蔬菜设施和土壤消毒，以及基肥的施用。 3. 合理进行菜田备耕、整地待播及中后期土壤耕作。	1. 掌握土壤消毒和设施消毒的方法。 2. 基肥中各种肥料特性及科学施用技术。 3. 整地做畦覆膜技术。 4. 滴管等水肥管线的安装布设。 5. 各类基质的选择、消毒、配制等管理。	1. 具备一定的职业道德规范，服务生产一线，具有安全意识和环保意识。 2. 具有认真务实、踏实、团队合作的精神和勤于思考、善于学习的能力。 3. 严守职业行为规范、遵纪守法、敢于承担责任、善于交流沟通等能力。 4. 因地制宜地采取不同的土壤消毒和棚室消毒方式。

续附表 1-2

岗位工作任务	工作过程与技术、质量要求	专业知识要求	技术技能要求	综合职业能力要求
菜田标准化管理技术	1. 掌握果菜类蔬菜标准化生产的定植、土肥水管理，植株调整等田间管理要点；制订基地主栽蔬菜（黄瓜、辣椒、番茄等）的配方施肥方案。 2. 常见蔬菜病虫害识别及标准化生产防治措施；制订基地叶菜类及果菜类蔬菜标准化生产的病虫害综合防治方案。	1. 主栽蔬菜的生物学特性观察分析；蔬菜的生育时期诊断与观察。 2. 根据蔬菜品种和栽培条件制订标准化生产田间管理方案。 3. 根据无公害绿色食品等标准化要求，结合蔬菜生长的规律及时进行土肥水管理和植株调整等实践安排。 4. 熟悉当地常见蔬菜病虫害的种类；能准确地进行常见病虫害的识别与鉴定；能够分析当地常见病虫害发生的原因；能独立制订标准化生产病虫害综合防治计划；能熟练运用各种防治措施；能熟练选用、配制与施用农药及使用相应药械。	1. 具有蔬菜新品种、新技术、新设备引进推广的能力，掌握常见蔬菜标准化生产田间土肥水管理要点、植株调整、疏花疏果、保花保果技术；根据无公害绿色食品等标准化要求，制定实训基地现阶段的蔬菜生产技术规范，会配方施肥技术，制订配方施肥防治方案、会按照要求配制营养液并加以实施。 2. 能制订标准化生产的蔬菜病虫害综防计划；能正确实施绿色防治措施；能正确选择、配制和施用农药；能正确使用与维护植保机械；能够检查、记录和评价防治效果；掌握相关安全、绿色、环保、法律规定。	1. 有认真务实、踏实、团队合作的精神，能组织生产实施，学会检查评价；具有发现问题、解决问题的能力及指导生产的能力。 2. 具备较强的环保意识、绿色安全生产意识；具有从事园艺植物保护工作的责任感、事业心和全局观。 3. 掌握绿叶菜类或冬菜类整地直播技术。 4. 掌握果菜类蔬菜标准化生产定植、水肥管理及植株调整技术。 5. 常见蔬菜病虫害识别诊断及制订标准化生产病虫害防治方案。
蔬菜的采收与商品化处理技术	熟悉不同蔬菜标准化生产的采收、分级、包装的市场要求及现场实践，果菜类、绿叶菜类为重点。	1. 了解蔬菜的商品特点、采收期的确定、出口蔬菜的相关知识。 2. 掌握蔬菜标准化生产采后分级、包装及贮藏保鲜的主要技术标准。 3. 具有进行蔬菜贮存运输方式的选择和应用能力。	1. 掌握黄瓜、辣椒、番茄等果实采收、分级及包装技术。 2. 掌握绿叶菜类采收、分级及包装技术。	1. 具备一定的职业道德规范，能服务生产一线，具有安全意识和环保意识。 2. 具有认真务实、踏实、团队合作的精神和勤于思考、善于学习的能力。 3. 严守职业行为规范、遵纪守法、敢于承担责任、善于交流沟通等能力。 4. 熟悉不同蔬菜采收标准及包装形式。

续附表 1-2

岗位工作任务	工作过程与技术、质量要求	专业知识要求	技术技能要求	综合职业能力要求
各类蔬菜生产技术	1. 棚室检修及环境调控技术。 2. 瓜类、茄果类、豆类蔬菜定植及田间管理。 3. 绿叶菜类、特菜、冬储菜类的整地、播种及田间管理。 4. 多年生蔬菜田间管理。	1. 熟知新疆各类蔬菜生产茬口安排等基本情况。 2. 掌握夏秋露地及设施主栽蔬菜优良品种及其生长习性，学会主栽蔬菜田间管理技术。 3. 掌握各类蔬菜无土栽培系统的布局建造，会营养液配制和管理方法。 4 掌握提高各类蔬菜产量及品质控制的关键技术。	1. 果菜类蔬菜的育苗。 2. 整地备耕。 3. 设施检修及调控管理。 4. 定植。 5. 基质的配制、消毒处理。 6. 营养液配制和管理。 7. 灌溉施肥。 8. 植株调整。 9. 病虫害综合防治。 10. 采收技术。	1. 具备一定的职业道德规范，认真、踏实。 2. 具有认真务实、踏实、团队合作的精神和勤于思考、善于学习的能力。 3. 瓜类、茄果类等果菜类生产品控技术。 4. 冬储蔬菜生产品控技术。 5. 绿叶菜类和特菜生产品控技术。
阳台蔬菜园艺	1. 阳台蔬菜设施检修及环境调控技术。 2. 阳台果菜类蔬菜定植及管理。 3. 阳台绿叶菜类、特菜等的种植管理。	1. 熟知阳台蔬菜生产的工具设备及环境调控等基本技术。 2. 掌握阳台各类蔬菜生产的关键技术。	1. 阳台蔬菜的土肥制备。 2. 阳台蔬菜的环境调控管理。 3. 阳台蔬菜的病虫害综合防治。	1. 具备一定的职业道德规范，认真，踏实。 2. 具有认真务实、踏实、团队合作的精神和勤于思考、善于学习的能力。 3. 阳台瓜类、茄果类等生产的品控技术。 4. 阳台绿叶菜类和特菜生产的品控技术。
职业生涯发展规划	1. 成立学徒培训小组，对企业学生进行培训，让学徒更快地适应企业环境，尽早进入工作状态，增加对公司的归属感，减少学徒的流动或流失。 2. 进行岗前培训、心理培训和技术培训。培训时间 1 周至 3 个月。技术培训后进行测试，确定工作岗位。 3. 以各岗位经验丰富的老师傅及技术能手为导师，双向自愿，结成“导师带徒”对子，签订师徒合同，拜师学艺，明确师徒职责、培养目标、培训时间、培训内容等。 4. 师傅指导青年教师制订个人发展规划，分析自身素质和专业特长，确定发展方向，制订具体措施。学徒员工在师傅的指导下，学习本岗位理论知识、实际操作经验，培养学徒员工独立操作及分析和解决问题的能力。			

附录2

蔬菜生产学徒岗位课程标准

附表 2-1　蔬菜生产学徒岗位课程标准

试点专业名称	园艺技术
学徒岗位课程名称	蔬菜生产技术
学徒岗位课程工作描述	蔬菜生产技术是园艺技术专业现代学徒制园艺作物生产岗的一门专业核心课程，以"学徒制企业生产基地"为教学平台，企业和学校双导师指导的任务驱动、模块技能组合模式的专适性课程。课程主要为蔬菜生产与管理岗位服务，结合新疆蔬菜生产春提早、夏露地和秋延迟三大茬次生产实现教学结合蔬菜生产经营实践，培养学生能进行蔬菜设施维修管理、无土栽培、蔬菜育苗、菜田标准化管理、蔬菜采后处理、阳台蔬菜园艺、相关技术开发与推广，以及其他休闲园艺开发等，形成综合职业能力、娴熟的实践技能和良好的职业道德，满足一线岗位工作需要。学徒工作学习时间为 6 个月。
课程教学目标与学习产出	一、职业素质目标（可量化考核） 1. 具备从事农业职业活动所遵循的思想和行为规范，热爱"三农"、服务"三农"。 2. 具有吃苦耐劳、诚实守信、爱岗敬业的态度，工作认真负责、精益求精。 3. 性格阳光，正向思维，能有效疏解各种压力。 4. 保守企业商业机密，具有安全生产和环保意识。 5. 善于沟通交流，养成较好的专业语言表达能力，能热情礼貌接待客户，学会与农民交往，与同行合作交流。 6. 关注时政，具备学习与创新能力，自主学习，终身学习。 7. 具有艰苦奋斗的精神、具备在生产一线工作的适应能力，自主立业、开拓创新。 8. 具有对蔬菜生产新技术、新品种、新设备进行引进、施用与转化的能力。 9. 感受企业文化，融入企业环境，学会协调各方面关系，具备团队合作的能力。 10. 能深入生产实际进行调查研究，具备在蔬菜生产现场发现问题、综合分析问题和解决生产实际问题的能力。 11. 具备信息分析处理与书面写作表达能力，通过各种信息技术、媒体快速获得预期信息和利用信息。 12. 具备处理突发事件的能力，从容不惧，冷静应对，有效的进行管理协调。

续附表 2-1

课程教学目标与学习产出	二、专业知识目标（可量化考核） 1. 掌握当地主要蔬菜种类和学徒企业的主栽品种特点，能识别当地主要蔬菜种类，了解学徒企业的主栽品种和推广的优良品种。 2. 熟知当地气候条件，制订学徒企业主栽蔬菜周年生产计划，完成成本预算。 3. 能够分析学徒企业的设施环境特点和栽培品种特性，进行合理的环境调控，指导设施蔬菜生产。 4. 会蔬菜育苗，能根据学徒企业的不同蔬菜品种组织育苗，并对育苗各环节技术进行归纳总结。 5. 掌握绿色蔬菜生产的备耕、植株调整、土肥水等田间管理专项操作技术，会制订企业的标准化管理、施肥及病虫害防治等方案，并能解决学徒企业生产过程中遇到的问题。 6. 具有组织与实验企业的蔬菜生产技术培训的能力。 三、职业能力目标（技术技能和岗位从业能力） 1. 具有蔬菜市场调研和分析能力，会进行蔬菜节本增效分析，团队合作制订企业的蔬菜年度生产计划及企业蔬菜生产技术规程；并按企业生产任务要求组织生产，能协调各方面公共关系，具有安全生产和环境保护意识。 2. 能进行蔬菜科学研究实验，具备新技术、新设备、新品种的引进、施用与转化的能力，具有改进生产技术和初步发明创新的能力。 3. 具备在蔬菜生产现场及研究试验过程中发现问题、综合分析问题和解决生产实际问题的能力。 4. 通过各种媒体快速获得信息和利用信息，能按企业技术规范要求对生产效果进行检查和技术总结。
工作场所与使用工具	1. 企业学徒工作场所：日光温室、农博园现代温室、企业植物工厂生产车间等。合作企业能够提供各种岗位，能够进行岗前培训和技术指导，各岗位间最好可以进行轮岗实训。 2. 实训基地、各类蔬菜相关的企业、农场等。提供给学生的岗位：蔬菜育苗岗位、生产管理岗位、经营销售岗位、技术推广岗位、试验品比岗位、农产品安全监测分析岗位等等。 3. 校内外教学实施场所与使用工具：实训基地、各类蔬菜生产场地（露地、设施）；种子、农膜、肥料（常用的尿素、磷酸二铵、硫酸钾、磷酸二氢钾及其他微肥）、农药等各类生产资料；农机具等。多媒体设备、防护用具、配套的电脑、投影仪等。 4. 工具书、标准：蔬菜生产相关的国家标准、行业标准等；行业企业或自编的蔬菜生产施肥技术手册，学生学习指导手册，各类菜田、施药设备、农药、蔬菜农药使用手册、蔬菜病虫害防治参考书等；各类图书馆相关书籍、相关各学习网站资源等。
职业安全与规章制度	根据安监局、技术监督局等的通知要求，为了加强安全生产管理、规范安全生产，根据《中华人民共和国安全生产法》和有关法律、行政法规的规定，由学徒企业的办公室．安全科、生产部、技术部等组织定期培训，对学徒岗位员工的操作规范、工艺流程进行定期安全教育培训，并定期组织安全消防教育培训，确保提高员工安全教育素质。 园艺作物生产岗蔬菜方向的安全生产相关规章制度如下： 1.《中华人民共和国农产品质量安全法》 2.《中华人民共和国安全生产法》

续附表 2-1

岗位职业安全与规章制度	3.《绿色食品　食品添加剂使用准则》(NYT 392—2013) 4.《绿色食品　产地环境质量》(NY/T 391—2013) 5.《绿色食品　产地环境调查、监测与评价规范》(NY/T 1054—2013) 6.《绿色食品　产品检验规则》(NY/T 1055—2015) 7.《绿色食品　包装通用准则》(NY/T 658—2015) 8.《绿色食品　肥料使用准则》(NY/T 394—2013) 9.《绿色食品　农药使用准则》(NY/T 393—2013) 10.《绿色食品　芥菜类蔬菜》(NY/T 1324—2015) 11.《绿色食品　芽苗类蔬菜》(NY/T 1325—2015) 12.《绿色食品　多年生蔬菜》(NY/T 1326—2015) 13.《绿色食品　水生蔬菜》(NY/T 1405—2015) 14.《绿色食品　食用花卉》(NY/T 1506—2015) 15.《绿色食品　薯芋类蔬菜》(NY/T 1049—2015) 16.《绿色食品　豆类蔬菜》(NY/T 748—2012) 17.《绿色食品　瓜类蔬菜》(NY/T 747—2012) 18.《绿色食品　甘蓝类蔬菜》(NY/T 746—2012) 19.《绿色食品　根菜类蔬菜》(NY/T 745—2012) 20.《绿色食品　葱蒜类蔬菜》(NY/T 744—2012) 21.《绿色食品　绿叶类蔬菜》(NY/T 743—2012) 22.《绿色食品　茄果类蔬菜》(NY/T 655—2012) 23.《绿色食品　白菜类蔬菜》(NY/T 654—2012) 24.《绿色食品　山野菜》(NY/T 1507—2016) 25.《无公害食品　蔬菜生产管理规范》(NY/T 5363—2010) 26.《自治区无公害农产品基地环境质量标准和生产技术规程》 27.《设施蔬菜场地建设验收规范》 28.《设施环境调控标准及操作规范》 29.《蔬菜种子质量检验规程》 30.《蔬菜育苗质量标准及技术规程》 31.《穴盘无土育苗技术规程》 32.《瓜类蔬菜嫁接育苗技术规程》 33.《旋耕机使用技术要求及操作规程》 34.《菜田整地质量标准》 35.《设施蔬菜生产技术规程规范》 36.《蔬菜定植技术规范》 37.《农药喷洒机使用要求及操作规程》 38.《蔬菜无土栽培技术规程》 39.《阳台蔬菜生产技术规程》
行业企业工作学习职业行为规范	员工行为规范是员工在职业活动过程中为了实现企业目标、维护企业利益、履行企业职责、严守职业道德，从思想认识到日常行为应遵守的职业纪律。员工的一言一行、一举一动，是企业形象的再现。所以，不断提高员工的自身素质，规范员工行为是企业文化建设的切入点。 一、工作规范（最高标准：勤奋） 1. 树立正确的工作观，要严格遵守公司制度。 2. 工作时间全身心投入，懂得提升工作效率，创造性地工作。 3. 个人目标与企业发展目标相结合。 4. 让工作内容和服务更贴近客户或消费者。

续附表 2-1

行业企业工作学习职业行为规范	5. 工作有新意，勇于创新，每天进步一点点。 6. 在期限内完成工作任务，时间观念强。 7. 把握工作流程，技艺精湛，青出于蓝而胜于蓝。 二、对待学徒企业的规范（最高标准：敬业） 1. 牢记维护公司利益，爱护公司财物。 2. 保持办公环境干净整洁。 3. 提倡勤俭节约，随时随地要有节省意识。 4. 切实执行工作任务。 5. 保守岗位资料机密，严守企业商业机密。 6. 要学会与公司共命运、同发展。 三、对待企业领导的规范（最高标准：尊重、理解） 1. 意识到领导和自己并非对立关系。 2. 学会体谅领导的难处。 3. 积极想办法为领导分忧。 4. 和上司、领导风雨同舟。 5. 欣赏和学习自己领导的优点和长处。 四、对待学徒师傅的规范（最高标准：尊敬感恩） 1. 尊师重道，感恩师傅所教所管。 2. 接受监督，安全上岗。 3. 服从师傅安排和教导，肯学上进。 4. 主动向师傅学习，脑勤、手勤、腿勤、嘴勤。 5. 积极想办法为师傅分忧解难。 6. 不忘师恩，对师傅长期尊重。 五、员工行为规范（自信、文明、率真、热忱、务实、敬业、创新） 上标准岗，交标准班；着装上岗，挂牌服务；作业标准，语言文明；尽职尽责，爱岗敬业；勤学苦练，提高素质；转变观念，支持改革；优质低耗，讲求效益；严于律己，实事求是。遵纪守法，廉洁奉公；团结友爱，互相帮助；办事公道，讲究公德；自我管理，自我激励；科学卫生，保护环境；坚守岗位，精心操作；遵章守纪，严格规程；认真做事，方便客户；不谋私利，保障供应；保守机密，诚实守信；以身作则，勇于创新。 六、对待同事的规范（最高标准：热情） 1. 学会尊重别人。 2. 学会欣赏他人。 3. 不要自视过高。 4. 重视团队利益。 5. 不要嫉贤妒能。 七、对待客户的五项原则（最高标准：诚信） 1. 具备客户意识、重视客户。 2. 对客户诚信至上。 3. 为客户解决难题，帮助客户完善调整生产计划及产品需求。 4. 尽力为客户提供更好的服务，成为客户值得信赖的朋友。
企业师傅、专业指导教师配置与教学要求	园艺作物生产岗蔬菜生产学徒课程由专、兼职教师共同完成教学。 专业指导教师应具有本科以上学历，中级以上专业技术职称，企业工作经历3年以上，执教中具有选取典型生产任务创设学习情境的能力，能采用灵活多样的教学方法；语言表达能力强，善于与学生沟通；会运用现代化的教学手段开展教学；能够制订合理、可行的生产计划，具有丰富的蔬菜生产管理经验，熟练地进行蔬菜生产管理操作演示；指导学生完成小课题及试验方案设计，能够正确、及时处理生产中遇到的问题；具有与企业交流、沟通和合作的能力。

续附表 2-1

企业师傅、专业指导教师配置与教学要求	学徒企业师傅为企业的行业专家、技术能手、能工巧匠等。行业专家应具有本科以上学历，高级职称；技术能手、能工巧匠应有 5 年以上企业经历，具有丰富的蔬菜生产管理经验，能给予学生有效的技能操作和管理方法的咨询和指导。
可考取的职业资格证书、行业或企业证书	花卉园艺工、植保工、种子检验工、种苗工、导游（观光讲解员）等。

附表 2-2　蔬菜生产岗位工作学习任务

岗位工作学习任务	工作学习内容	工作学习组织	学习产出考核标准（课堂教学理论考试成绩占 40％，企业业务考核占 60％。）	工作学习时间
蔬菜生产安排	1. 合理进行蔬菜生产茬口安排，了解各类蔬菜生物学特性，结合当地蔬菜种植模式，会制订当地蔬菜周年生产计划和合理安排茬口。 2. 掌握无公害、绿色食品蔬菜、有机蔬菜技术标准；能够正确选择达标蔬菜生产场地，根据标准制定相应的生产技术规范，在符合条件的产地，进行标准化施肥操作和农药使用技术。 3. 熟悉国内外蔬菜无土栽培技术的发展现状及在生产中的应用；无土栽培形式、类型。会无土栽培相关设施安装及营养液配制。	按照项目导向、任务驱动的思路进行项目设计，选取“蔬菜生物学基础”“绿色食品蔬菜生产”“蔬菜无土栽培”3 个教学任务以实现教学内容，采取理论与实践一体化教学，实现教、学、做的有机结合。教师引导各学习小组讨论交流，具备从蔬菜市场和网络资源中搜集和处理信息的能力，获取新知识，合作探究，学生自主学习，全方位提升学生制订生产计划的技能。 教学方法建议：讲授法、市场调研法、现场教学法、小组讨论、案例教学等。 考核与评价： 作业、课堂表现、技能考核成绩、制订当地绿色食品蔬菜生产的技术规范；完成蔬菜生产技术学生手册、设施蔬菜生产技术岗现代学徒制学生学习手册等相关学习内容。	一、业务考核标准 1. 正确识别常见蔬菜种类，调查了解当地主栽蔬菜的品种及栽培特性。 2 能够进行常见蔬菜种子的识别和质量鉴定、进行种子播前处理、生产成本控制。 3. 能够识别“三品一标”蔬菜标志，掌握包装要求。 4. 掌握无土栽培系统的布局和设施安装，会营养液配制和保存方法。 二、项目产出 1. 生产过程中节本增效新技术，新品种种植要求。 2. “三品一标”蔬菜的生产环节控制。 3. 无土栽培营养液配制及保存。	校内课程 12 学时，0.5 天实训。学徒企业实践融于 24 周学徒周期中。

续附表 2-2

岗位工作学习任务	工作学习内容	工作学习组织	学习产出考核标准（课堂教学理论考试成绩占 40%，企业业务考核占 60%。）	工作学习时间
蔬菜育苗	1. 根据蔬菜生产茬口安排等正确选择品种。 2. 掌握蔬菜育苗基础知识和技术原理。 3. 掌握蔬菜嫁接育苗的技术。 4. 掌握蔬菜壮苗标准、分级与检验标准、苗木贮运操作技术。	教学方法建议：讲授法、案例分析法、实战法、小组讨论法等。引导学生在育苗实践中感悟、思考和创新，培养创业意识、竞争与合作意识。 考核与评价： 1. 蔬菜生产技术学生手册、设施蔬菜生产技术岗现代学徒制学生学习手册的完成情况。 2. 制订蔬菜育苗的技术规程。 3. 技能项目现场实训，考核依据工作任务完成的质量、工作态度，以及学生自评、企业评价结合教师评价。	一、业务考核标准 1. 蔬菜种子的识别与种子质量检验。 2. 蔬菜穴盘育苗技术。 3. 育苗土的配制消毒及装袋。 4. 整地制作苗床。 5. 种子播前处理技术。 6. 播种技术。 7. 蔬菜分苗技术。 8. 瓜类蔬菜插接、靠接、劈接等嫁接技术。 9. 蔬菜苗期环境调控技术。 10. 囤苗、炼苗技术。 二、项目产出 1. 蔬菜穴盘育苗技术。 2. 瓜类蔬菜嫁接育苗技术。	校内课程 10 学时，1 天实训。学徒企业实践融于 24 周学徒周期中。
菜田耕作	1. 根据基地生产计划合理轮作倒茬。 2. 根据标准化生产要求进行蔬菜设施和土壤消毒以及基肥的施用。 3. 合理进行菜田备耕、整地待播及中后期土壤耕作。	利用校内的实训基地，结合蔬菜生产和作物生长发育规律，为学生营造学习情境、创造学习条件和激发学习热情，在小组协作完成任务过程中着重培养团队合作能力及个人独立解决问题的能力。 教学方法建议：实战法、讲授法、案例分析法、小组讨论法、头脑风暴法、项目教学法。 考核与评价： 1. 完成蔬菜生产技术学生手册、设施蔬菜生产技术岗现代学徒制学生学习手册相关内容；	一、业务考核标准 1. 掌握土壤消毒和设施棚室消毒的方法。 2. 基肥中各种肥料特性及科学施用技术。 3. 整地做畦覆膜技术。 4. 滴管等水肥管线的安装布设。 二、项目产出 1. 因地制宜地采取不同的土壤消毒和棚室消毒方式。 2. 会做各种畦、垄等，做好备耕准备。	校内课程 2 学时，1 天实训。学徒企业实践融于 24 周学徒周期中。

续附表 2-2

岗位工作学习任务	工作学习内容	工作学习组织	学习产出考核标准（课堂教学理论考试成绩占 40%，企业业务考核占 60%。）	工作学习时间
菜田耕作		2. 实施过程表现：工作任务完成的质量与数量；工作态度。学生自评、企业评价结合教师评价		
菜田管理	1. 主栽蔬菜的生物学特性观察；蔬菜的生育时期诊断与观察。 2. 根据蔬菜品种和栽培条件制订标准化生产田间管理方案。 3. 根据无公害绿色食品等标准化要求，结合蔬菜生长的规律及时进行土肥水管理和植株调整等实践安排。 4. 熟悉当地常见蔬菜病虫害的种类；能准确地进行常见病虫害的识别与鉴定；能够分析当地常见病虫害发生的原因；能独立制订标准化生产病虫害综合防治计划；能熟练运用各种防治措施；能熟练选用、配制与施用农药与药械。	本项目包含“蔬菜田间管理”和“蔬菜病虫害防治”2 个教学任务，2 个实训教学任务充分利用校内的实训基地，结合蔬菜生产和作物生长发育规律，为学生营造边做边学及先做后学的情境，引导学生在实践中感悟、思考，激发学习热情和创新创业意识、竞争与合作意识。 教学方法建议：项目教学法、实战法、讲授法、案例分析法、小组讨论法、头脑风暴法、现场教学法等。 考核与评价： 1. 完成蔬菜生产技术学生手册、设施蔬菜生产技术岗现代学徒制学生学习手册相关内容。 2. 制订番茄、辣椒、黄瓜等 3 种蔬菜灌溉方案。 3. 基地主栽蔬菜（番茄、辣椒、黄瓜）的配方施肥方案。 4. 制订提高 3 种蔬菜果实商品性的标准化生产技术方案。 5. 制订实训基地蔬菜生产管理月历。	一、业务考核标准 1. 具有蔬菜新品种、新技术、新设备引进推广的能力。 2. 掌握常见果菜类蔬菜标准化生产田间土肥水管理要点、植株调整、疏花疏果、保花保果技术。 3. 根据无公害绿色食品等标准化要求，制订实训基地现阶段的蔬菜生产技术规范，会制订基地 3 种果菜类主栽蔬菜黄瓜、辣椒、番茄的配方施肥方案，并实施配方施肥技术。 4. 识别常见蔬菜病虫害；制订基地叶菜类及果菜类蔬菜标准化生产的病虫害综合防治方案；能正确实施绿色防治措施；能正确选择、配制和施用农药；能正确使用与维护植保机械；能够检查、记录和评价防治效果；掌握相关安全、绿色、环保、法律规定。 二、项目产出 1. 绿叶菜类或冬菜类整地直播技术。	校内课程 16 学时，2 天实训。学徒企业实践融于 24 周学徒周期中。

续附表 2-2

岗位工作学习任务	工作学习内容	工作学习组织	学习产出考核标准（课堂教学理论考试成绩占40%，企业业务考核占60%。）	工作学习时间
菜田管理		6. 实训基地3种蔬菜周年生产配套技术报告。 7. 制订实训基地叶菜类和果菜类蔬菜标准化生产病虫害综合防治方案。 8. 实施过程表现：工作任务完成的质量与数量；工作态度，学生自评、企业评价；综合考核进行学生自评、企业评价结合教师评价。	2. 果菜类蔬菜标准化生产定植、土肥水管理及植株调整技术。 3. 常见蔬菜病虫害识别诊断及制订标准化生产病虫害防治方案。	
蔬菜的采收与商品化处理	1. 了解蔬菜的商品特点、采收期的确定、出口蔬菜的相关知识。 2. 掌握蔬菜标准化生产采后分级、包装及贮藏保鲜的主要技术标准。 3. 具有进行蔬菜贮存运输方式的选择和应用能力。	利用学徒企业和校内的实训基地，结合作物生长发育规律和蔬菜的采收实践，为学生营造做中学和先做后学等学习情境，创造学习条件，激发学习热情，引导学生在实践中感悟、思考和创新，培养创业意识、竞争与合作意识。 教学方法建议：现场直观教学、讲授法、角色扮演法、市场调研法、讨论、头脑风暴法、实战法 考核与评价： 1. 完成蔬菜生产技术学生手册、设施蔬菜生产技术岗现代学徒制学生学习手册相关内容。 2. 制订蔬菜市场调研方案。 3. 蔬菜采后分级、包装实施过程表现：工作任务完成的质量；工作态度，学生自评、企业评价结合教师评价。	一、业务考核标准 1. 掌握番茄、黄瓜、辣椒等蔬菜标准化生产的果实采收、分级及包装技术。 2. 掌握绿叶菜类蔬菜标准化生产的采收、分级及包装技术。 二、项目产出 掌握不同蔬菜的采收标准及包装形式。	校内课程2学时，0.5天实训。学徒企业实践融于24周学徒周期中。

续附表 2-2

岗位工作学习任务	工作学习内容	工作学习组织	学习产出考核标准（课堂教学理论考试成绩占40%，企业业务考核占60%。）	工作学习时间
各类蔬菜生产	1. 熟知新疆各类蔬菜生产茬口安排等基本情况。 2. 掌握夏秋露地及设施主栽蔬菜优良品种及其生长习性，学会主栽蔬菜田间管理技术。 3. 掌握提高各类蔬菜产量及品质控制的关键技术。	本项目分“果菜类蔬菜生产”“夏秋冬储蔬菜生产”“绿叶菜和特菜生产”3个教学任务，采取理论与实践一体化教学，实现教、学、做的有机结合。利用校内基地和学徒企业的蔬菜生产，并通过查资料掌握特菜生产的类型与关键技术，引导学生在实践中感悟、思考和创新，培养创业意识、竞争与合作意识。学生以小组形式收集资料，整理、汇总，完成技术规范的提炼。 教学方法建议：现场直观教学、讲授法、角色扮演法、市场调研法、讨论、头脑风暴法、实战法。 考核与评价： 1. 完成蔬菜生产技术学生手册、设施蔬菜生产技术岗现代学徒制学生学习手册相关内容。 2. 总结制定各类蔬菜生产技术规范。 3. 蔬菜采后分级、包装实施过程表现：工作任务完成的质量；工作态度，学生自评、企业评价结合教师评价。	一、业务考核标准 1. 棚室设施检修及环境调控技术。 2. 果菜类蔬菜的育苗。 3. 整地备耕。 4. 绿叶菜类、特菜、冬储菜类的整地播种及田间管理。 5. 瓜类、茄果类、豆类蔬菜定植及灌溉施肥、植株调整、采收等田间管理技术。 6. 多年生蔬菜田间管理。 7. 病虫害综合防治。 二、项目产出 1. 瓜类、茄果类等果菜类生产品控技术方案。 2. 冬储蔬菜生产品控技术规程。 3. 绿叶菜类和特菜生产品控技术方案。	校内课程12学时。学徒企业实践融于24周学徒周期中。

续附表 2-2

岗位工作学习任务	工作学习内容	工作学习组织	学习产出考核标准（课堂教学理论考试成绩占40%，企业业务考核占60%。）	工作学习时间
阳台蔬菜园艺	1. 熟知阳台蔬菜生产的工具设备及环境调控等基本技术。 2. 掌握阳台各类蔬菜生产的关键技术。	本项目分“果菜类蔬菜生产”“绿叶菜和特菜生产”2个教学任务，采取理论与实践一体化教学，实现教、学、做的有机结合。结合学徒企业无土栽培的蔬菜生产，并通过查资料掌握特菜生产的类型与关键技术，引导学生在潮汐式栽培、储液储气式桶培、有机基质袋培、倒挂栽培等适合家庭阳台蔬菜生产的参与管理和实践中，学习和培养创新创业意识、竞争与合作意识。学生以小组形式收集资料，采取协作学习方式，观察和思考取得学习成果，整理、汇总，完成技术规范的提炼。 教学方法建议：现场直观教学、讲授法、角色扮演法、市场调研法、讨论、头脑风暴法、实战法。 考核与评价： 1. 完成蔬菜生产技术学生手册、设施蔬菜生产技术岗现代学徒制学生学习手册相关内容。 2. 总结制定各类阳台蔬菜生产技术规范。 3. 阳台蔬菜生产实施过程表现：工作任务完成的质量；工作态度，学生自评、企业评价结合教师评价。	一、业务考核标准 1. 阳台蔬菜的土肥制备。 2. 阳台蔬菜设施检修及环境调控管理。 3. 阳台果菜类蔬菜定植及管理。 4. 阳台绿叶菜类、特菜等的种植管理。 5. 阳台蔬菜的病虫害综合防治。 二、项目产出 1. 阳台瓜类、茄果类等生产技术方案。 2. 阳台绿叶菜类和特菜生产品控技术。	校内课程6学时。学徒企业实践融于24周学徒周期中。

续附表 2-2

岗位工作学习任务	工作学习内容	工作学习组织	学习产出考核标准（课堂教学理论考试成绩占 40%，企业业务考核占 60%。）	工作学习时间
职业品质与工匠精神培养	工匠精神是对产品精雕细琢、精益求精、追求卓越，并不断创新的精神理念。它的核心在于，不仅把工作当作谋生的手段，而且树立对工作的敬畏、对事业的专注、对责任的担当、对质量的执着、对完美的追求，并将这些品质内化于心，外化于行。园艺作物生产岗的学徒教学过程中深化文化育人的理念，将职业道德、人文素养教育贯穿人才培养全过程，营造工匠精神的氛围，让学生获得工具性知识和技能之外的职业素养和精神。 1. 通过课堂教学、专题讲座、实习实践等形式，传授职业活动所必需的技能、知识和态度，让学生了解工匠精神。 2. 企业学徒过程中，专注耐心地提升品质、改进设计、完善细节，传授完整的产业链知识与技艺，让学生了解产品的改革和产业发展动向，感受工艺形成的历史文化，体会工艺的价值和工匠的地位。 3. 改革评价标准，在合格完成一项任务的基础上，以追求完美为目标，纠正追求“速成”的浮躁心理，培养专注持久的定力。			
工作学习资源	超星泛雅平台相关在线课程资源，同修课程包括“植物生长与环境”“花卉生产技术”“果树生产技术”“园艺植物病虫害防治”“园艺作物种苗生产”。 课程参考书籍： 1.《蔬菜生产技术》，周克强、陈先荣主编，中国农业大学出版社出版。 2.《蔬菜生产技术》，黄晓梅主编，中国农业大学出版社出版。 3.《蔬菜生产技术》，韩世栋、鞠剑锋主编，中国农业出版社出版。 4.《蔬菜生产技术》，杨凌职业技术学院蔬菜生产技术课程建设团队编写，中国农业出版社出版。 5.《蔬菜栽培学总论》，程智慧主编，科学出版社出版。 6.《蔬菜生产技术（南方本）》，胡繁荣主编，中国农业出版社出版。 7.《新疆设施蔬菜栽培学》，秦勇主编，中国农业出版社出版。 8.《绿色蔬菜生产》，葛晓光主编，中国农业出版社出版。 9.《无公害蔬菜生产 200 题》，周新民主编，中国农业出版社出版。 10.《蔬菜营养及其诊断》，李曙轩主编，上海科学技术出版社出版。 11.《蔬菜遮阳风防虫网防雨棚覆盖栽培》，夏春森、何星石编著，中国农业出版社出版。 12.《稀特蔬菜周年多茬生产指南》，宋元林主编，中国农业出版社出版。 13.《阳台蔬菜园艺》，王梓天主编，电子工业出版社出版。 14.《城市家庭园艺》，周武忠主编，中国农业出版社出版。 15.《特种蔬菜种植新技术》，程智慧主编，西北农林科技大学出版社出版。			
学徒工作学习组织管理计划	学徒企业应为忠于祖国忠于党、为实现新疆工作总目标做出努力的、政治过硬的园艺作物生产企事业单位。 1. 成立园艺作物生产岗学徒培训小组，对企业学生进行培训，让学徒更快地适应企业环境，尽早进入工作状态，增加对公司的归属感，减少学徒的流动或流失。 2. 进行园艺作物生产岗岗前培训、心理培训和技术培训。培训时间 1 周至 3 个月。技术培训后进行测试，确定工作岗位。 3. 以各岗位经验丰富的老师傅及技术能手为导师，双向自愿，结成“导师带徒”对子，签订师徒合同，拜师学艺，明确师徒职责、培养目标、培训时间、培训内容等。 4. 师傅指导青年教师制订个人发展规划，分析自身素质和专业特长，确定发展方向，制订具体措施。学徒员工在师傅的指导下，学习本岗位理论知识、实际操作经验，培养学徒员工独立操作及分析和解决问题的能力。			

续附表 2-2

<table>
<tr><th>岗位工作学习任务</th><th>工作学习内容</th><th>工作学习组织</th><th>学习产出考核标准（课堂教学理论考试成绩占 40%，企业业务考核占 60%。）</th><th>工作学习时间</th></tr>
<tr><td>学徒工作学习组织管理计划</td><td colspan="4">一、园艺作物生产岗位训练学徒组织管理机构
1. 企业是学员岗位训练和专业核心能力训练教学工作的主体，为了加强岗位训练和专业核心能力训练工作的管理，成立岗位训练和专业核心能力训练工作小组，工作小组根据培养目标和模块设置确定岗位训练和专业核心能力训练模块内容，负责制订岗位训练和专业核心能力训练实施计划并组织实施。
2. 学徒岗位训练和专业核心能力训练工作小组组长由企业相关分管领导担任、副组长由办公室主任和学院相关系部主任担任，成员由企业相关部门负责人、工程技术人员、一线指导师傅及学院相关分院教师、相关职业技能指导教师组成。领导小组办公室设在企业办公室，由办公室主任负责，并配备适当工作人员。
3. 学徒开展岗位训练和专业核心能力训练过程中应配备具有一定专业素养和技能水平的指导师傅，指导师傅的遴选由岗位训练和专业核心能力训练工作小组负责，每个指导师傅所带学员的数量控制在 2～5 人。
4. 为了加强学员岗位训练和专业核心能力训练工作有效性，学院要组建一支由行业专家和相关职业工种技能培训教师组成的岗位训练和专业核心能力训练教学指导队伍，负责学员训练过程的业务指导，并会同岗位训练和专业核心能力训练工作小组及时调整岗位训练和专业核心能力训练计划。
5. 学徒在岗位训练和专业核心能力训练期间接受企业的技术指导，学校和企业双重管理。
二、园艺作物生产岗位训练学徒管理
1. 学员应严格遵守企业的规章制度，服从管理，虚心向指导老师学习、请教，认真完成岗位职责。
2. 训练学员必须按规定时间完成训练，如学员中途无故擅自离开训练岗位，未完成训练者，或者在训练过程中违反安全生产操作规程并造成损失的，不能获得岗位训练和专业核心能力训练成绩。
三、园艺作物生产岗位训练学徒文档管理
园艺作物生产岗岗位训练和专业核心能力训练文件主要包括训练教学大纲、训练计划、训练教材、训练指导书、教学训练考核评分标准及各种过程记录文档和考核报告。</td></tr>
<tr><td>学徒考核评价方案</td><td colspan="4">采用校企双重考核办法，具体要求见《园艺技术专业现代学徒制学生学徒管理办法》《园艺技术专业现代学徒学生学徒成绩考核办法与评价标准》。
一、考核方式
采用生产过程考核和理论考试相结合的方式。学徒学习阶段考核由校、企、学生等多方参与，以企业考核为主，考核方式多元化，注重实际操作。考核形式可以灵活多样，综合运用实际操作、现场答辩、技能比赛、完成生产任务、撰写解决实际问题方案等多种手段对职业技能和职业素养进行评价。
二、考核标准
1. 考核内容
选择能够全面反映学徒综合素质的设计项目工作内容作为考核评价内容：学徒在每个实践单元的工作态度、工作表现等；学徒的理论知识掌握程度和处理问题能力；学徒的项目完成效果。
2. 考核时间
采用分阶段考核的方法，在每一项实践内容结束后进行考核。</td></tr>
</table>

续附表 2-2

岗位工作学习任务	工作学习内容	工作学习组织	学习产出考核标准（课堂教学理论考试成绩占40%，企业业务考核占60%。）	工作学习时间
学徒考核评价方案	3. 考核人员 考核人员应具有权威性和代表性，多方评价，体现公平、公正的原则，包括专任教师、企业师傅、行业专家和学生等。 4. 考核成绩评定 考核成绩评定应考虑多方因素，确定合理的比例。学徒生产过程量化考核占课程总成绩的70%，每一项考核中，学生自评占20%，小组内成员互评占30%，专职教师和基地兼职教师评分占50%。理论考核，口试结合试卷笔试，占30%。 (1) 生产过程考核：职业道德、责任意识、安全意识，学徒工作态度、工作表现等占40%，其他生产操作能力及表现、生产方案或报告和完成任务质量占60%。 (2) 职业道德：在课程总成绩中倒扣0～50分。包括遵纪守时（实习每旷到一次扣5分，迟到一次扣2分）、认真负责、积极主动、踏实肯干、团结协作、尊重基地生产人员，不任意采摘产品（未经允许采摘，一次扣10分），爱护公物等方面。由基地兼职教师评定。 (3) 团队协作完成生产任务：考核内容包括生产操作前的准备情况，操作规范程度、熟练程度和按要求执行实习操作的程度，团队协作完成任务的质量标准、工作态度等。对每次生产任务质量进行评分，质量标准根据不同任务而定，由基地兼职教师制定。由专职教师、基地兼职教师和工作小组内成员根据评价标准评定成绩。 (4) 工作过程中的问题发现、方案制订、交流讨论、调研报告等占10%，包括获取信息和自学、提出问题、语言表达、分析问题、解决问题的能力。由小组互评和教师评分组成。 (5) 学习任务调研方案、课题论文或报告：根据工作组情况每小组提交2～6份报告。报告格式按要求撰写，写作符合规范，由教师和小组间根据标准评分。 具体要求见《专业顶岗实习管理文本》，合格的学生可获得“企业工作经历证书”。 5. 评价等级 考核后应分出等级，包括优秀、良好、中等、及格、不及格等，一般90分及以上为优秀，80～89分为良好，70～79分为中等，60～69分为及格，60分以下为不及格。 6. 考核结果处理 考核评价后对考核结果制定相关处理办法：考核不及格者，需要进行补考和重修；对于缺勤三分之一的同学禁止参加考核，重修后方能参加考核；对于综合考评优秀的学生（学徒）给予一定的奖励。			
学徒岗位认证条件	园艺作物生产岗学徒职位要求：愿意从事本岗位，认真对待工作，勤学、勤动手，吃苦耐劳，上进心强，责任心强，对自己高标准、严要求 对学徒的“师徒培训学习”进行项目任务考核或者季度考核和年度考核。考核评价依据如下： 1. 师徒活动开展的次数、质量，徒弟的学习记录，师傅的指导意见等。 2. 徒弟的日常考试成绩，日常工作任务、学习任务完成情况。 3. 徒弟的周小结、月小结、年度总结；师傅的项目小结、季度小结、年度总结等。 4. 学徒期间徒弟对现岗位基本知识和技能的掌握、独立完成日常工作情况；日常工作中案例处理，技能鉴定，技能大赛等参与获奖情况；解决生产过程中的关键难题情况。			